기초 통계학

김원배 지음

KM 경문사

머 리 말

정보화 시대인 현대 사회에서 우리는 매일 넘쳐나는 각종 정보의 홍수 속에서 생활하고 있으며 자신의 뜻과는 무관하게 불필요한 정보에 접하게 됨으로서 거부감과 혼돈을 가중시키고 있다. 하지만 또 한편으로는 자신에게 필요한 정보를 우연히 습득하게 되어 고민거리를 해결하거나 문제 해결의 실마리를 제공해 주는 역할을 하기도 한다. 주위에서 접하는 이러한 유형의 정보는 질과 양의 두 가지 측면에서 엄밀하게 판단해 보면 심각한 불균형을 이루고 있음을 알 수 있다. 현대 통계학은 이렇게 양적 또는 질적으로 심각한 불균형을 이룬 방대한 정보를 적절하고 알맞게 가공함으로서 우리들에게 필요하고 유익한 정보만을 취득하여 미래를 예측하거나 의사결정을 할 때 올바른 판단을 내릴 수 있도록 도와주는 학문이라고 해도 과언은 아닐 것이다. 특정한 목적을 위하여 수집된 자료를 분석하고자 할 때 가공되지 않은 정보나 자료의 양이 너무 방대하면 일일히 수작업으로 처리하기가 곤란하다. 또한, 시간적 낭비는 물론 추가적 비용이 더 발생하게 되므로 상당히 비효율적인 측면이 있다. 오늘날에는 하드웨어적으로는 예전의 중대형 컴퓨터에서나 가능했던 연산능력이 뛰어난 고성능의 PC나 워크스테이션의 개발과 더불어 소프트웨어적으로는 안정적인 운영체제와 여러 가지 다양한 고급 통계분석 프로그램이 많이 개발되고 보급되어 하드웨어와 소프트웨어가 최상으로 매칭됨으로서 방대한 정보와 자료의 처리는 물론 복잡한 수식을 계산하는 방법이 보다 편리하게 되어 과거에 비해 여러 분야의 통계학에 대한 접근이 훨씬 더 쉬워졌다.

이 책을 지음에 있어 지나치게 수학적인 공식의 유도나 증명을 가급적 최소화 하였으며 통계학에 대한 체계적인 개념과 기본적인 원리를 이해할 수 있도록 그 내용을 구성하였다. 구체적으로는 세 가지 유형 즉, 통계자료의 수집과 정리 그리고 요약과 분석, 확률의 기초, 통계적 추론을 포함하고 있다. 따라서 저자는 이 책이 대학 교양과정이나 기초통계학 전공교재, 통계학을 처음 공부하는 통계학도와 수학도, 기초적인 자료분석이 필요한 실험관련 연구자들에게 유용한 통계학 입문서가 되기를 희망한다.

이 책의 집필을 마치고 나니 미흡하고 부족한 점이 적잖이 보인다. 이 부분은 독자들의 기탄없는 조언과 고견을 기대하면서 앞으로 계속 수정, 보완해 나갈 것이다. 끝으로 이 책의 출판을 맡아주신 경문사 여러분들께 감사의 마음을 전한다.

2015년 5월

지은이

目　次

제 1 장

자료의 정리

1.1 모집단과 표본

통계학(statistics)은 현대에 있어 인문과학, 사회과학, 자연과학, 공학, 의학, 의사결정 등 거의 모든 분야에서 이용하고 있으며, 그 중요성이 점점 더 커지고 있다. 예전의 통계학은 국가를 의미하는 라틴어 "status"와 학문을 의미하는 "istics"와의 합성으로 생성된 단어로서 오랫동안 국가의 정치, 경제, 인구조사와 관련된 자료나 표로서 많이 이용하였다. 작금의 통계학은 막연한 추측이나 의사결정을 허용하지 않을뿐 아니라 우리가 어떤 일을 하고자 함에 있어서, 이에 대한 올바른 판단과 결정을 내리려면 관심에 대한 정확한 대상을 선정하여야 하고 또한 연구목적에 필요한 자료와 정보가 경제성과 효율성을 고려하여 최적의 방식으로 수집되어야 하는 동시에 수집된 자료는 논리적이고 과학적인 이론과 분석방법에 따라 해석하여 최상의 의사결정을 내릴 수 있도록 이러한 방법을 제시하여 주는 학문이 현대적 의미의 통계학이다. 다시 말하면, 현대 통계학은 조사한 자료에 기초하여 사회현상이나 자연현상에 대한 과학적인 추론과 합리적인 의사결정을 내리고자 하는 학문이라고 말할 수 있다.

통계분석을 하기 위해서는 관심의 대상이 되는 자료를 수집, 정리, 요약하여 주어진 자료를 바탕으로 불확실한 사실에 대하여 과학적인 추론방법을 거쳐야 한다. 여기서 관심의 대상이 되는 자료 또는 관심의 대상이 되는 자료 중에서 일부를 추출하여 조사하고 통계적인 처리를 할 필요성을 느끼게 되는데 이 경우, 연구대상이 되는 모든 가능한 관찰값이나 측정값의 자료집합을 모집단(population) 또는 통계적 모집단(statistical population)이라 하며, 이 모집단에서 통계적 처리를 위하여 추출한 관찰값이나 측정값의 자료집합을 표본(sample)이라 한다. 여기서 모집단이 유한개의 관찰값이나 측정값으로 구성되면 유한모집단(finite population)이라 하고, 무한히 많은 관찰값이나 측정값을 가질 때에는 무한모집단(infinite population)이라 한다. 모집단의 양적인 특성을 나타내는 측도 즉, 모집단에 따르는 고유한 상수를 모수(parameter)라 하며 이에 반해 표본의 특성값을 통계량(statistic)이라 한다. 이 통계량은 모집단으로부터 추출된 표본에 따라 변화하기 때문에 변량으로 취급한다. 모수의 대표적인 예로는 모평균, 모분산, 모표준편차 등이 있고 통계량의 대표적인 예로는 표본평균, 표본분산, 표본표준편차 등이 있다. 모수와 통계량에 관한 세부적인 내용은 제 7장의 표본분포에서 보다 자세하게 다룰 것이다.

1.2 기술통계학과 추론통계학

일반적으로 통계학을 두 분야로 대분류하면 수리통계학(mathematical statistics)과 응용통계학(applied statistics)이 있다. 수리통계학은 통계적 기법의 이론적 바탕을 수학적으로 증명하여 새로운 통계이론을 체계화하는 순수 학문적 성격이 강하고, 응용통계학은 통계개념의 활용과 기존의 통계기법을 이용하고 응용하는 실용적 분야로서의 성격이 강하다. 통계학을 자료의 분석방법으로 대분류하면 추론통계학(inferential statistics)과 기술통계학(descriptive statistics)으로 나눌 수 있다. 먼저 추론통계학은 조사한 자료에 내포되어 있는 정보를 통계이론을 기초로 분석과 추론을 하며 현대 통계학의 핵심분야라고 말할 수 있다. 일반적으로 추론통계학에서는 통계적 모형을 설정하여, 설정된 모형이 합리적인가를 평가하고 자료 속에 있는 정보를 근거로 자료의 특성을 찾아내어 분석하고, 이 분석 결과에 의하여 미래에 일어날 현상에 대하여 미리 예측하고 대비하고자 할 때 정확한 판단과 의사결정을 내릴 수 있는 것이다. 한편, 통계분석을 목적으로 수집된 자료들의 측정값들은 자료 자체를 분석하는 분석가들에게는 중요한 정보이지만, 조사된 자료의 양이 대단히 방대할 때에는 이 자료의 전반적인 특성을 파악하는 것은 어려우므로 우선적으로 자료의 대표값, 변동의 크기, 분포의 형태 등을 요약해 놓으면 방대한 자료가 내포하고 있는 특성을 비교적 쉽게 파악할 수 있다. 이와 같이 자료를 수집, 정리하여 도표나 표를 만들고, 자료를 요약하여 대표값이나 변동의 크기 등을 구하는 통계학의 한 분야를 기술통계학이라 한다. 기술통계학에서 다루는 자료는 그 자체가 모집단이거나 표본일 수도 있다. 전자의 경우는 기술통계학의 분석방법으로 모집단에 대한 특성을 파악할 수 있으며, 후자의 경우는 표본으로부터 얻은 결과를 기초로 추론통계학의 방법을 이용하여 통계적 추론을 한다. 한편 모집단으로부터 추출된 표본은 모집단의 특성에 의하여 불완전한 정보를 포함할 수도 있으며 더욱이 추출된 표본에 따라 모집단의 특성이 달라지는 경향이 있을 수 있으므로 표본으로부터 도출한 추론은 불가피한 오차가 발생할 수도 있다. 추론통계학은 이와같은 오차를 확률적으로 처리하는 것까지 포함하면서 모집단에 대한 일반성을 찾는 현대 통계학의 핵심분야라고 말할 수 있다.

1.3 자료의 종류와 변수

수집된 자료의 분석 방법은 분석의 대상이 되는 자료의 형태에 따라 달라지게 되므로 우선 자료의 형태를 분류하여 보자.

실험이나 관찰을 통하여 얻은 가공되지 않은 자료를 원자료(raw data) 또는 비그룹화된 자료(ungrouped data)라고 한다. 반면, 실험이나 관찰을 통하여 얻은 자료를 크기나 자료의 특성 등에 따라 분류하여 이미 가공된 자료를 그룹화된 자료(grouped data)라고 한다.

통계학에서는 실험이나 관찰을 통하여 수집된 자료의 특성을 수량으로 나타낸 것을 변수(variable)[1]이라 한다. 예를 들면, 어느 고등학교 2학년 학생 전체의 몸무게, 키, 앉은키 등을 조사 할 때, 키, 몸무게, 앉은키는 변수이다. 또한 변수 자체는 다시 설명변수(explanatory variable)와 반응변수(response variable)로 구분되는데 설명변수는 독립변수(independent variable), 반응변수는 종속변수(dependent variable)라고도 한다. 설명변수는 다른 변수에 영향을 주는 변수이고 반응변수는 다른 변수에 의해 영향을 받는 변수를 말한다. 예를 들면, 사람이 나이가 들어감에 따라 몸무게의 변화가 있다고 가정하면, 나이는 설명변수이고, 몸무게는 반응변수라고 볼 수 있다.

일반적으로 변수는 양적변수(quantitative variable)와 질적변수(qualitative variable)로 분류한다. 양적변수는 자료의 크기나 양을 숫자로 나타내는 변수로서 예를 들면, 키, 앉은 키, 체중, 시험점수, 신문의 판매 부수 등이 이에 속한다. 양적변수는 다시 연속변수(continuous variable)와 이산변수(discrete variable)로 구분한다. 연속변수는 변수가 취하는 값이 실구간내에 있는 임의의 수치로서 예를 들면, 형광등의 수명, 타이어의 수명, 온도, 200m 달리기에서의 시간측정 등이 이에 속한다. 한편 이산확률변수

[1] 변수(variable)의 어떤 관찰값이나 측정값을 변량(variate)라고 한다. 다시 말하면, 변량(variate)은 변수(variable)의 특정한 값으로 나타난 결과이다.

는 가산(countable)인 수치값을 취하는 변수로서 예를 들면, 특정지역에서의 교통사고 건수, 화재 건수, 전화 기지국의 하루 전화통화량 등이 이에 속한다. 질적변수는 크기나 양을 나타내지 않는 숫자, 기호, 문자로 나타나는 변수로서 예를 들면, 혈액형, O와 X로 표기하는 시험문제, 성별, 전화번호, 시험성적의 등수 등이 이에 속한다. 질적변수는 원칙적으로 수치로 주어진 변수가 아니지만 수치로 주어지더라도 그 수치의 크기와 양을 나타내는 것이 아닌 사실에 주의해야 하며 기본적으로는 집단을 분류하는 의미가 강한 성격을 띠고 있다.

양적변수와 질적변수가 취하는 자료를 각각 양적 자료(quantitative data)와 질적자료(qualitative data)라 한다. 양적 자료는 수치자료(numerical data)라고도 부르며, 수집된 자료가 수치값의 형태이고 이러한 양적 자료는 측정단위의 존재를 가정하여 관측대상이 되는 각 자료에 측정단위가 붙는다. 이러한 의미에서 이런 형태의 자료를 측정형자료(measurement data)라고 부르기도 한다. 이에 반해 질적자료는 범주형자료(categorical data)라고도 부르며 이것은 수치형이 아닌 자료를 말한다. 예를 들면, 위에서 언급한 성별, 예 또는 아니오 등은 질적자료에 속한다. 통계분석자의 편의에 따라 질적 자료는 양적 자료로 변환시킬 수가 있으며 역으로, 양적 자료는 질적 자료로 변환시킬 수가 있다. 예를 들면, 성별의 경우는 질적 자료이지만, 자료 분석을 수월하게 하기 위하여 편의상 남성을 0, 여성을 1로 표기하여 수치화하면 양적자료로 변환 가능하다. 이때의 숫자는 순위개념이 없는데 이러한 자료를 명목자료(nominal data)라 한다. 명목자료는 자료의 특성만을 나타내어 주며 양적인 크기를 나타내는 것이 아니기 때문에 산술적인 계산이 불가능하다. 이에 반해, 학년과 같은 경우는 순위개념을 가지고 있는데, 이러한 자료를 순서자료(ordinal data)라 부른다. 순서자료는 자료 간의 크기가 높고 낮음의 순서관계가 존재하나 양적인 비교를 할 수 있는 정보는 제공해 주지는 못한다.

1.4 질적자료와 양적자료의 정리

수집된 자료를 통계표 또는 통계그림으로 나타내면 보다 많은 정보를 일목요연하게 파악할 수 있다. 자료의 양이 비교적 적을 경우에는 점도표(dot graph), 막대그래프(bar graph), 원그래프(pie chart) 또는 줄기-잎 그림(stem and leaf) 등을 사용하고, 자료의 양이 많을 경우에는 히스토그램(histogram)을 사용한다. 이 절에서는 이와 같은 통계측도에 대하여 자세히 알아 보기로 한다.

1.4.1 질적자료의 분석

1.4.1-1 도수분포표

수집된 자료가 범주형자료일 때 이 자료를 보다 효과적으로 분석하기 위해서는 표나 그림으로 나타내는 것이 좋다. 먼저 질적자료의 도수(frequence)는 그 자료의 빈

도수 즉, 출현횟수를 말한다. 이렇게 각 자료의 도수를 구하여 표로 나타낸 것을 도수분포표(frequence table)라 하며 이를 이용하면 전체 자료의 수량적 구조를 개괄적으로 파악할 수 있다. 특히, 어떤 특정 자료의 도수를 총자료의 개수로 나눈 값을 상대도수(relative frequence)라 한다. 즉, 상대도수는

$$\text{자료 A의 상대도수} = \frac{\text{자료 A의 도수}}{\text{자료의 총개수}}$$

이다. 이렇게 상대도수를 구하여 역시 표로 나타낸 것을 상대도수분포표(table of relative frequence)라 한다. 또한 상대도수에 대한 백분위(percentage)는 다음과 같다.

$$\text{자료 A의 백분위} = \text{자료 A의 상대도수} \times 100$$

이다. 어떤 자료의 백분위를 구하여 표로 나타낸 것을 백분위분포표(percentage table)라 한다.

例題 1 어느 고등학교 3학년 학생 25명을 대상으로 대학에 진학하여 전공하고 싶은 분야를 조사하였더니 다음과 같았다. 이 자료의 도수분포표, 상대도수분포표, 백분위분포표를 작성하라.

> 통계학, 물리학, 기타, 생명공학, 물리학, 통계학, 수학, 수학, 생명공학,
> 기타, 물리학, 수학, 통계학, 기타, 기타, 기타, 통계학, 기타, 수학, 기타,
> 기타, 통계학, 수학, 통계학, 수학

解答 먼저 조사된 자료는 범주형자료이고 전공은 변수이다. 이 자료를 계수(tally)를 이용하여 도수분포표를 작성하면 다음과 같다.

전공	계수	도수
통계학	卌 |	6
물리학	|||	3
수학	卌 |	6
생명공학	||	2
기타	卌 |||	8
합	25	25

표 1.1 도수분포표

또한 상대도수분포표와 백분위분포표를 동시에 작성하면 다음과 같다.

전공	상대도수	백분위
통계학	$6/25 = 0.24$	$0.24 \times 100 = 24$
물리학	$3/25 = 0.12$	$0.12 \times 100 = 12$
수학	$6/25 = 0.24$	$0.24 \times 100 = 24$
생명공학	$2/25 = 0.08$	$0.08 \times 100 = 8$
기타	$8/25 = 0.32$	$0.32 \times 100 = 32$
합	1.00	100

표 1.2 상대도수분포표와 백분위분포표 ◀

1.4.1-2 도수막대그래프와 상대도수막대그래프

질적자료를 상대도수 분포표를 이용하여 그림으로 표현하면 자료의 분포상태를 시각적으로 쉽게 파악할 수가 있다. 도수막대그래프는 주어진 각 자료값의 도수를 폭이 같은 막대(bar)로 나타낸 그림이고 마찬가지로 상대도수 막대그래프도 주어진 각 자료값의 상대도수를 폭이 같은 막대로 표시한 그림이다. 각각의 막대는 수평선상(x-축)에 그리고 막대의 높이는 도수 또는 상대도수의 값이 되며 이 값을 수직선상(y-축)에 표시하여 놓는다. 일반적으로 도수막대그래프나 상대도수막대그래프를 그릴 때에는 막대 사이를 분리하여 그리며 질적자료의 표기순서를 서로 바꾸어도 상관이 없다.

例題 2 앞의 예제 1의 질적자료의 도수막대그래프와 상대도수막대그래프를 작성하라.

解答 도수분포표와 상대도수분포표를 참고하여 도수막대그래프와 상대도수막대그래프를 그리면 다음과 같다.

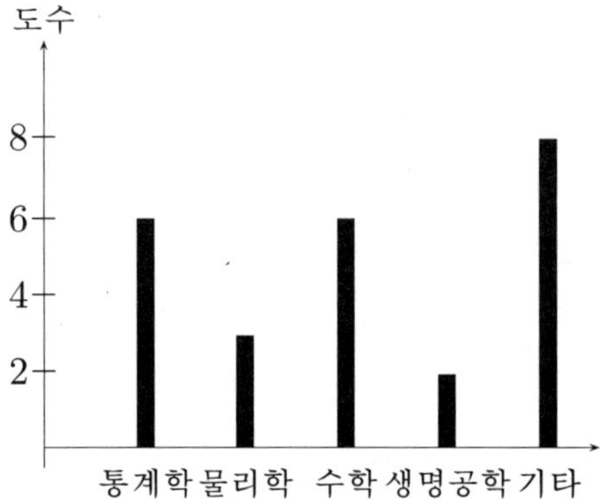

그림 1.1 도수막대그래프

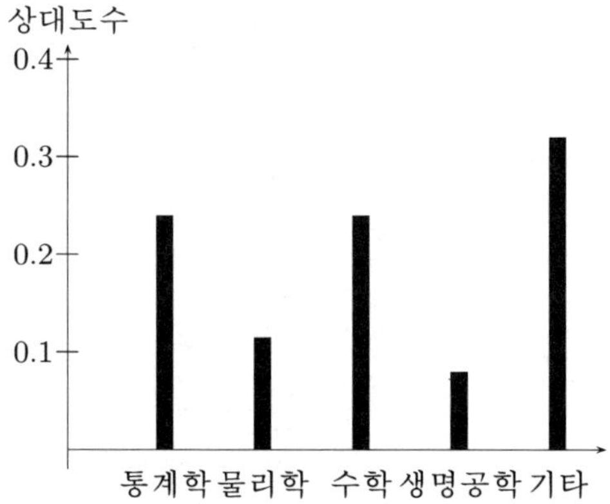

그림 1.2 상대도수막대그래프 ◀

1.4.1-3 원그래프

질적 자료를 그림으로 나타내는 또 한가지 방법은 원(circle)으로 표시하는 것이며, 이러한 원을 원그래프 또는 원형그래프(pie chart)라 한다. 이 방법은 먼저 주어진 자료의 상대도수를 구하고 각각의 자료값에 360°를 곱하여 원을 몇 개의 부채꼴의 형태로 분할하는 것이다. 이때 각 부채꼴의 크기는 해당 자료값의 상대도수와 비례하고 각각의 부채꼴 내부에 해당 자료값과 백분위를 적어 넣으면 된다.

例題 3 앞의 예제 1의 질적자료를 원그래프로 나타내라.

解答 각 자료의 각도를 구하면 다음과 같다.

$$
\begin{aligned}
\text{통계학} &: 0.24 \times 360^\circ = 86.4^\circ, \\
\text{물리학} &: 0.12 \times 360^\circ = 43.2^\circ, \\
\text{수학} &: 0.24 \times 360^\circ = 86.4^\circ, \\
\text{생명공학} &: 0.8 \times 360^\circ = 28.8^\circ, \\
\text{기타} &: 0.32 \times 360^\circ = 115.2^\circ.
\end{aligned}
$$

또한 원을 위에서 구한 자료의 각도로 분할하여 원그래프를 그리면 다음과 같다.

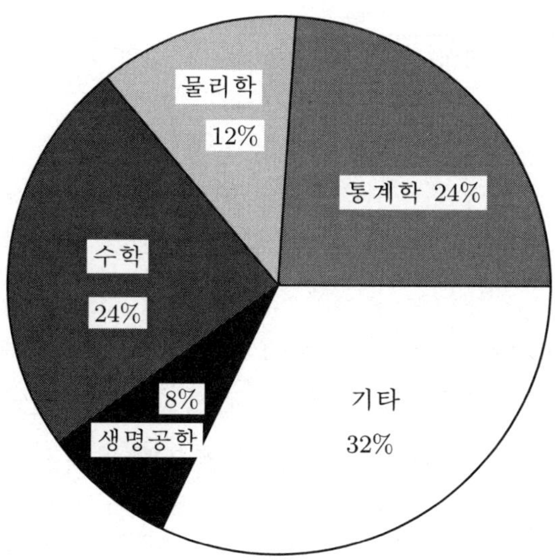

그림 1.3 원그래프

◀

1.4.2 양적자료의 분석

1.4.2-1 점도표

점도표는 수집된 모든 자료를 수평선 위에 점(dot)으로 나타낸 그림이다. 만약 자료중에 중복된 값이 나타나면 이미 작성된 점 위에 표시해 준다.

例題 1 어느 고속도로의 제한속도는 110km/h이다. 제한속도를 잘지키고 있는지 확인하기 위하여 고속도로의 특정 장소에서 지나가는 차량의 속도를 측정하여 다음과 같은 자료를 얻었다. (단위: km/h)

107	110	99	117	120	95	125	98	85
127	105	114	120	122	101	92	112	103

이 자료를 점도표로 나타내라.

解答 수평선을 긋고 점을 이용하여 그리면 다음과 같다.

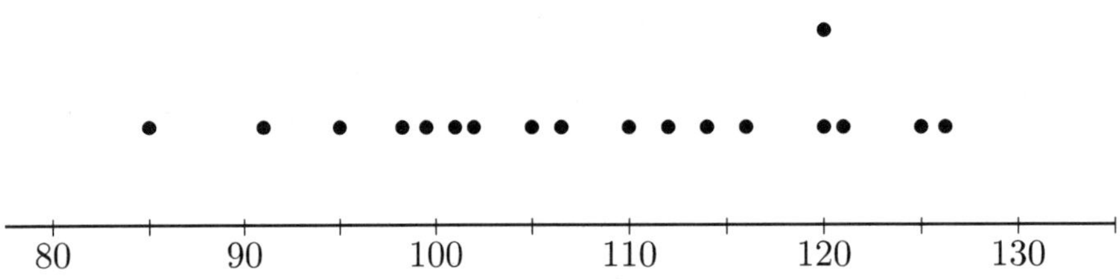

그림 1.4 점도표 ◀

1.4.2-2 줄기-잎 그림

질적 자료와 마찬가지로 양적 자료 역시 도표나 그림을 통하여 시각적으로 표시하면 자료의 상태를 손쉽게 파악 할 수 있다. 먼저 줄기-잎 그림에 대하여 알아 보자.

줄기-잎 그림은 자료의 개수가 비교적 많지 않으면 언제든지 줄기-잎 그림으로 나타낼 수 있으며, 전체의 분포의 형태 즉, 특정한 자료가 주어진 자료의 어느 위치에 존재하는지, 일련의 수치가 어떻게 분포되어 있는지, 다른 자료와 비교적 멀리 떨어져 있는 수치가 있는지, 자료들이 어떤 수치에 집중되어 있는지, 자료 전체가 어떤 값을 중심으로 대칭적으로 분포되어 있는지, 전체 자료가 몇개의 그룹으로 나누어져 있는지, 자료를 크기 순으로 배열할 때 유용한 그림이다. 줄기-잎 그림을 그리는 순서는 다음과 같다.

줄기-잎 그림을 그리는 순서

(1) 자료를 줄기와 잎으로 나눈다. 줄기로 선택한 자료는 왼쪽에, 잎으로 취한 자료는 오른쪽에 적고 줄기와 잎은 수직선으로 구분한다. 줄기와 잎으로 선택하는 공식은 없지만 대략 주어진 자료의 수치변동이 적은 쪽을 줄기로, 수치변동이 큰 쪽을 잎으로 선택한다.
(2) 줄기로 선택한 수치는 위쪽에서 아래로 작은 값에서 큰 값 순으로 적는다.
(3) 각 줄기에 해당하는 잎의 값을 그 줄기의 오른쪽에 가로로 나열하여 적는다.
(4) 각 줄기에 나열된 잎의 값을 순서대로 재배열한다.

이제 예제를 통하여 줄기-잎 그림을 그려 보자. 다음과 같은 기초통계학 기말시험 성적자료가 주어졌다.

71	68	75	63	84	87	77	81	57	62
66	85	52	73	89	74	91	65	86	78
97	59	61	94	75	87	74	70	93	67

위의 양적자료를 줄기-잎 그림으로 나타내어 보자. 먼저 기초통계학 기말시험 성적 점수를 자세히 살펴보면, 일자리는 $0 \sim 9$까지, 십자리는 $5 \sim 9$까지 나타나므로 줄기로는 십자리, 잎은 일자리로 선택한다.

줄기	잎
5	7 2 9
6	8 3 2 6 5 1 7
7	1 5 7 3 4 8 5 4 0
8	4 7 1 5 9 6 7
9	1 7 4 3

$\Longrightarrow$

줄기	잎
5	2 7 9
6	1 2 3 5 6 7 8
7	0 1 3 4 4 5 5 7 8
8	1 4 5 6 7 7 9
9	1 3 4 7

그림 1.5 줄기-잎 그림

양적 자료는 항상 줄기 잎 그림으로 나타낼 수가 있지만 자료의 수가 너무 많으면 줄기-잎 그림으로 나타내기가 불편하고 시간이 너무 많이 소요된다는 단점이 있다. 또한 자료의 분석자들의 주관적 판단에 의하여 같은 자료라도 줄기를 선택하는 방법이 달라 질 수 있으므로 줄기-잎 그림의 모양이 일정하지 않을 수도 있다. 위의 기초통계학 기말시험 성적의 경우를 예로 들면, 줄기를 두 개로 세분하여 다시 줄기-잎 그림을 작성하여 보자. 먼저, 50에서 54점까지를 줄기 5로, 55점에서 59점까지를 $5^\dagger$로 표시하고, 다른 점수대도 같은 방법으로 표시하여 줄기-잎 그림을 그리면 다음과 같다.

줄기	잎
5	2
$5^\dagger$	7 9
6	3 2 1
$6^\dagger$	8 6 5 7
7	1 3 4 4 0
$7^\dagger$	5 7 8 5
8	4 1
$8^\dagger$	7 5 9 6 7
9	1 4 3
$9^\dagger$	7

$\Longrightarrow$

줄기	잎
5	2
$5^\dagger$	7 9
6	1 2 3
$6^\dagger$	5 6 7 8
7	0 1 3 4 4
$7^\dagger$	5 6 7 8
8	1 4
$8^\dagger$	5 6 7 7 9
9	1 3 4
$9^\dagger$	7

그림 1.6 줄기를 세분화한 줄기-잎 그림

그림 1.5와 그림 1.6의 줄기-잎 그림은 같은 기초통계학 기말시험 성적을 기초로 하여 작성하였으나 그 결과는 다른 분포형태를 보여준다. 그림 1.6의 줄기-잎 그림은 두 개의 그룹으로 나누어짐을 알 수 있다. 위의 예에서 본 것처럼, 같은 자료로부터 분석자에 주관적 판단에 따라 줄기의 개수를 늘리면 다른 형태의 줄기-잎 그림이 나올 수 있다. 그러나 한편으로는 줄기의 개수를 늘리면 자료의 집락(cluster)상태를 파악하는데 편리할 수도 있다. 이와 같은 여러 가지 상황으로, 주어진 자료의 줄기와 잎은 선택하는 일은 분석자의 경험적인 판단에 의존할 수밖에 없다. 위의 예에서 본 것처럼 같이 줄기-잎 그림의 장점으로는 특정한 자료가 주어진 자료의 어느 위치에 존재하는가를 파악할 때 편리하다는 점, 주어진 자료를 크기 순으로 나열할 때 편리하다는 것이며 이것은 중앙값(median)을 구할 때 아주 유용하다. 이 중앙값에 대하여는 다음 장에서 자세하게 다룰 것이다. 한편 자료의 크기가 비교적 많을 때에는 줄기-잎 그림을 이용하지 않고 통상적으로 히스토그램을 이용한다.

問題 2 다음 자료는 어느 도시에 거주하는 거주자의 월세 금액이다.(단위: 천원)

429	585	732	675	550	989	1020	620	750	660
540	578	956	1030	1070	930	871	765	880	975
650	1020	950	840	780	870	900	800	750	820

이 자료를 줄기-잎 그림으로 나타내라.

解答 수치변동이 적은 백단위 자리를 줄기로, 이에 반에 일자리, 십단위 자리는 수치변동이 크므로 잎으로 취하여 줄기-잎 그림을 그리면 다음과 같다.

줄기	잎
4	29
5	85 50 40 78
6	75 20 60 50
7	32 50 65 80 50
8	71 80 40 70 00 20
9	89 56 30 75 50 00
10	20 30 70 20

$\Longrightarrow$

줄기	잎
4	29
5	40 50 78 85
6	20 50 60 75
7	32 50 65 65 80
8	00 20 40 70 71 80
9	00 30 50 56 75 89
10	20 20 30 70

그림 1.7 줄기-잎 그림

1.4.2-3 히스토그램의 작성

앞 절에서 양적자료의 개수가 비교적 많지 않으면 항상 줄기-잎 그림으로 나타낼 수 있음을 알았다. 그러나 양적자료의 개수가 많으면 줄기-잎 그림으로 나타내기가 번거로울 뿐 아니라 시간적으로 큰 낭비일 수 있다. 이때에는 히스토그램(histogram)을 이용하면 자료의 분포형태와 집락을 비교적 수월하게 파악할 수 있다. 히스토그램을 작성하기 위해서는 조사한 자료를 적당하게 분할해야 한다. 먼저 예를 들어 용어에 대하여 알아 보자.

어느 기업에 다니는 회사원들의 급여를 조사하여 다음과 같은 표를 얻었다.

계급번호	급여(만원)	회사원
1	301 ~ 400	9
2	401 ~ 500	16
3	501 ~ 600	33
4	601 ~ 700	20
5	701 ~ 800	14
6	801 ~ 900	8
합		100

표 1.3

위의 표를 자세하게 살펴 보자. 먼저 조사된 회사원의 총인원은 100명이고 이 표의 첫 번째 열은 계급의 수를 나타내는 계급번호(class number), 두 번째 열은 계급(class)이라 부르는 변수로서 각 계급의 아래쪽 경계값을 하한값(lower value), 위쪽 경계값을 상한값(upper value)이라 한다. 즉, 301, 401, 501, 601, 701, 801은 각 계급의 하한값이고 400, 500, 600, 700, 800, 900은 상한값이다. 이때 계급의 하한값과 상한값의 합을 2로 나눈값을 계급값(class value) 또는 계급중앙값(class midpoint)이라 한다. 즉, 계급값은

$$\text{계급값} = \frac{\text{하한값} + \text{상한값}}{2}$$

이다. 또한, 각 계급의 하한값과 상한값 사이에 들어가는 모든 값을 포함하는 구간을 계급구간(class interval)이라 한다. 세 번째 열은 각 계급의 계급구간 속에 있는 급여를 받는 회사원의 수를 나타내는데 이것을 계급도수(class frequency)라 한다. 이와 같이 양적자료에 대한 도수분포를 모든 계급과 각 계급에 속한 값의 수를 나타내어 도수분포의 형식으로 표현한 자료를 집단화된 자료(grouped data)라 부른다. 이 집단화된 자료를 좀 더 자세하게 설명하면 다음과 같다. 첫 번째 계급의 상한값과 두 번째 계급의 하한값의 합을 2로 나눈 값 즉,

$$\frac{400 + 401}{2} = 400.5$$

를 중간값(midpoint)이라 하고, 이 중간값 400.5를 첫 번째 계급의 상한경계값(upper boundary), 두 번째 계급의 하한경계값(lower boundary)이라 한다. 이 경우, 어떤 계급의 상한경계값은 그 계급의 상한값과 그 다음 계급의 하한값의 중간값으로 바꿀 수 있으며 이때 중간값은 다음 계급의 하한경계값이다. 또 각 계급에 있어 두 경계값 차를 계급폭(class width) 또는 계급크기(class size)라고 한다. 즉, 계급폭 또는 계급크기는

$$\text{계급폭} = \text{상한경계값} - \text{하한경계값}$$

이다. 예를 들면, 첫 번째 계급의 폭은 $400.5 - 300.5 = 100$이다. 지금까지 설명한 내용을 표로 나타내어 정리하면 다음과 같다.

계급번호	계급구간	계급값	계급도수	계급경계값	계급폭
1	301 ~ 400	350.5	9	300.5 ~ 400.5	100
2	401 ~ 500	450.5	16	400.5 ~ 500.5	100
3	501 ~ 600	550.5	33	500.5 ~ 600.5	100
4	601 ~ 700	650.5	20	600.5 ~ 700.5	100
5	701 ~ 800	750.5	14	700.5 ~ 800.5	100
6	801 ~ 900	850.5	8	800.5 ~ 900.5	100
			100		

표 1.4

집단화된 자료의 계급경계값을 구하는 것은 조사된 자료들이 각 계급의 하한값과 상항값에 중복되어 나타나지 않도록 하기 위함이다. 위의 설명에서는 단순히 낮은 계급의 상한값과 한 단계 높은 계급의 하한값의 평균으로 구하였지만 실제 히스토그램을 작성할 때에는 약간 다른 방식으로 구한다. 이제 히스토그램을 작성하는 방법에 대하여 알아보자.

양적자료의 개수가 비교적 많다고 판단될 때에는 먼저 자료를 집단화하고 이 집단화된 자료의 도수분포표와 집단화된 자료의 상대도수분포표를 만들어 히스토그램을 작성한다. 또한 집단화된 자료의 계급의 상대도수와 백분위는 다음 공식으로 구한다.

$$\text{각 계급의 상대도수} = \frac{\text{각 계급의 도수}}{\text{전체 자료의 개수}},$$
$$\text{각 계급의 백분위} = \text{각 계급의 상대도수} \times 100$$

히스토그램을 그리는 방법

(1) 조사된 자료를 서로 근접한 자료값을 묶어서 전체 자료를 몇 개의 그룹으로 나눈다. 즉, 전체 자료를 몇 등분 할 것인지를 결정한다. 즉, 계급(class)의 수를 결정한다. 이 계급의 수를 결정하는 문제는 분석자의 경험적 판단에 따른다. 참고로 계급의 수를 결정함에 있어서 H. A. Sturges는 경험적으로 다음과 같은 공식을 유도하였으며 이것을 H. A. Sturges공식이라고 한다.

$$\begin{aligned} n &= 1 + \log_2 k \\ &= 1 + 3.322 \times \log_{10} k \end{aligned}$$
$$(k\text{는 자료의 총개수, } n\text{의 계급의 수})$$

(2) 계급의 수가 결정되었으면 조사된 자료에서 가장 큰 자료값($x_{\max}$)과 가장 작은 자료값($x_{\min}$)을 빼주고 계급의 수로 나누어 계급폭을 구한다.

$$\text{계급폭} = \frac{x_{\max} - x_{\min}}{\text{계급의 수}}$$

(3) 다음은 첫 번째 계급의 하한경계값을 구한다. 이 값은 자료의 최소단위의 반(half)을 가장 작은 자료값에서 뺀 값으로 많이 사용한다. 이렇게 하는 이유는 모든 자료값들이 각 계급의 경계선상에 중복되어 나타나지 않도록 하기 위해서이다.

$$\text{첫 번째 계급의 하한경계값} = \text{가장 작은 자료값} - \text{자료의 최소단위} \times \frac{1}{2}$$
$$= x_{\min} - 0.5 \times \text{자료의 최소단위}$$

(4) 위에서 구한 집단화된 자료를 기초로 집단화된 자료의 도수분포표와 집단화된 자료의 상대도수분포표를 그린다.

(5) 집단화된 자료의 도수분포표를 기초로 도수히스토그램을 그린다. 마찬가지로 상대도수분포표를 기초로 상대도수히스토그램을 그린다.

例題 3 다음은 어느 운동단체 회원들의 건강검진을 위하여 임의로 선택된 회원 30명의 몸무게 자료이다. 이 자료를 히스토그램으로 나타내라. (단위 : kg)

79	83	79	83	89	73	84	79	78	78
77	80	83	80	72	78	82	80	76	76
81	75	82	77	74	73	76	79	81	84

解答 히스토그램 작성법의 순서로 그려본다. 먼저 자료의 총수는 $k = 30$개이다. Sturges의 공식에 의하여 계급의 수 n을 정하면

$$n = 1 + 3.322 \times \log_{10} 30 = 1 + 4.907\ldots \fallingdotseq 5.907 \fallingdotseq 6$$

이다. 두 번째, 계급폭은

$$\text{계급폭} = \frac{89 - 72}{6} = 2.833\ldots \fallingdotseq 3$$

이다. 다음에 첫 번째 계급의 하한경계값은

$$\text{첫 번째 계급의 하한경계값} = 72 - 1 \times \frac{1}{2} = 71.5$$

이다. 이로부터 집단화된 자료의 도수분포표와 상대도수분포표 그리고 각 계급의 백분위를 구하여 함께 작성하면 다음과 같다.

계급번호	계급구간	계급도수	계급상대도수	계급백분위
1	71.5 ~ 74.5	4	4/30 = 0.133	13.3
2	74.5 ~ 77.5	6	6/30 = 0.200	20.0
3	77.5 ~ 80.5	10	10/30 = 0.333	33.3
4	80.5 ~ 83.5	7	7/30 = 0.233	23.3
5	83.5 ~ 86.5	2	2/30 = 0.067	6.7
6	86.5 ~ 89.5	1	1/30 = 0.033	3.3
합		30	0.999	99.9

표 1.5

위의 계급도수분포표와 계급상대도수분포표를 이용하여 도수히스토그램과 상대도수 히스토그램을 그리면 다음과 같다.

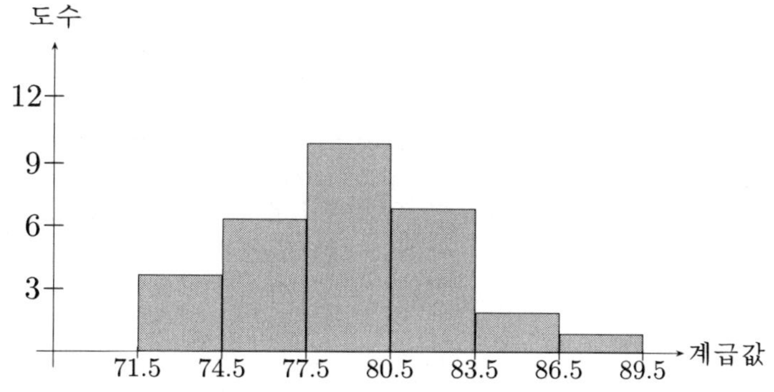

그림 1.8 도수히스토그램

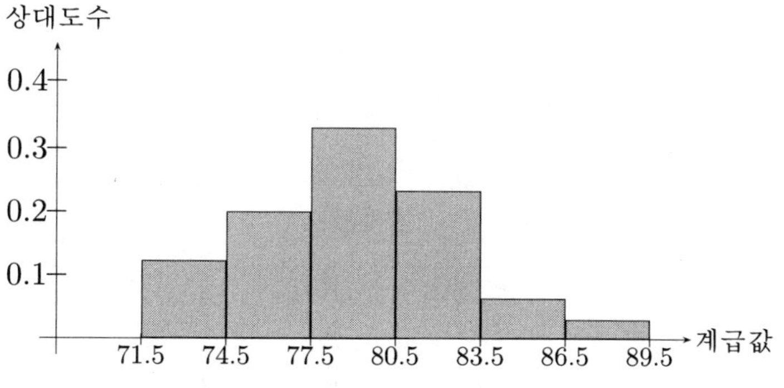

그림 1.9 상대도수히스토그램 ◀

1.4.2-4 집단화된 자료의 정리

앞절에서는 조사된 양적자료를 몇 개의 계급으로 나누어 집단화하고 이 집단화된 자료를 히스토그램으로 나타내어 보았다. 이제 조사된 양적자료를 집단화하고 이

때 각 계급속에 나타난 자료의 도수를 계급별로 합을 구하여 표로 나타내어 보자. 이러한 표를 집단화된 자료의 누적도수분포표(cumulative frequency distribution)라 하고 누적도수분포를 그래프로 나타낸 것을 누적도수분포곡선(ogive curve)라 한다. 또한, 누적도수분포표로부터 집단화된 자료의 상대누적도수와 상대누적도수분포곡선 그리고 누적백분위를 구할 수 있다. 누적도수분포곡선의 장점은 어떤 구간에 대한 누적도수를 근사시키기 위해 사용할 수 있다는 것이다. 상대누적도수와 누적백분위는 다음과 같이 구한다.

$$\text{각 계급의 상대누적도수} = \frac{\text{각 계급의 누적도수}}{\text{전체 자료의 개수}},$$
$$\text{각 계급의 누적백분위} = \text{각 계급의 상대누적도수} \times 100$$

계급번호	계급구간	계급값	계급도수	계급상대도수
1	$c_0 \sim c_1$	$x_1 = (c_0 + c_1)/2$	f_1	f_1/n
2	$c_1 \sim c_2$	$x_2 = (c_1 + c_2)/2$	f_2	f_2/n
3	$c_2 \sim c_3$	$x_3 = (c_2 + c_3)/2$	f_3	f_3/n
$\vdots$	$\vdots$	$\vdots$	$\vdots$	$\vdots$
$k-1$	$c_{k-2} \sim c_{k-1}$	$x_{k-1} = (c_{k-2} + c_{k-1})/2$	f_{k-1}	f_{k-1}/n
k	$c_{k-1} \sim c_k$	$x_k = (c_{k-1} + c_k)/2$	f_k	f_k/n
합			$n = \sum_{i=1}^k f_i$	$\frac{1}{n}\sum_{i=1}^k f_i = 1$

표 1.6 도수분포표와 상대도수분포표

계급번호	계급구간	계급값	계급도수	계급누적 도수	계급누적 누적도수
1	$c_0 \sim c_1$	x_1	f_1	$F_1 = f_1$	F_1/n
2	$c_1 \sim c_2$	x_2	f_2	$F_2 = f_1 + f_2$	F_2/n
3	$c_2 \sim c_3$	x_3	f_3	$F_3 = f_1 + f_2 + f_3$	F_3/n
$\vdots$	$\vdots$	$\vdots$	$\vdots\ \vdots$	$\vdots$	
$k-1$	$c_{k-2} \sim c_{k-1}$	x_{k-1}	f_{k-1}	$F_{k-1} = \sum_{i=1}^{k-1} f_i$	F_{k-1}/n
k	$c_{k-1} \sim c_k$	x_k	f_k	$F_k = \sum_{i=1}^k f_i$	F_k/n
합			$n = \sum_{i=1}^k f_i$		

표 1.7 누적도수분포표와 상대누적도수분포표

例題 4 앞절의 예제 3의 자료를 기초로하여 집단화된 자료의 상대누적도수와 누적백분위를 구하고 누적도수분포곡선을 구하라.

解答 전체 30명을 Sturges의 공식을 이용하여 6개의 계급의 수로 나누어 집단화 하였으므로 이 집단화된 자료의 누적도수, 상대누적도수, 누적백분위를 표로 나타내면 다음과 같다.

계급번호	계급구간	계급도수	계급누적도수	계급누적 상대도수	계급누적 백분위
1	71.5 ∼ 74.5	4	4	4/30 = 0.133	13.3
2	74.5 ∼ 77.5	6	10	10/30 = 0.333	33.3
3	77.5 ∼ 80.5	10	20	20/30 = 0.667	66.7
4	80.5 ∼ 83.5	7	27	27/30 = 0.900	90.0
5	83.5 ∼ 86.5	2	29	29/30 = 0.966	96.7
6	86.5 ∼ 89.5	1	30	30/30 = 1.000	100.0
합		30			100

표 1.8

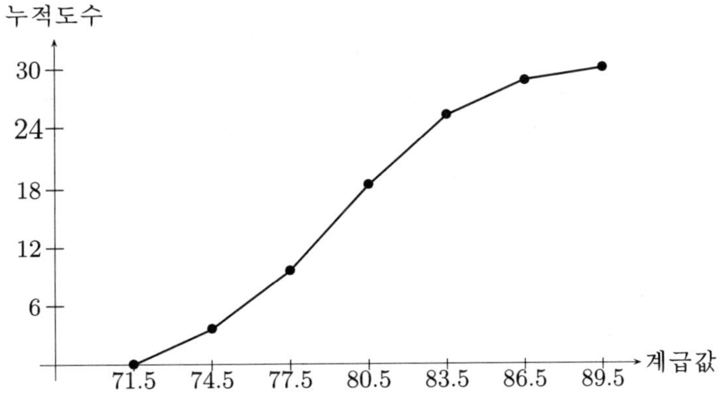

그림 1.10 누적도수분포곡선

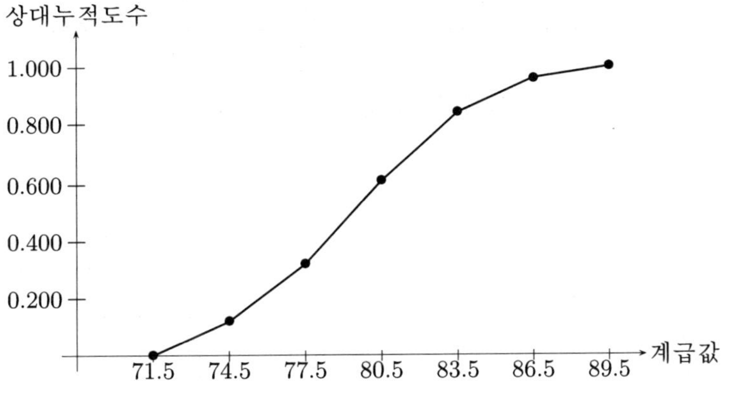

그림 1.11 상대누적도수분포곡선

◀

1.4.2-5 도수다각형과 상대도수다각형

도수다각형(frequence polygon)과 상대도수다각형(relative frequence polygon)은 각각 도수히스토그램과 상대도수히스토그램에서 각 막대 윗 부분의 중간 점을 직선으로 연결하여 얻어지는 다각형이다.

例題 5 앞의 예제 3의 자료를 참고하여 각각 도수다각형과 상대도수다각형을 만들어라.

解答 예제 3에서 도수히스토그램과 상대도수히스토그램을 작성하였으므로 각각 도수히스토그램과 상대도수히스토그램에서 각 막대 윗 부분의 중간 점을 직선으로 연결하면 다음과 같은 도수다각형과 상대도수다각형을 얻는다.

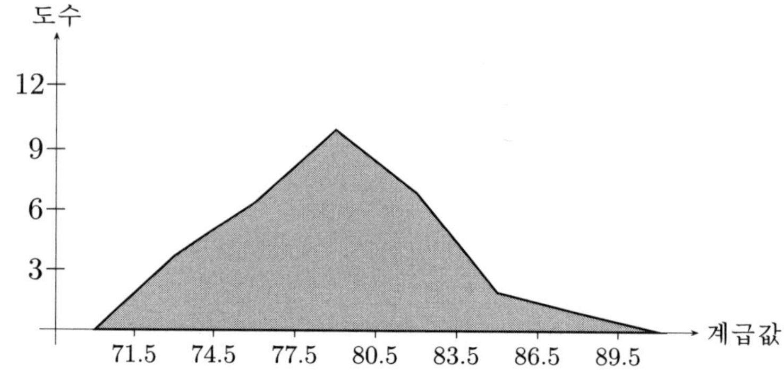

그림 1.12 도수다각형

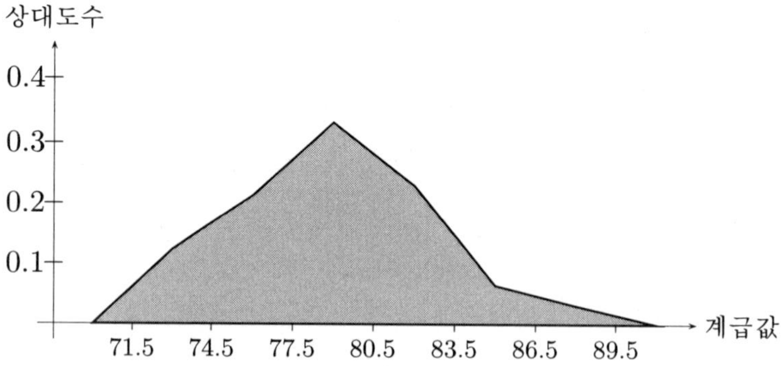

그림 1.13 상대도수다각형

◀

練習問題

1. 다음 자료는 어떤 외식업체에서 대학생들이 선호하는 양식에 대한 선호도를 조사한 것이다.

대학생	선호양식	대학생	선호양식
1	피자	11	햄버거
2	햄버거	12	돈까스
3	돈까스	13	피자
4	스파게티	14	피자
5	햄버거	15	햄버거
6	햄버거	16	햄버거
7	햄버거	17	햄버거
8	피자	18	돈까스
9	피자	19	피자
10	돈까스	20	스파게티

(1) 이 자료의 도수분포표를 작성하라.
(2) 이 자료의 상대도수분포표를 작성하라.
(3) 이 자료의 상대도수막대그래프를 그려라.
(4) 이 자료의 원그래프를 그려라.

2. 다음 자료를 줄기-잎 그림으로 나타내라.

53	52	56	37	34	25	40	41	58	47
70	81	73	63	61	59	65	79	89	48

3. 다음 자료를 줄기-잎 그림으로 나타내라.

1010	2101	1894	1882	1820	1670	1531
1662	1472	1712	1220	1375	1109	1353
1311	1411	1349	1716	1767	1702	1212
1772	1731	1322	1690	1749	1985	1642

4. 다음 자료는 기초통계학 기말시험 성적자료이다.

34	35	75	57	82	68	76	74	66	76
94	83	90	63	40	80	41	76	68	86
80	79	65	72	87	96	84	58	88	80
52	57	92	81	77	80	78	87	83	80
63	79	80	84	60	66	95	73	82	58
60	68	79	66	78	50	86	66	86	75
56	75	45	78	82	73	56	72	80	72
78	76	74	76	77	79	87	85	63	65
58	67	64	57	76	72	74	60	69	76
64	88	97	52	87	73	74	96	60	75

(1) Sturges의 공식을 이용하여 계급의 수를 정하고 집단화된 자료의 도수분포표와 상대도수분포표를 작성하라.

(2) (1)의 결과를 참고하여 집단화된 자료의 누적도수와 상대누적도수분포표를 작성하라.

(3) 상대도수히스토그램을 그려라.

(4) 상대도수다각형을 그려라.

제 2 장

자료의요약

2.1 자료의 수리적 정리

제 1장에서는 조사한 자료를 여러 가지 표나 그림으로 정리하면 원자료(raw data)보다 다양한 측면에서 자료가 가지고 있는 속성과 특징을 파악하기 쉽다는 것에 대하여 알아 보았다. 그러나 줄기-잎 그림에서 본 것처럼 분석자의 주관적 판단에 의하여 같은 원자료로부터 서로 다른 형태의 줄기-잎 그림이 나올 수 있다는 것과 히스토그램 작성 시 Sturges의 공식을 이용하지 않고 분석자의 경험적 판단에 따라 계급의 수를 정한다면, 그 결과가 달라질 수 있다는 것도 알았다. 따라서 이러한 단점을

보완하기 위하여 조사한 자료에 대하여 다양한 수리적인 계산을 적용하여 자료를 정리, 요약하면 이 자료에 대해 좀 더 객관적인 면에서 신뢰가 갈 것이다. 일반적으로 자료의 특성을 나타내어 주는 수리적인 측도로 많이 사용하는 것이 중심위치의 측도(measures of the central tendency), 산포의 측도(measures of dispersion), 상대적 위치의 측도(measures of relative standing)이다. 중심위치의 측도는 주어진 자료가 어떤 값을 중심으로 분포되어 있는지를, 산포의 측도는 주어진 자료가 어떤 값을 중심으로 어떻게 분산(scatter)되어 있는지를, 상대적 위치의 측도는 어떤 특정한 자료가 주어진 자료의 어떤 위치에 존재하는지를 설명하여 주는 값이다. 중심위치의 측도로는 평균(mean), 중앙값(중위수, median), 최빈값(mode) 등이 있으며, 산포의 측도로는 분산(variance), 표준편차(standard deviation), 변동계수(변이계수, coefficient of variation), 범위(range), 사분위범위(interquartile range) 등이 있고, 상대적 위치의 측도로는 사분위수(quartiles), 백분위수(percentiles) 그리고 z-값(z-score) 등이 있다.

관찰된 자료값을 계산적 대푯값과 위치적 대푯값으로 분류하여 보자. 먼저, 관찰된 자료값들이 모두 계산에 사용되는 대푯값을 계산적 대푯값이라 하고, 여기에 속하는 대푯값으로는 산술평균 기하평균, 조화평균, 평방평균 등이 있다. 그런데, 계산적 대푯값들은 자료중에 포함된 극단값들의 영향을 받기 때문에 이러한 단점을 보완하기 위하여 자료 중에 극단값이 포함되어 있더라도 위치에 영향을 거의 받지 않는 위치적 대푯값을 사용한다. 위치적 대푯값에 속하는 대푯값으로는 중앙값, 최빈값, 사분위수, 백분위수 등이 있다. 하지만 계산적 대푯값과 위치적 대푯값 역시 자료에 대한 분포를 정확하게 설명할 수 없다는 단점이 있다. 따라서 자료의 분포상태를 좀 더 정확하게 알기 위해서는 전체 자료의 산포의 측도(measure of dispersion)를 알아야 한다. 일반적으로 산포의 측도는 절대적 산포도와 상대적 산포도로 분류하며, 절대적 산포도에 속하는 대푯값으로는 범위, 평균편차, 분산, 표준편차 등이 있고 상대적 산포도에 속하는 대푯값으로는 변동계수, 평균편차계수, 사분위편차계수 등이 있다.

이 장에서는 지금까지 설명한 여러 가지 유형의 자료에 대한 수리적인 통계적 측도를 이용하여 정리, 요약하는 방법에 대하여 자세히 알아 본다.

2.2 중심위치의 측도

2.2.1 산술평균

통계자료에서 자료의 중심을 나타내는 수치로서 가장 중요하고 많이 사용하는 통계측도 중의 하나가 평균(mean, average)이며 우리가 실생활에서 흔히 쓰는 평균은 정확한 용어로 산술평균(arithmetic mean)을 의미한다. 일반적으로 통계자료는 모집단과 표본으로 구분할 수 있으므로 모집단의 산술평균 즉, 모평균은 기호로 μ로, 또한 표본의 산술평균 즉, 표본평균은 $\bar{x}$로 구분하여 나타낸다. 특별하게 언급하지 않는 한 이 책에서도 평균이라고 하면 산술평균을 지칭하는 것으로 한다.

모집단 자료들이 x_1, x_2, $\cdots$, x_k이고 이 값들의 도수가 각각 모두 f_1, f_2, $\cdots$, f_k이면 즉, 모집단의 자료들이 다음 표와 같이 정리되었을 때,

모집단 자료	x_1	x_2	$\cdots$	x_{m-1}	x_m	합
도수	f_1	f_2	$\cdots$	f_{m-1}	f_m	$N=\sum_{i=1}^{m} f_i$

표 2.1 모집단 자료

이 모집단 자료의 모평균 μ는

$$\begin{aligned}\mu &= \frac{1}{N}\sum_{i=1}^{m} x_i f_i \\ &= \frac{x_1 f_1 + x_2 f_2 + \cdots + x_{m-1} f_{m-1} + x_m f_m}{N}\end{aligned}$$

이다. 이때 위의 평균을 모집단의 가중산술평균(weighted arithmetic mean)이라 한다. 여기서 모집단 자료들의 모든 도수가 $f_i = 1$, $(i = 1, 2, \cdots, m)$이면 모평균 μ는

$$\begin{aligned}\mu &= \frac{1}{m}\sum_{i=1}^{m} x_i \\ &= \frac{x_1 f_1 + x_2 f_2 + \cdots + x_{m-1} f_{m-1} + x_m f_m}{m}\end{aligned}$$

이다. 비슷한 방법으로 표본자료가 다음과 같으면 표본평균 $\bar{x}$는 다음과 같다.

표본자료	x_1	x_2	$\cdots$	x_{n-1}	x_n	합
도수	f_1	f_2	$\cdots$	f_{n-1}	f_n	$N=\sum_{i=1}^{n} f_i$

표 2.2 표본 자료

표본평균 $\bar{x}$는

$$\begin{aligned}\bar{x} &= \frac{1}{N}\sum_{i=1}^{n} x_i f_i \\ &= \frac{x_1 f_1 + x_2 f_2 + \cdots + x_{n-1} f_{n-1} + x_n f_n}{N}\end{aligned}$$

이고 위의 평균을 표본의 가중산술평균(weighted arithmetic mean)이라 한다. 또한 표본자료들의 모든 도수가 $f_i = 1$, $(i = 1, 2, \cdots, n)$이면 표본평균 $\bar{x}$는

$$\begin{aligned}\bar{x} &= \frac{1}{n}\sum_{i=1}^{n} x_i \\ &= \frac{x_1 + x_2 + \cdots + x_{n-1} + x_n}{n}\end{aligned}$$

이다. 일반적으로 통계조사에서 얻은 자료는 모집단의 정보를 포함하고 있는 모평균 μ는 대부분 모르는 경우가 많기 때문에 실제로는 표본의 자료에서 얻은 표본평균 $\bar{x}$를 더 많이 사용한다.

例題 1 다음 자료의 평균을 구하라.

11, 10, 15, 5, 10, 12

解答 주어진 자료는 표본으로서 모든 자료의 개수는 $n = 6$이고 모든 자료의 도수는 각각 1이므로 표본평균 $\bar{x}$는

$$\begin{aligned}\bar{x} &= \frac{1}{n}\sum_{i=1}^{n} x_i \\ &= \frac{1}{6}(11+10+15+5+10+12) \\ &= 10.5\end{aligned}$$

이다. ◀

전체의 자료를 몇 개의 계급으로 나누어 만들어진 집단화된 자료의 도수분포표에서의 평균 $\bar{x}$를 구해 보자. 이때에는 각 계급에 속하는 도수를 조사하고 각 계급의 계급값을 구하여 계급도수와 계급값을 곱하여 계급도수의 총합으로 나누어 주면 된다. 즉, 집단화된 자료의 도수분포표가 다음과 같다고 하면

계급번호	계급구간	계급도수
1	$c_0 \sim c_1$	f_1
2	$c_1 \sim c_2$	f_2
3	$c_2 \sim c_3$	f_3
$\vdots$	$\vdots$	$\vdots$
$k-1$	$c_{k-2} \sim c_{k-1}$	f_{k-1}
k	$c_{k-1} \sim c_k$	f_k
합		$n = \sum_{i=1}^{k} f_i$

표 2.3

여기에 각 계급의 계급값을 구하여 추가로 표에 넣어서 다음과 같이 만든다.

계급번호	계급구간	계급값	계급도수
1	$c_0 \sim c_1$	$m_1 = (c_0 + c_1)/2$	f_1
2	$c_1 \sim c_2$	$m_2 = (c_1 + c_2)/2$	f_2
3	$c_2 \sim c_3$	$m_3 = (c_2 + c_3)/2$	f_3
$\vdots$	$\vdots$	$\vdots$	$\vdots$
$k-1$	$c_{k-2} \sim c_{k-1}$	$m_{k-1} = (c_{k-2} + c_{k-1})/2$	f_{k-1}
k	$c_{k-1} \sim c_k$	$m_k = (c_{k-1} + c_k)/2$	f_k
합			$n = \sum_{i=1}^{k} f_i$

표 2.4 계급값을 추가한 도수분포표

위의 도수분포표를 참고하여 집단화된 자료의 평균 $\bar{x}$를 구하면 다음과 같다.

$$\begin{aligned}\bar{x} &= \frac{1}{n}\sum_{i=1}^{k} m_i f_i \\ &= \frac{m_1 f_1 + m_2 f_2 + \cdots + m_{k-1} f_{k-1} + m_k f_k}{n}.\end{aligned}$$

例題 2 다음 자료의 평균을 구하라.

계급구간	계급도수
0 ~ 10	5
10 ~ 20	4
20 ~ 30	11
30 ~ 40	3
40 ~ 50	2

解答 주어진 집단화된 자료에 계급값을 구하여 표로 나타내면 다음과 같다.

계급구간	계급값	계급도수
0 ~ 10	5	5
10 ~ 20	15	4
20 ~ 30	25	11
30 ~ 40	35	3
40 ~ 50	45	2
합		25

표 2.5

따라서 평균은

$$\begin{aligned}\bar{x} &= \frac{1}{n}\sum_{i=1}^{k} m_i f_i \\ &= \frac{1}{25}(5\times 5 + 15\times 4 + 25\times 11 + 35\times 3 + 45\times 2) \\ &= 22.2\end{aligned}$$

이다. ◀

평균의 몇 가지 성질에 대하여 알아 보자. 먼저 n개의 표본 x_1, x_2, $\cdots$, x_n의 표본평균을 $\bar{x}$라 하면 각 자료값 x_i에서 표본평균 $\bar{x}$를 뺀 값을 편차(deviation)라 한다. 즉, 편차를 d_i라 하면

$$d_i = x_i - \bar{x}, \quad i = 1, 2, \cdots, n$$

이다. 이 경우, 주어진 자료의 모든 편차의 합(sum)은 항상 영(zero)이다. 왜냐하면,

$$\begin{aligned}\sum_{i=1}^{n} d_i &= \sum_{i=1}^{n}(x_i - \bar{x}) \\ &= \sum_{i=1}^{n} x_i - n\bar{x} \\ &= \sum_{i=1}^{n} x_i - n\left(\frac{1}{n}\sum_{i=1}^{n} x_i\right) \\ &= 0\end{aligned}$$

이기 때문이다. 두 번째는 다음 편차제곱의 합

$$\sum_{i=1}^{n}(x_i - \bar{x})^2 \leqslant \sum_{i=1}^{n}(x_i - c)^2$$

을 최소로하는 값은 산술평균이다. 즉, 양의 상수 c에 대하여 c의 값이 최소가 될 때에는 $c = \bar{x}$일 경우이다. 세 번째는 자료 중에 나타난 극단적인 값 즉, 이상점(outlier)의 영향을 많이 받는다. 예를 들면, 다음 7명의 일주일 급여자료를 가지고 설명하여 보자. (단위 : 만원)

66, 55, 57, 61, 370, 49, 63

이 자료의 평균을 구하면 $\bar{x} = 103$만원이다. 이 평균값과 7명의 급여와 비교했을 때 한사람을 제외하고 나머지 6명 모두 평균액수 보다 훨씬 못미친 일주일 급여를 받고

있음을 알 수 있다. 이러한 현상이 발생한 것은 7명 중 한사람만이 370만원이라는 높은 급여를 받았기 때문에 평균을 구할 때 크게 영향을 미친 것으로 판단할 수 있다. 이 경우, 분석자의 판단에 따라 370만원을 받은 사람을 제외하고 나머지 6명의 급여 평균을 구하면 $\bar{x}^* = 58.5$만원이므로 오히려 이 값이 평균으로서 더 큰 의미를 갖는다고 말할 수 있다. 이처럼 평균은 자료의 대푯값으로서 많이 사용하는 통계적 측도이긴 하기만 주어진 자료 중에 극단적으로 크거나 작은 값 즉, 이상점에 의해서 영향을 많이 받는다.

2.2.2 기하평균

비율(ratio)의 평균계산을 할 때 자주 이용하는 대푯값으로서 기하평균(geometric mean)이 있다. 예를 들면, 물가상승률이나 인구변동률 등을 계산할 때에는 기하평균을 이용한다. 이제 x_1, x_2, $\cdots$, x_n을 표본자료라 할 때, 이 자료들의 기하평균 $\bar{x}_{\mathrm{G}}$는

$$\bar{x}_{\mathrm{G}} = (x_1 x_2 x_3 \cdots x_n)^{\frac{1}{n}} = \sqrt[n]{x_1 x_2 x_3 \cdots x_n}$$

이다. 특별한 경우로서 기하평균에서 $n = 2$이면, $\bar{x}_{\mathrm{G}} = \sqrt{x_1 x_2}$이다.

例題 3 어느 벤처 사업가가 1000만원의 자본금으로 사업을 시작하여 첫 해에 자본금이 8배로 되었고 둘째 해에는 첫 해의 4배, 셋째 해에는 둘째 해의 16배, 넷째 해에는 세째 해의 $\frac{1}{2}$배가 되었다. 이 벤처사업가의 자본금은 연평균 몇 배로 늘었는지를 구하라.

解答 네째 해의 자본금은 $1000 \times 8 \times 4 \times 16 \times \frac{1}{2}$만원이다. 자본금이 매년 x배로 증가한다면 네째 해의 자본금은

$$1000 \times x \times x \times x \times x = 1,000 \times 8 \times 4 \times 16 \times \frac{1}{2}$$

이므로 $x^4 = 8 \times 4 \times 16 \times \frac{1}{2}$이다. 이 값은 8, 4, 16, $\frac{1}{2}$의 기하평균이므로 $\bar{x}_{\mathrm{G}} = 2^2 = 4$배이다. ◀

2.2.3 조화평균

시간에 따라 변하는 변량의 계산이나 속도, 상품의 시세 등의 평균계산에 이용하는 대푯값으로서 조화평균(harmonic mean)이 있다. 이제 x_1, x_2, $\cdots$, x_n을 표본자료라 할 때, 각 자료들의 역수(reciprocal)를 구하면 $\frac{1}{x_1}$, $\frac{1}{x_2}$, $\cdots$, $\frac{1}{x_n}$이고 이 역수들의 산술평균을 구하여 다시 역수로 취한 값을 조화평균 $\bar{x}_{\mathrm{H}}$이라 한다. 따라서 조화평균 $\bar{x}_{\mathrm{H}}$는 다음과 같다.

$$\bar{x}_{\mathrm{H}} = \frac{1}{\frac{\sum_{i=1}^{n} \frac{1}{x_i}}{n}} = \frac{n}{\sum_{i=1}^{n} \frac{1}{x_i}}$$

이다. 특별한 경우로서 조화평균에서 $n = 2$이면, $\bar{x}_{\mathrm{G}} = \dfrac{2}{\frac{1}{x_1} + \frac{1}{x_2}}$이다.

例題 4 A에서 출발하여 B를 거쳐 다시 A로 돌아 온다고 한다. A에서 B로 갈 때에는 시속 3km로 걷고, B에서 A로 돌아갈 때에는 시속 5km로 걸었다. A와 B를 왕복하는데 걸린 평균시속 $\bar{v}$를 구하라.

解答 A에서 B까지의 거리를 $s$km라 하면, 왕복거리는 $2s$km이다. 또한 왕복하는데 걸리는 총시간은 $\dfrac{s}{3} + \dfrac{s}{5}$이므로 평균시속 $\bar{v}$는 조화평균 $\bar{x}_{\mathrm{H}}$를 구하는 것과 같다. 따라서

$$\begin{aligned}\bar{x}_{\mathrm{H}} &= \text{평균시속} = \frac{\text{총 거리}}{\text{총 소요시간}} \\ &= \frac{2s}{\frac{s}{3} + \frac{s}{5}} = 3.75\text{km}\end{aligned}$$

이다. ◀

2.2.4 평방평균

자료들이 주어졌을 때 각각 자료들 제곱하여 산술평균을 구하고 여기에 다시 제곱근을 취한 대푯값을 평방평균(quadratice mean) 또는 제곱평균이라 한다. 즉, x_1, x_2, $\cdots$, x_n을 표본자료라 할 때, 각 자료를 제곱하면 x_1^2, x_2^2, $\cdots$, x_n^2이고 이 값들의 산술평균을 구하면

$$\frac{1}{n}\sum_{i=1}^{n} x_i^2$$

이다. 다시 위의 식에 제곱근을 취하면 다음과 같은 평방평균 $\bar{x}_{\mathrm{Q}}$을 얻는다.

$$\bar{x}_{\mathrm{Q}} = \sqrt{\frac{1}{n}\sum_{i=1}^{n} x_i^2}$$

例題 5 다음 자료 1, 2, 3, 4들의 평방평균 $\bar{x}_{\mathrm{Q}}$를 구하라.

[解答] 자료의 개수는 $n = 4$이므로 평방평균 $\bar{x}_Q$는

$$\begin{aligned}\bar{x}_Q &= \sqrt{\frac{1}{n}\sum_{i=1}^{n} x_i^2} \\ &= \sqrt{\frac{1}{4}(1^2+2^2+3^2+4^2)} \\ &= \sqrt{7.5}\end{aligned}$$

이다. ◀

2.2.5 산술평균, 기하평균, 조화평균 사이의 관계

$x_1 > 0$, $x_2 > 0$을 두 자료라 하면 $\sqrt{x_1} > 0$, $\sqrt{x_2} > 0$이고

$$(\sqrt{x_1} - \sqrt{x_2})^2 = x_1 + x_2 - 2\sqrt{x_1 x_2} \geqslant 0$$

이므로 이 식을 정리하면

$$\bar{x} = \frac{x_1 + x_2}{2} \geqslant (x_1 x_2)^{\frac{1}{2}} = \bar{x}_G$$

이다. 또한 $\frac{1}{x_1} > 0$, $\frac{1}{x_2} > 0$이고 $\frac{1}{\sqrt{x_1}} > 0$, $\frac{1}{\sqrt{x_2}} > 0$이므로

$$\left(\frac{1}{\sqrt{x_1}} - \frac{1}{\sqrt{x_2}}\right)^2 = \frac{1}{x_1} + \frac{1}{x_2} - 2\frac{1}{\sqrt{x_1 x_2}} \geqslant 0$$

이다. 이 식을 정리하면

$$\bar{x}_G = (x_1 x_2)^{\frac{1}{2}} \geqslant \frac{2}{\frac{1}{x_1} + \frac{1}{x_2}} = \bar{x}_H$$

이 성립한다. 이로부터 다음 부등식이 성립한다.

$$\bar{x} \geqslant \bar{x}_G \geqslant \bar{x}_H$$

일반적으로 n개의 자료 $x_i > 0$, $(i = 1, 2, \cdots, n)$에 대하여 산술평균 $\bar{x}$, 기하평균 $\bar{x}_G$, 조화평균 $\bar{x}_H$ 사이에 다음 부등식이 성립한다.

$$\frac{1}{n}\sum_{i=1}^{n} x_i \geqslant (x_1 x_2 x_3 \cdots x_n)^{\frac{1}{n}} \geqslant \frac{n}{\sum_{i=1}^{n} \frac{1}{x_i}}$$

2.2.6 중앙값

중앙값(median)은 중위수라고도 하며, 자료값을 작은 것에서 큰 것 순으로 나열하였을 때 정중앙에 위치하는 값을 말한다. 예를 들면,

$$88, \quad 56, \quad 23, \quad 12, \quad 33, \quad 78, \quad 37$$

과 같이 자료의 개수가 홀수개(7개) 일 경우, 주어진 자료를 작은 것부터 큰 것 순으로 정리하면

$$12, \quad 23, \quad 33, \quad 37, \quad 56, \quad 78, \quad 88$$

이고 이때 정중앙에 위치하는 자료값은 네 번째 자료값인 37이 주어진 자료의 중앙값이 된다. 이제 주어진 자료에 한 개의 자료값 93을 추가하여 전체 자료가

$$88, \quad 56, \quad 23, \quad 12, \quad 33, \quad 78, \quad 37, \quad 93$$

과 같이 되었다고 하자. 이때에는 자료값의 개수가 짝수개(8개)이고 중앙값을 구하기 위하여 역시 작은 것에서 큰 것 순으로 정리하면

$$12, \quad 23, \quad 33, \quad 37, \quad 56, \quad 78, \quad 88, \quad 93$$

이다. 그런데 자료의 총 개수가 짝수개일 때에는 정중앙에 위치하는 자료값이 없으므로 이때에는 네 번째 자료값과 다섯 번째 자료값의 평균을 주어진 자료의 중앙값으로 정한다. 따라서, 중앙값은 $\frac{37+56}{2} = 46.5$이다.

일반적으로 어떤 자료가 주어졌을 때, 이 자료를 작은 것에서 큰 것 순으로 정리하여

$$x_1 \leqslant x_2 \leqslant x_3 \leqslant \cdots \leqslant x_{n-1} \leqslant x_n$$

과 같이 나열되었다고 하면, 중앙값 x_{med}은 다음과 같다.

$$x_{\text{med}} = \begin{cases} x_{\frac{n+1}{2}}, & \text{자료의 개수 } n\text{이 홀수일 경우} \\ \dfrac{x_{\frac{n}{2}} + x_{\frac{n}{2}+1}}{2}, & \text{자료의 개수 } n\text{이 짝수일 경우} \end{cases}$$

중앙값의 장점으로는 주어진 자료 중에 이상점이 포함되어 있더라도 거의 영향을 받지 않는다. 이미 앞에서 산술평균을 구할 때 설명한 7명의 일주일 급여자료

$$66, \quad 55, \quad 57, \quad 61, \quad 370, \quad 49, \quad 63$$

를 살펴보자. 이 자료의 평균을 구하면 $\bar{x} = 103$만원, 이상점인 370만원을 제외하고 나머지 6명의 급여 평균을 구하면 $\bar{x}^* = 58.5$만원이었다. 이제 이 자료를 크기 순으로 정리하면

$$49(x_1),\quad 55(x_2),\quad 57(x_3),\quad 61(x_4),\quad 63(x_5),\quad 66(x_6),\quad 370(x_7)$$

이고 또한 자료의 개수가 7개이므로 중앙값은 $x_{\text{med}} = x_{(7+1)/2} = x_4 = 61$만원이다. 이 값은 이상점을 제외시키고 계산한 6명의 일주일 급여의 평균은 $\bar{x}^* = 58.5$만원이었으므로, 이상점을 포함시켜 계산한 중앙값과는 2.5만원 밖에 차이가 나지 않음을 알 수 있다. 이로부터, 중앙값은 이상점에 별로 영향을 받지 않는 사실을 알 수 있다. 중앙값의 다른 성질로는 중앙값에 대한 편차의 절댓값의 합은 편차의 절댓값의 합보다 작거나 같다는 것이다. 즉, 다음 부등식이 성립한다.

$$\sum_{i=1}^{n} |x_i - x_{\text{med}}| \leqslant \sum_{i=1}^{n} |x_i - c|, \quad (\text{단, } c\text{는 상수})$$

일반적으로 중앙값은 수리적으로 다루기가 불편하고, 또한 자료의 너무 수가 많으면 중앙값을 구하기 쉽지 않을 뿐 아니라 자료 중에 포함된 이상점을 피해야하는 특수한 상황을 제외하고는 자료의 정보를 충분히 설명해 주지 못하기 때문에 거의 사용하지 않는다.

집단화된 자료의 중앙값을 구하는 공식에 대하여 알아 보자. 어떤 자료가 이미 몇 개의 계급으로 나뉘어져 있다고 하면 이 자료들은 계급의 수에 따라 각 계급구간 별로 크기 순으로 정리되어 있을 것이다. 따라서 자료의 개수 n이 비교적 클 경우, 근사적으로 중앙값을 구할 수 있는데 이 때에는 자료의 수 n이 홀수이건 짝수이건 구분하지 않고 $x_{\frac{n}{2}}$번째 자료값이 처음으로 포함되어 있는 집단화된 자료의 누적도수분포표 상의 계급을 중앙값이 포함된 계급이라 하면 다음과 같은 공식으로 중앙값을 구할 수 있다.

$$x_{\text{med}} = L + \left(\frac{n}{2} - F_c\right) \times \frac{c}{f}$$

(단, L은 중앙값이 속한 계급의 하한값,
F_c는 중앙값이 속한 계급 이전까지의 누적도수,
c는 중앙값이 속한 계급의 계급폭,
f는 중앙값이 속한 계급의 계급도수)

例題 6 다음 자료의 중앙값을 구하라.

계급번호	계급구간	계급도수
1	5 ~ 15	7
2	15 ~ 25	9
3	25 ~ 35	12
4	35 ~ 45	8
5	45 ~ 55	4
6	55 ~ 65	3
합		43

解答 주어진 집단화된 자료에 계급누적도수를 추가하여 누적도수분포표를 그리면 다음과 같다.

계급번호	계급구간	계급도수	계급누적도수
1	5 ~ 15	7	7
2	15 ~ 25	9	16
3	25 ~ 35	12	28
4	35 ~ 45	8	36
5	45 ~ 55	4	40
6	55 ~ 65	3	43
합		43	

표 2.6

위의 누적도수분포표에의하면 전체 자료의 개수는 $n = 43$개이고 중앙값 $\frac{n}{2} = \frac{43}{2} = 21.5$가 속한 계급은 세 번째 계급이다. 따라서 세 번째 계급의 하한값은 $L = 25$, 세 번째 계급 이전까지 누적도수는 $F_c = 16$, 세 번째 계급의 계급폭은 $c = 10$, 세 번째 계급의 계급도수는 $f = 12$이므로 중앙값 x_{med}는

$$
\begin{aligned}
x_{\text{med}} &= L + \left(\frac{n}{2} - F_c\right) \times \frac{c}{f} \\
&= 25 + (21.5 - 16) \times \frac{10}{12} \\
&= 29.583
\end{aligned}
$$

이다. ◀

참고로 위의 중앙값을 구하는 공식을 사용하지 않고 다른 방법으로 중앙값을 구해보자. 먼저 집단화된 자료가 계급의 수에 따라 크기 순으로 정리되어 있으며 개수는 홀수인 43개이므로 중앙값은 22번째 자료값이다. 따라서 22번째 자료가 속한 계급은

세 번째 계급이다. 또한 세 번째 계급의 계급폭 10을 세 번째 계급의 계급도수인 12로 나누어 균등하게 $\frac{10}{12}$로 분할되어 있다고 가정하면, 22번째 자료는 세 번째 계급의 시작점인 25로부터 크기 순으로 정리하였을 때

$$\frac{10}{12}+\frac{10}{12}+\frac{10}{12}+\frac{10}{12}+\frac{10}{12}+\frac{10}{12} \;=\; 6\times\frac{10}{12}$$

번째에 위치한다. 따라서, 구하는 중앙값 x_{med}는

$$\begin{aligned} x_{\text{med}} &= 25+\left(35-25\right)\times\frac{6}{12} \\ &= 29.5 \end{aligned}$$

이다.

2.2.7 최빈값

최빈값(mode) x_{mode}는 조사된 자료 중에서 가장 도수가 큰 값 즉, 자료의 출현횟수가 가장 많은 값을 말한다. 예를 들면,

$$33,\quad 35,\quad 35,\quad 47,\quad 47,\quad 47,\quad 58,\quad 99$$

의 최빈값은 $x_{\text{mode}}=47$이고

$$\begin{array}{cccccccc} 21, & 23, & 24, & 24, & 26, & 26, & 26, & 28, \\ 30, & 35, & 35, & 35, & 35, & 38, & 39, & 42 \end{array}$$

의 최빈값은 $x_{\text{mode}}=35$이다. 또한 자료

$$\begin{array}{cccccccc} 121, & 134, & 156, & 156, & 156, & 156, & 174, & 174, \\ 187, & 187, & 187, & 187, & 192, & 192, & 202, & 242 \end{array}$$

의 최빈값은 $x_{\text{mode}}=156, 187$이고, 자료

$$234,\quad 246,\quad 256,\quad 267,\quad 334,\quad 447,\quad 516,\quad 717$$

의 최빈값은 존재하지 않는다. 최빈값은 자료 중에 포함된 이상점의 영향을 거의 받지 않으며 최빈값이 항상 유일하게 존재하는 것은 아니다.

이제 집단화된 자료의 최빈값을 구해 보자. 집단화된 자료의 최빈값은 집단화된 자료의 도수분포곡선에서 최댓값에 해당되는 값이므로 다음과 최빈값 x_{mode}를 같이 구할 수 있다.

$$x_{\text{mode}} = L + \left(\frac{f_2}{f_1 + f_2}\right) \times c$$

(단, L은 최빈값이 속한 계급의 하한값,
f_1은 최빈값이 속한 이전 계급의 계급도수,
f_2는 최빈값이 속한 다음 계급의 계급도수,
c는 최빈값이 속한 계급의 계급폭)

例題 7 앞의 예제 5에서 최빈값을 구하라.

解答 세 번째 계급의 계급도수가 가장 크다. 따라서 집단화된 자료의 최빈값 공식을 이용하면 $L = 25$, $f_1 = 9$, $f_2 = 8$, $c = 10$이므로

$$\begin{aligned} x_{\text{mode}} &= L + \left(\frac{f_2}{f_1 + f_2}\right) \times c \\ &= 25 + \left(\frac{8}{9+8}\right) \times 10 \\ &= 29.706 \end{aligned}$$

이다. ◀

참고로 집단화된 자료의 최빈값은 다음과 같이 쉬운 방법으로 구할 수도 있다. 즉, 위의 예제에서 세 번째 계급의 계급도수가 가장 크므로 단순히 세 번째 계급의 하한값과 상한값의 평균으로 최빈값을 결정하는 것이다. 따라서, 최빈값은

$$\begin{aligned} x_{\text{mode}} &= \frac{25 + 35}{2} \\ &= 30 \end{aligned}$$

이다. 여기서 알 수 있듯이 같은 집단화된 자료로부터 서로 다른 최빈값이 나올 수가 있으므로 중앙값과 마찬가지로 최빈값은 수리적인 분석이 어렵기 때문에 그다지 많이 사용하지 않는다.

2.2.8 산술평균, 중앙값, 최빈값 사이의 관계

도수분포에서 산술평균인 $\bar{x}$, 중앙값인 x_{med}, 최빈값 x_{mode} 사이에 다음 관계식이 성립한다.

(i) 도수분포곡선이 좌우 완전 대칭일 경우: $\bar{x} = x_{\text{med}} = x_{\text{mod}}$

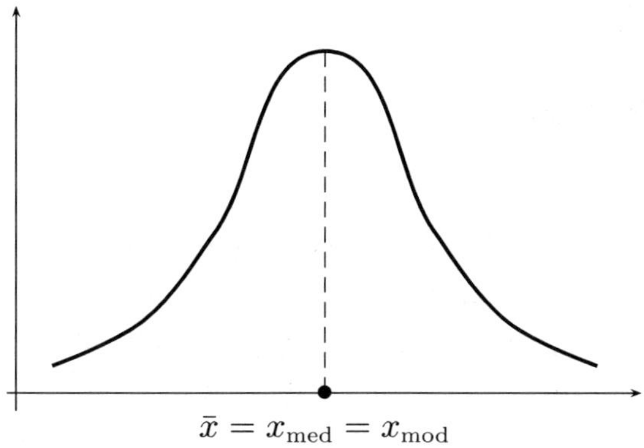

그림 2.1

(ii) 도수분포곡선의 꼬리부분이 왼쪽으로 치우쳐진 경우 : $\bar{x} < x_{\text{med}} < x_{\text{mod}}$

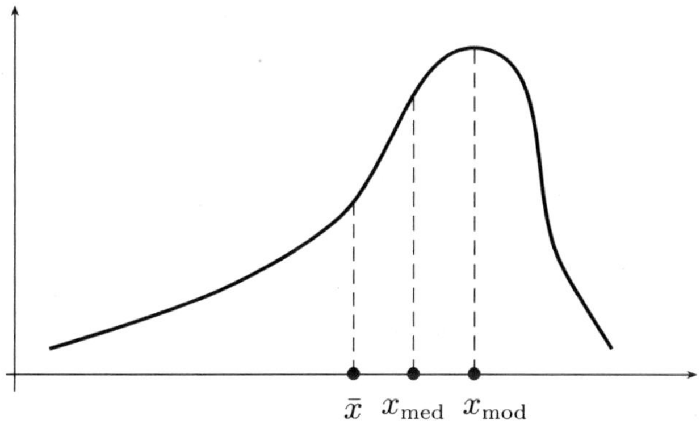

그림 2.2

(iii) 도수분포곡선의 꼬리부분이 오른쪽으로 치우쳐진 경우 : $\bar{x} > x_{\text{med}} > x_{\text{mod}}$

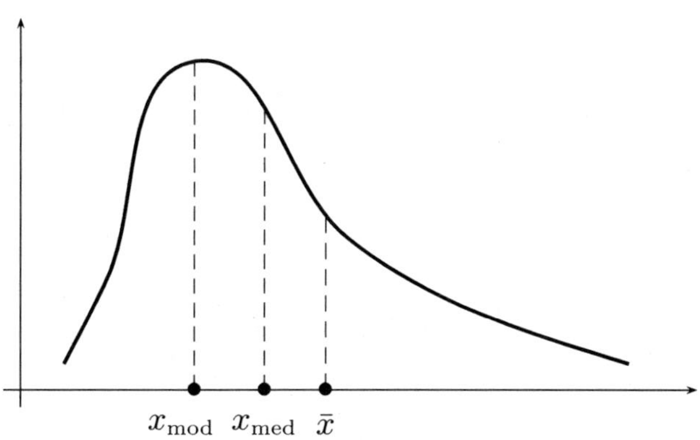

그림 2.3

2.3 산포의 측도

2.3.1 분산과 표준편차

자료의 산포(dispersion)를 나타내는 통계측도로서 일반적으로 가장 많이 사용하는 것이 분산(variance)과 표준편차(standard deviation)이다. 분산과 표준편차는 주어진 자료값들이 평균을 중심으로 얼마만큼 떨어져 있는지를 알려 준다. 이미 설명한 것처럼 편차의 합은 항상 영(zero)이므로 편차제곱의 합을 분산을 정의하는데, 자료의 수가 증가하면, 이 값이 한없이 커지므로 산포의 측도가 될 수 없기 때문에 편차제곱의 합을 자료의 총 개수로 나누어서 분산으로 사용한다. 분산이 모집단의 분산일 때에는 모분산(population variance), 표본일 경우에는 표본분산(sample variance)이라 한다. 표준편차는 분산의 제곱근으로 정의한다. 분산의 경우와 비슷하게, 자료가 모집단의 표준편차일 때에는 모표준편차(population standard deviation), 자료가 표본일 경우에는 표본표준편차(sample standard deviation)라 한다. 이 공식은 다음과 같다.

$$\text{모분산} = \sigma^2 = \frac{1}{N}\sum_{i=1}^{N}(x_i-\mu)^2, \quad (\text{단, } \mu\text{는 모평균})$$

$$\text{표본분산} = s^2 = \frac{1}{n-1}\sum_{i=1}^{n}(x_i-\bar{x})^2, \quad (\text{단, } \bar{x}\text{는 표본평균})$$

여기서 특히 주의하여야 할 것은 표본분산의 전체 자료의 개수는 n인데 편차제곱의 합을 $n-1$로 나누어준 것에 주의하자. 다음은 표준편차 공식이다.

$$\text{모표준편차} = \sigma = \sqrt{\sigma^2} = \sqrt{\frac{1}{N}\sum_{i=1}^{N}(x_i-\mu)^2}, \quad (\text{단, } \mu\text{는 모평균})$$

$$\text{표본표준편차} = s = \sqrt{s^2} = \sqrt{\frac{1}{n-1}\sum_{i=1}^{n}(x_i-\bar{x})^2}, \quad (\text{단, } \bar{x}\text{는 표본평균})$$

표본분산을 위의 정의에 의하여 구하는 것보다는 다음과 같이 계산 결과를 이용하는 것이 편리할 때가 많다. 모분산의 경우는 연습문제로 남겨둔다.

$$\begin{aligned} s^2 &= \frac{1}{n-1}\sum_{i=1}^{n}(x_i-\bar{x})^2 \\ &= \frac{1}{n-1}\sum_{i=1}^{n}\Big(x_i^2-2x_i\bar{x}+(\bar{x})^2\Big) \\ &= \frac{1}{n-1}\Big(\sum_{i=1}^{n}x_i^2-2\,\bar{x}\sum_{i=1}^{n}x_i+n(\bar{x})^2\Big) \\ &= \frac{1}{n-1}\Big(\sum_{i=1}^{n}x_i^2-2\,\bar{x}\,n\,\frac{1}{n}\sum_{i=1}^{n}x_i+n(\bar{x})^2\Big) \\ &= \frac{1}{n-1}\Big(\sum_{i=1}^{n}x_i^2-2\,\bar{x}\,n\,\bar{x}+n(\bar{x})^2\Big) \\ &= \frac{1}{n-1}\Big(\sum_{i=1}^{n}x_i^2-n(\bar{x})^2\Big)\,. \end{aligned}$$

또한 집단화된 자료의 표본분산과 표본표준편차는 다음과 같다.

$$\begin{aligned} \text{표본분산} &= s^2 = \frac{1}{n-1}\sum_{i=1}^{k}(m_i-\bar{x})^2 f_i\,, \\ &= \frac{1}{n-1}\Big(\sum_{i=1}^{n}m_i^2 f_i-n(\bar{x})^2\Big) \\ \text{표본표준편차} &= s = \sqrt{s^2} = \sqrt{\frac{1}{n-1}\sum_{i=1}^{n}(m_i-\bar{x})^2 f_i}\,, \end{aligned}$$

(단, $\bar{x}=\frac{1}{n}\sum_{i=1}^{k}m_i f_i$는 표본평균, k는 계급의 수, m_i는 i번째 계급의 계급값, f_i는 i번째 계급의 계급도수)

例題 1 다음 자료의 표본분산 s^2과 표본표준편차 s를 구하라.

5, 3, 7, 2, 9, 6

解答 자료의 총개수는 $n=6$이고 표본평균 $\bar{x}=5.333\ldots \doteqdot 5.3$이다. 따라서 표본분

산 s^2은

$$\begin{aligned} s^2 &= \frac{1}{n-1}\Big(\sum_{i=1}^{n} x_i^2 - n(\bar{x})^2\Big) \\ &= \frac{1}{5}\Big((5^2+3^3+7^2+2^2+9^2+6^2) - 6\times(5.3)^2\Big) \\ &= 7.093 \\ &\doteqdot 7.1 \end{aligned}$$

이고 표본표준편차는 $s = \sqrt{7.093} = 2.66332\ldots \doteqdot 2.7$이다. ◀

例題 2 다음 집단화된 자료의 표본분산 s^2을 구하라.

계급번호	계급구간	계급도수
1	10 ~ 20	3
2	20 ~ 30	7
3	30 ~ 40	2

解答 먼저 총계급도수는 $n = 12$, 첫 번째, 두 번째, 세 번째 계급값은 각각 15, 25, 35이므로 표본평균 $\bar{x}$는

$$\begin{aligned} \bar{x} &= \frac{1}{n}\sum_{i=1}^{k} m_i f_i \qquad (f_i\text{는 } i\text{번째 계급의 계급도수}) \\ &= \frac{1}{12}(15\times 3 + 25\times 7 + 35\times 2) \\ &= 24.1666\ldots \\ &\doteqdot 24.2 \end{aligned}$$

이다. 따라서 표본분산 s^2은

$$\begin{aligned} s^2 &= \frac{1}{n-1}\sum_{i=1}^{k}(m_i-\bar{x})^2 f_i = \frac{1}{n-1}\Big(\sum_{i=1}^{k} m_i^2 f_i - n(\bar{x})^2\Big) \\ &= \frac{1}{11}\Big((15^2\times 3 + 25^2\times 7 + 35^2\times 2) - 12\times(24.2)^2\Big) \\ &= 42.93818\ldots \\ &\doteqdot 42.9 \end{aligned}$$

이다. ◀

2.3.2 변동계수

변동계수(coefficient of variation)는 변이계수라고도 부르며, 두 개이상의 자료집단의 산포의 크기를 상대적으로 비교함에 있어 두 개 이상의 자료집단의 평균의 차이가 너무 크거나, 측정단위가 서로 달라 표준편차의 값이 차이가 클 때 표준편차의 단위를 같게 하기 위하여 사용하는 측도이다. 이러한 이유로 변동계수 x_{cv}는 표준편차를 평균으로 나눈 값으로 정의한다. 또한, 변동계수의 제곱 즉, x_{cv}^2을 상대변동(relative variation) 또는 상대분산(relative variance)이라 부른다.

$$x_{\mathrm{cv}} = \frac{s}{\bar{x}} \times 100(\%)$$

(단, s는 표본표준편차, $\bar{x}$는 표본평균)

$$\text{상대분산} = (x_{\mathrm{cv}})^2 = \left(\frac{s}{\bar{x}} \times 100\right)^2$$

변동계수의 공식에서 알 수 있듯이 두 개 이상의 자료집단의 산포의 크기를 상대적으로 비교함에 있어 변동계수가 큰 자료집단의 자료들이 평균으로부터 더 멀리 떨어져 분포하고 있다고 말할 수 있다.

例題 3 다음 자료는 어느 대학교 1학년 A학과 30명, 3학년 B학과 20명을 상대로 일주일에 도서관에서 독서하는 시간을 조사한 결과이다.

대상	평균 독서시간	표준편차
1학년 A학과	7	0.3
3학년 B학과	16	0.8

어느 학과 학생들이 더 꾸준한 독서습관을 가지고 있는지 확인하라.

解答 이 경우에는 변동계수를 구하여 두 집단을 비교한다.

$$\text{A학과의 변동계수} = x_{\mathrm{cv}:A} = \frac{0.3}{7} \times 100(\%) = 4.29\%$$

$$\text{B학과의 변동계수} = x_{\mathrm{cv}:B} = \frac{0.8}{16} \times 100(\%) = 5\%$$

이로부터 변동계수가 좀 더 작은 1학년 A학과 학생들의 독서습관이 꾸준하다고 말할 수 있다. ◀

2.3.3 범위

자료의 범위(range)는 주어진 자료의 가장 큰 자료값(x_{max})에서 가장 작은 자료값(x_{mim})을 뺀 값이다. 즉 자료의 범위 x_{R}은 다음과 같다.

$$\begin{aligned} x_{\text{R}} &= \text{가장 큰 자료값} - \text{가장 작은 자료값} \\ &= x_{\text{max}} - x_{\text{mim}} \end{aligned}$$

또한 집단화된 자료의 도수분포표에서 자료의 범위 x_{R}은 다음과 같이 구한다.

$$x_{\text{R}} = \text{가장 높은 계급의 상한(경계)값} - \text{가장 낮은 계급의 하한(경계)값}$$

자료의 범위는 조사된 표본자료가 그다지 많지 않을 경우에는 가장 쉽게 구할 수 있는 산포의 측도이지만 자료 속에 포함되어 있는 이상점들의 영향을 상당히 많이 받기 때문에 품질관리(quality control) 등 몇몇 특수한 경우를 제외하고는 거의 사용하지 않는다. 또한, 조사된 표본자료값들 중에서 가장 큰 자료값과 가장 작은 자료값 오직 두 개만 사용하기 때문에 표본자료 속에 포함되어 있는 정보의 손실이 크다는 단점을 가지고 있다.

例題 4 다음 자료의 범위 x_{R}을 구하라.

71, 77, 55, 42, 47, 59, 38, 68, 11

解答 주어진 자료에서 가장 큰 자료값은

$$x_{\text{max}} = 77$$

이고 가장 작은 자료값은

$$x_{\text{min}} = 11$$

이므로 범위 x_{R}은

$$\begin{aligned} x_{\text{R}} &= x_{\text{max}} - x_{\text{mim}} \\ &= 77 - 11 = 66 \end{aligned}$$

이다. ◀

例題 5 다음 집단화된 자료의 도수분포표에서 자료의 범위 x_{R}을 구하라.

계급번호	계급구간	계급도수
1	7 ~ 15	3
2	15 ~ 23	7
3	23 ~ 31	15
4	31 ~ 39	10
5	39 ~ 47	5
6	47 ~ 55	2
합		42

[解答] 도수분포표에서 가장 높은 계급은 여섯 번째이고 이 계급의 상한값은 55, 가장 낮은 계급은 첫 번째이고 이 계급의 하한값은 7이므로

$$x_{\mathrm{R}} = \text{가장 높은 계급의 상한(경계)값} - \text{가장 낮은 계급의 하한(경계)값}$$
$$= 55 - 7 = 48$$

이다. ◀

2.3.4 평균편차와 평균편차계수

n개의 자료 $x_1, x_2, \cdots, x_n$이 주어졌을 때, 이 자료들의 평균을 $\bar{x}$라 하면, 위의 자료들의 편차의 절댓값들은

$$|x_1 - \bar{x}|, \quad |x_2 - \bar{x}|, \quad \cdots, \quad |x_n - \bar{x}|$$

이다. 이때 편차의 절댓값들의 평균을 평균편차(mead deviation) x_{MD}로 정의한다. 즉, 평균편차 x_{MD}는

$$x_{\mathrm{MD}} = \frac{1}{n}\sum_{i=1}^{n}|x_i - \bar{x}|$$

이다. 또한 집단화된 자료의 도수분포표에서의 평균편차 x_{MD}는 다음과 같다.

$$x_{\mathrm{MD}} = \frac{1}{n}\sum_{i=1}^{k}|m_i - \bar{x}|f_i$$

($\bar{x} = \sum_{i=1}^{k} m_i f_i$는 평균, f_i는 i번째 계급의 계급도수, $n = \sum_{i=1}^{k} f_i$, m_i는 i-번째 계급의 계급값)

평균편차는 자료 중에 포함된 이상점들에 의해서 분산이나 표준편차 보다는 영향을 덜 받으나 절댓값이 수식에 포함되어서 수학적으로 다루기 불편하고 통계추론 등에서 이용빈도가 낮기 때문에 많이 사용하지 않는다.

例題 6 다음 자료는 학생 15명의 영어 Quiz 점수이다. 이 자료의 평균편차 x_{MD}를 구하라.

Quiz 점수	6	7	8	9	10	합
명	3	2	6	3	1	15

解答 자료의 총도수는 $k = 15$, 주어진 자료의 평균을 구하면 $\bar{x} = 7.8$이다. 따라서 평균편차 x_{MD}는

$$\begin{aligned} x_{\text{MD}} &= \frac{1}{15}\Big(|6-7.8|\times 3 + |7-7.8|\times 2 + |8-7.8|\times 6 + |9-7.8|\times 3 + |10-7.8|\times 1\Big) \\ &= \frac{14}{15} \doteqdot 0.93 \end{aligned}$$

이다. ◀

어떤 자료의 평균편차 x_{MD}를 평균 $\bar{x}$ 또는 중앙값 x_{med}로 나눈 값을 평균편차계수(coefficienf of mean deviation) x_{CMD}라 한다. 따라서, 평균편차계수 x_{CMD}는 다음과 같다.

$$x_{\text{CMD}} = \frac{x_{\text{MD}}}{\bar{x}} \times 100 \qquad \text{또는} \qquad x_{\text{CMD}} = \frac{x_{\text{MD}}}{x_{\text{med}}} \times 100$$

2.3.5 사분위범위, 사분위편차, 사분위편차계수

위에서 설명한 자료의 범위는 일반적으로 자료 중에 이상점을 포함하면 올바른 산포의 측도가 될 수 없음을 알았다. 또한 자료의 두 극단값 만의 차이를 나타내기 때문에 두 극단값 이외의 자료들의 산도는 더욱더 알 수가 없다. 이러한 단점을 보완한 것이 사분위범위(interquartile range)이다. 사분위범위를 설명하기 전에 사분위수(interquartile)에 대하여 알아 보자. 사분위수는 중앙값과 마찬가지로 자료를 작은 것에서 큰 것 순으로 나열하였을 때 자료를 네 등분하는 수를 말한다. 그 첫 번째 수를 제 1사분위수(1st quartile), 두 번째 수를 제 2사분위수(2nd quartile), 세 번째 수를 제 3사분위수(3rd quartile)라 한다. 이미 설명한 중앙값은 주어진 자료를 정확히 2등분한 수이므로 제 2사분위수라 할 수 있다. 통상적으로 제 1사분위수를 Q_1, 제 2사분위수를 Q_2, 제 3사분위수를 Q_3로 나타낸다. 이로부터 사분위범위(interquartile range)

x_{IQR}은 제 3사분위수에서 제 1사분위수를 뺀 값으로 정의한다. 즉, 사분위범위 x_{IQR}은 다음과 같다.

$$\begin{aligned} x_{\mathrm{IQR}} &= \text{제 3사분위수} - \text{제 1사분위수} \\ &= Q_3 - Q_1 = \text{사분위범위} \end{aligned}$$

이제 다음 자료를 예로 들어 Q_1, Q_2, Q_3와 사분위범위 x_{IQR}를 구해 보자.

$$43, \quad 81, \quad 73, \quad 51, \quad 27, \quad 65, \quad 33$$

주어진 자료의 개수는 홀수 개인 7개이므로 자료를 작은 것에서 큰 것 순으로 나열하면

$$27(x_1), \quad 33(x_2), \quad 43(x_3), \quad 51(x_4), \quad 65(x_5), \quad 73(x_6), \quad 81(x_7)$$

이다. 이때 위의 자료의 중앙값이 주어진 자료의 제 2사분위수 Q_2이고 그 값은 네 번째 자료값인 $Q_2 = 51$이다. 다음 Q_1과 Q_3를 구하기 위하여 $Q_2 = 51$를 추가하여 주어진 자료를 정확하게 2등분하면

27, 33, 43, 51		51, 65, 73, 81

이다. 여기서 첫 번째 자료집단의 중앙값을 구하면 이 값이 주어진 자료의 제 1사분위수 Q_1이다. 따라서 $Q_1 = \frac{33+43}{2} = 38$이고 마찬가지로 두 번째 자료집단의 중앙값이 주어진 자료의 제 3사분위수 Q_3이고 이 값은 $Q_3 = \frac{65+73}{2} = 69$이다. 따라서, 주어진 자료의 사분위범위는 $x_{\mathrm{IQR}} = Q_3 - Q_1 = 69 - 38 = 31$이다.

주어진 자료의 개수가 짝수 개일 경우, Q_1, Q_2, Q_3와 사분위범위 x_{IQR}를 구해 보자. 위의 주어진 자료에 107을 추가하여 다음과 같은 자료가 되었다고 하자.

$$43, \quad 81, \quad 73, \quad 51, \quad 27, \quad 65, \quad 33, \quad 107$$

위의 자료를 작은 것부터 큰 것 순으로 다시 정리하면

$$27(x_1), \quad 33(x_2), \quad 43(x_3), \quad 51(x_4), \quad 65(x_5), \quad 73(x_6), \quad 81(x_7), \quad 107(x_8)$$

이다. 먼저 중앙값을 구하면 $\frac{51+65}{2} = 58$이고 이 중앙값이 주어진 자료의 제 2사분위수 $Q_2 = 58$이다. 이제 Q_1과 Q_3를 구하기 위하여 주어진 자료를 정확이 2등분하면

27, 33, 43, 51		65, 73, 81, 107

이다. 이때 첫 번째 자료집단의 중앙값이 주어진 자료의 제 1사분위수 Q_1이다. 따라서 $Q_1 = \frac{33+43}{2} = 38$이고, 두 번째 자료집단의 중앙값은 주어진 자료의 제 3사분위수 Q_3이므로 $Q_3 = \frac{73+81}{2} = 77$이다. 이로부터 주어진 자료의 사분위범위는 $x_{\rm IQR} = Q_3 - Q_1 = 77 - 38 = 39$이다.

어떤 자료의 제 1사분위수를 Q_1, 제 2사분위수를 Q_2라 하자. 이 자료의 사분위수의 범위를 2로 나누어 준 값을 사분위편차(quartile deviation) $x_{\rm QD}$라 한다. 즉, 사분위편차 $x_{\rm QD}$는 다음과 같다.

$$\begin{aligned} x_{\rm QD} &= \frac{x_{\rm IQR}}{2} \\ &= \frac{Q_3 - Q_1}{2} \end{aligned}$$

위의 자료에서

$$43, \quad 81, \quad 73, \quad 51, \quad 27, \quad 65, \quad 33$$

의 사분위편차는 $x_{\rm QD} = \frac{31}{2} = 15.5$이고, 두 번째 자료

$$43, \quad 81, \quad 73, \quad 51, \quad 27, \quad 65, \quad 33, \quad 107$$

의 사분위편차는 $x_{\rm QD} = \frac{39}{2} = 19.5$이다.

어떤 자료의 사분위편차를 $x_{\rm QD}$, 중앙값을 $x_{\rm med}$라 할 때, 이 자료값들의 사분위편차계수(coefficienf pf quartile deviation) $x_{\rm CQD}$는 다음과 같이 정의한다.

$$\begin{aligned} x_{\rm CQD} &= \frac{x_{\rm QD}}{x_{\rm med}} \times 100 \\ &= \frac{\frac{Q_3 - Q_1}{2}}{x_{\rm med}} \times 100 \\ &= \frac{Q_3 - Q_1}{Q_3 + Q_1} \times 100 \end{aligned}$$

집단화된 자료의 사분위수를 구해 보자. 집단화된 자료의 누적도수가 n일 때 제 1사분위수 Q_1, 제 2사분위수(중앙값) Q_2, 제 3사분위수 Q_3를 구하는 공식은 각각 다음과 같다.

$$Q_1 = L_1 + \left(\frac{1}{4} \times n - F_{c_1}\right) \times \frac{c}{f_1},$$
$$Q_2 = L_2 + \left(\frac{2}{4} \times n - F_{c_2}\right) \times \frac{c}{f_2},$$
$$Q_3 = L_3 + \left(\frac{3}{4} \times n - F_{c_3}\right) \times \frac{c}{f_3},$$

(단, L_i는 Q_i가 속한 계급의 하한(경계)값,
F_{c_i}은 Q_i가 속한 계급 이전까지의 누적도수,
c는 계급폭, f_i는 Q_i가 속한 계급의 계급도수, $i = 1, 2, 3$)

例題 7 앞의 2.3.2의 예제 5에서 제 1사분위수 Q_1, 제 2사분위수 Q_2, 제 3사분위수 Q_3를 모두 구하라.

解答 누적도수를 구하여 누적도수분포표를 작성하면 다음과 같다.

계급번호	계급구간	계급도수	누적도수
1	7 ∼ 15	3	3
2	15 ∼ 23	7	10
3	23 ∼ 31	15	25
4	31 ∼ 39	10	35
5	39 ∼ 47	5	40
6	47 ∼ 55	2	42
합		42	

집단화된 자료의 총 누적개수는 $n = 42$개, 계급폭은 $c = 8$이다. 먼저 제 1사분위수 Q_1을 구해 보자. Q_1이 속한 계급은 $\frac{42}{4} = 10.5$이므로 세 번째 계급, Q_1이 속한 계급의 하한(경계)값은 $L_1 = 23$, Q_1이 속한 이전 계급까지 누적도수는 $F_{c_1} = 10$, Q_1이 속한 계급의 계급도수는 $f_1 = 15$이므로

$$\begin{aligned} Q_1 &= L_1 + \left(\frac{1}{4} \times n - F_{c_1}\right) \times \frac{c}{f_1}, \\ &= 23 + \left(\frac{1}{4} \times 42 - 10\right) \times \frac{8}{15} \\ &= 23.27 \end{aligned}$$

이고 비슷한 방법을 이용하면, 제 2사분위수 Q_2는

$$\begin{aligned} Q_1 &= L_2 + \left(\frac{2}{4} \times n - F_{c_2}\right) \times \frac{c}{f_2}, \\ &= 23 + \left(21 - 10\right) \times \frac{8}{15} \\ &= 28.87 \end{aligned}$$

이고 제 3사분위수 Q_3는

$$\begin{aligned} Q_3 &= L_3 + \left(\frac{3}{4} \times n - F_{c_3}\right) \times \frac{c}{f_3}, \\ &= 31 + \left(\frac{3}{4} \times 42 - 25\right) \times \frac{8}{10} \\ &= 36.20 \end{aligned}$$

이다. ◀

참고로 위의 사분위수를 구하는 공식을 이용하지 않고 다음과 같이 Q_1, Q_2, Q_3를 구할 수 있다. 먼저 Q_2를 구해 보자. 자료의 누적개수가 42이므로 제 2사분위수(중앙값)의 위치는 21번째 자료와 22번째 자료의 평균값으로 정해지므로 이 값은 누적도수분포표에서 세 번째 계급에 속해 있다. 여기서 세 번째 계급폭을 세 번째 계급의 계급도수로 나누어 균등분할을 한 것으로 생각한다면 즉, $\frac{(31-23)}{15}$이라 한다면 21번째와 22번째 자료의 평균값의 위치는 세 번째 계급에서는 12번째에 위치한다. 따라서 제 2사분위수는

$$Q_2 = 23 + (31 - 23) \times \frac{12}{15} = 29.40$$

이다. 다음에 Q_1을 구해 보자. Q_1의 중앙값을 구해보면, 자료의 누적개수가 42개이므로 주어진 자료는 정확하게 2등분되고 이때 2등분된 자료의 총개수는 각각 21개씩이다. 자료의 개수가 홀수개이므로 중앙값이 속한 자료는 11번째이고 이 값은 3번째 계급에 속해 있다. 여기서 세 번째 계급폭을 세 번째 계급의 계급도수로 나누어 균등분할을 한 것으로 생각한다면 즉, $\frac{(31-23)}{15}$이라 한다면 11번째는 자료는 세 번째 계급에서 첫 번째 위치에 있으므로 제 1사분위수는

$$Q_1 = 23 + (31 - 23) \times \frac{1}{15} = 23.53$$

이다. 마찬가지 방법으로 Q_3를 구하면

$$Q_3 = 31 + (39 - 31) \times \frac{7}{10} = 36.60$$

이다.

2.4 상대적 위치의 측도

2.4.1 백분위수

상대적 위치의 측도로 사분위수에 대하여 이미 앞 절에서 설명하였다. 여기에서는 백분위수와 z-값에 대하여 알아 본다.

자료의 중앙값과 사분위수의 개념을 일반적으로 확장하면 백분위수(percentile)가 된다. 백분위수는 주어진 자료를 작은 것에서 큰 것 순으로 나열하였을 때, 자료를 100등분 하는 수를 말한다. 따라서, 제 1백분위수부터 제 99백분위수까지 존재하며, 제 p백분위수(p^{th}-percentile))는 자료값 중 $p\%$가 이 값보다 작거나 같고 $(100-p)\%$가 이 값보다 크거나 같은 값을 의미한다. 예를 들면, 제 1사분위수, 중앙값, 제 3사분위수는 백분위수로 환산하면 각각 제 25백분위수, 제 50백분위수, 제 75백분위수에 해당한다. 일반적으로 집단화된 자료의 제 p백분위수 x_{p}를 구하는 공식은 다음과 같다.

$$x_{\text{p}} = L + \left(\frac{p}{100} \times n - F_c\right) \times \frac{c}{f},$$

(단, L은 제 p백분위수가 속한 계급의 하한(경계)값,
F_c는 제 p백분위수가 속한 계급 이전까지의 누적도수, n은 자료의 총도수,
c는 계급폭, f는 제 p백분위수가 속한 계급의 계급도수)

例題 8 다음 집단화된 자료에서 제 85백분위수를 구하라.

계급번호	계급구간	계급도수
1	20 ~ 30	5
2	30 ~ 40	7
3	40 ~ 50	12
4	50 ~ 60	9
5	60 ~ 70	4

解答 누적도수분포표를 작성하면 다음과 같다.

계급번호	계급구간	계급도수	계급누적도수
1	20 ~ 30	5	5
2	30 ~ 40	7	12
3	40 ~ 50	12	24
4	50 ~ 60	9	33
5	60 ~ 70	4	37
합		37	

자료의 총 누적도수는 $n = 37$개이고, 제 85백분위수에 해당되는 자료의 위치는 $\frac{85}{100} \times 37 = 31.45$이므로 네 번째 계급에 속해 있다. 따라서 제 85백분위수 x_{85}는

$$
\begin{aligned}
x_{85} &= L + \left(\frac{85}{100} \times n - F_c\right) \times \frac{c}{f} \\
&= 50 + \left(\frac{85}{100} \times 37 - 24\right) \times \frac{10}{9} \\
&= 58.28
\end{aligned}
$$

이다. ◀

2.4.2 z-값

z-값(z-score)은 어떤 특정한 자료가 평균으로부터 표준편차의 몇 배만큼 떨어져 있는지를 설명해주는 값이다. 자료가 모집단과 표본일 경우, z-값의 정의는 다음과 같다.

모집단자료일 경우 : $z = \dfrac{x-\mu}{\sigma}$

(단, μ는 모평균, σ는 모표준편차)

표본자료일 경우 : $z = \dfrac{x-\bar{x}}{s}$

(단, $\bar{x}$는 표본평균, s는 표본표준편차)

2.5 적률

적률(moment)에 관한 개념은 피어슨(Pearson)이 통계학에 처음으로 도입한 것으로 알려져 있다. 먼저 $x_1, x_2, \cdots, x_n$을 관찰된 자료값이라 하면, 각각의 자료값을 일제곱, 제곱, 세제곱, $\cdots$, k제곱하여 평균을 구한 다음식

$$
\frac{1}{n}\sum_{i=1}^{n} x_i\,, \quad \frac{1}{n}\sum_{i=1}^{n} x_i^2\,, \quad \frac{1}{n}\sum_{i=1}^{n} x_i^3\,, \quad \cdots \quad , \quad \frac{1}{n}\sum_{i=1}^{n} x_i^k
$$

을 적률이라 한다. 일반적으로 적률은 원점 주위에 관한 적률과 평균 주위의 적률로 구분한다. 먼저 $x_1, x_2, \cdots, x_n$을 관찰된 자료값이라 하면, 원점 주위에 관한 제 k차 적률(k^{th}-moment about the origin) ν_k는 다음과 같다.

$$\nu_k = \frac{1}{n}\sum_{i=1}^{n} x_i^k = \frac{1}{n}\sum_{i=1}^{n}(x_i - 0)^k$$
$$= \frac{x_1^k + x_2^k + \cdots + x_n^k}{n}, \ k = 0, 1, 2, 3, \cdots$$

원점 주위에 관한 k차 적률의 정의에서 알 수 있듯이 $\nu_0 = 1$이고 ν_1은 산술평균 $\nu_1 = \bar{x}$이다.

다음은 x_1, x_2, $\cdots$, x_n을 관찰된 자료값이라 하고 이 자료값들의 산술평균을 $\bar{x}$라 하면, 산술평균 $\bar{x}$ 주위의 제 k차 적률(k^{th}-moment about the mean) μ_k는 다음과 같다.

$$\mu_k = \frac{1}{n}\sum_{i=1}^{n}(x_i - \bar{x})^k$$
$$= \frac{(x_1 - \bar{x})^k + (x_2 - \bar{x})^k + \cdots + (x_n - \bar{x})^k}{n}, \ k = 0, 1, 2, 3, \cdots$$

산술평균 $\bar{x}$ 주위에 관한 제 k차 적률의 정의에서 알 수 있듯이 $\mu_0 = 1$, $\mu_1 = 0$이다.

例題 9 다음 자료의 산술평균에 관한 제 3차 적률 μ_3를 구하라.

1, 3, 4, 2, 10

解答 주어진 자료의 산술평균 $\bar{x}$는

$$\bar{x} = \frac{1}{5}(1 + 3 + 4 + 2 + 10)$$
$$= 4$$

이므로 산술평균에 관한 제 2차 적률 μ_2는

$$\mu_3 = \frac{1}{5}\left((1-4)^3 + (3-4)^3 + (4-4)^3 + (2-4)^3 + (10-4)^3\right) = 36$$

이다. ◀

2.6 왜도와 첨도

왜도(skewness)는 분포의 대칭이나 비대칭 즉, 분포가 기울어진 방향과 그 정도를 나타내는 통계측도이다. 적률의 왜도(skewness of a moment) α는 다음과 같다.

$$\alpha = \frac{\mu_3}{s^3} = \frac{1}{n}\sum_{i=1}^{n}\frac{(x_i-\bar{x})^3}{s^3}$$

(단, μ_3는 평균 $\bar{x}$ 주위의 제 3차 적률, s는 표본표준편차)

분포가 대칭일 경우 $\alpha = 0$이고, 분포의 꼬리부분(tail)이 오른쪽으로 길게 치우친 경우는 왜도는 평균보다 큰 값으로 나타날 수 있고, 이 값의 세제곱이 영양을 크게 미쳐 $\alpha > 0$이다. 이에 반해, 분포의 꼬리부분이 왼쪽으로 길게 치우친 경우는 $\alpha < 0$이 된다. 또한 왜도의 절댓값이 크면 클수록 분포의 꼬리부분이 오른쪽 또는 왼쪽으로 더욱 더 기울어져 비대칭의 정도가 심해진다.

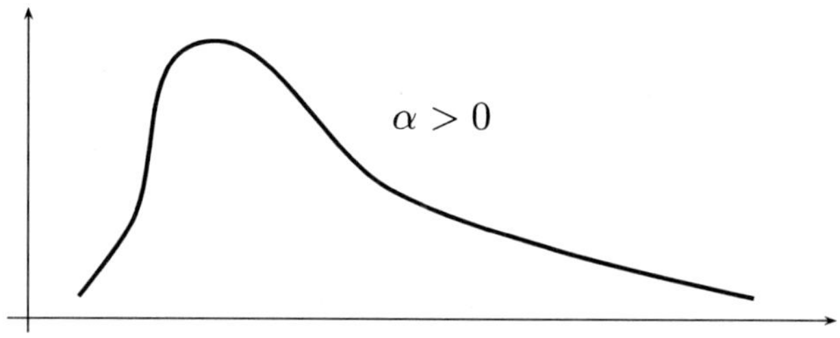

그림 2.4

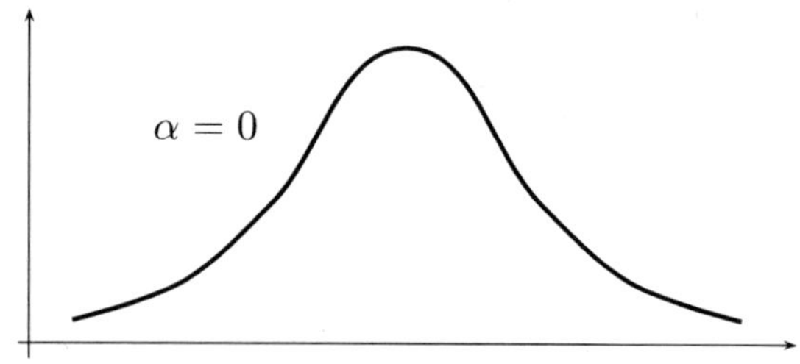

그림 2.5

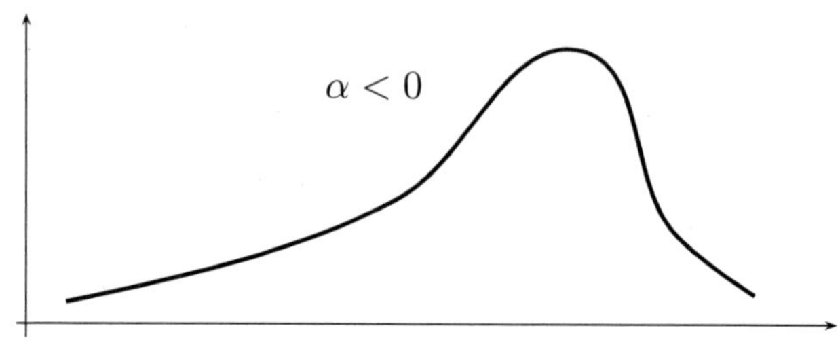

그림 2.6

적률의 왜도 이외에 피어슨(Pearson)의 왜도가 있다. 피어슨의 왜도 α는 다음과 같다.

$$\alpha = \frac{\text{평균} - \text{최빈값}}{\text{표준편차}} \doteqdot \frac{3(\text{평균} - \text{중앙값})}{\text{표준편차}}$$

例題 1 평균이 30, 분산이 7, 중앙값이 23일 때, 왜도 α를 구하라.

解答 피어슨의 왜도 공식을 이용하여 왜도를 구하면 다음과 같다.

$$\alpha \doteqdot \frac{3(\text{평균} - \text{중앙값})}{\text{표준편차}} = \frac{3(30-23)}{\sqrt{7}} = 7.94$$ ◀

첨도(kurtosis)는 분포곡선 정점의 뾰족한 정도를 나타내는 통계측도이다. 첨도 β는 다음과 같다.

$$\beta = \frac{\mu_4}{s^4} - 3$$
$$= \frac{1}{n}\sum_{i=1}^{n}\frac{(x_i-\bar{x})^4}{s^4} - 3$$

(단, μ_4는 평균 $\bar{x}$ 주위의 제 4차 적률, s는 표본표준편차)

일반적으로 $\beta = 0$이면 이 분포곡선은 정규분포곡선의 모양을 하고 있으며 중첨곡선((mesokurtic curve)이라 한다. 또한, $\beta > 0$이면 급첨곡선(leptokurtic curve), $\beta < 0$이면 완첨곡선(platykurtic curve)이라 한다.

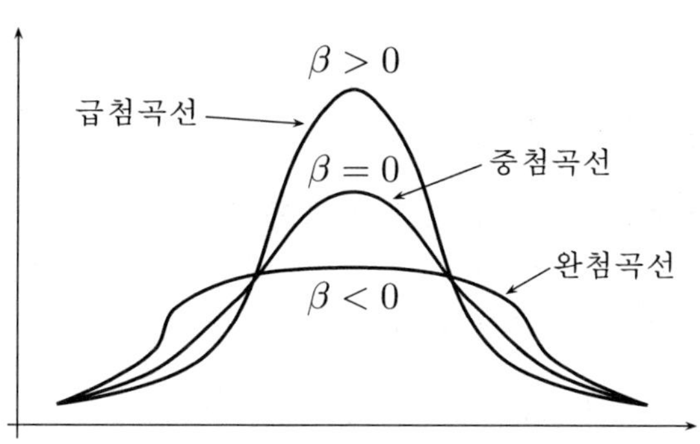

그림 2.7

例題 2 다음 자료의 첨도를 구하라.

$$9,\quad 3,\quad 1,\quad 7,\quad 5$$

解答 평균 $\bar{x}$는

$$\bar{x} = \frac{1}{5}(9+3+1+7+5) = 5$$

이고 s^2은

$$\begin{aligned} s^2 &= \frac{1}{n-1}\Big(\sum_{i=1}^{n} x_i^2 - n(\bar{x})^2\Big) \\ &= \frac{1}{4}(9^2+3^2+1^2+7^2+5^2-5\times 5^2) = 10 \end{aligned}$$

이다. 또한 평균 $\bar{x}=5$ 주위의 제 4차 적률 μ_4를 구하면

$$\begin{aligned} \mu_4 &= \frac{1}{n}\sum_{i=1}^{n}(x_i-\bar{x})^4 \\ &= \frac{1}{5}\big\{(9-5)^2+(3-5)^2+(1-5)^2+(7-5)^2+(5-5)^2\big\} \\ &= \frac{544}{5} \end{aligned}$$

이므로 첨도 β는

$$\begin{aligned} \beta &= \frac{\mu_4}{s^4} - 3 \\ &= \frac{\frac{544}{5}}{10^2} - 3 \\ &= 1.09 - 3 = -2.09 \end{aligned}$$

이다. ◀

2.7 5점요약과 상자그림

5점요약(5-point summary)은 관찰된 자료로부터 계산한 5가지 통계측도를 말한다. 5가지 통계측도는 자료중 가장 작은 값 $x_{\min}$, 자료 중 가장 큰 값 $x_{\max}$, 제 1사분위수 Q_1, 중앙값 x_{med}, 제 3 사분위수 Q_3이다. 이 5가지 측도를

$$[x_{\min},\ Q_1,\ x_{\text{med}},\ Q_3,\ x_{\max}]$$

와 같이 나타내는 방법을 5점요약이라 한다.

이제 상자그림(box plot)에 대하여 알아 보자. 상자그림은 사분위수를 이용하여 작성한 그림이며 제 1사분위수 Q_1, 제 3사분위수 Q_3의 사이를 중앙부분이라 생각하여 상자형태로 나타내고, 중앙부분에 중앙값 x_{med}의 위치에 선을 그려 넣는다. 또한 Q_1보다 작거나 Q_3보다 큰 수는 Q_3를 나타내는 경계선에서

$$Q_3 + 1.5(Q_3 - Q_1)$$

을 넘지 않는 최대의 수까지 실선으로 연결한다. 이보다 큰 수는 중심으로부터 멀리 떨어져 있는 이상점이라고 간주하여 각각 별표(*)로 나타내고 그 사이는 점선으로 연결한다. 또한, Q_1보다 작은수에 대해서도 Q_1을 나타내는 선으로부터

$$Q_1 - 1.5(Q_3 - Q_1)$$

보다 작지 않은 최소의 수까지는 실선으로 연결하고 그 보다 작은 수는 각각 별표(*)를 붙여 그 사이를 점선으로 연결한다. 이렇게 만들어진 그림을 상자그림(box plot)이라 한다. 상자그림은 5점요약, 줄기-잎 그림과 함께 일련의 수에 대한 모습을 나타내는 유용한 방법이다.

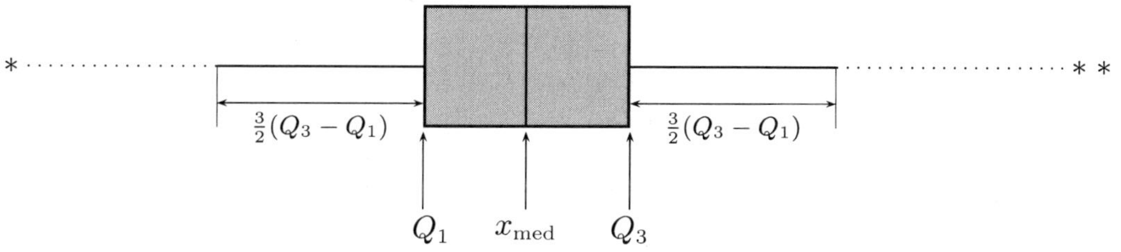

그림 2.8 상자그림(box plot)

練習問題

1. 다음 자료의 평균과 분산을 구하라.

계급	도수
0.0 ~ 1.0	3
1.0 ~ 2.0	2
2.0 ~ 3.0	10
3.0 ~ 4.0	8
4.0 ~ 5.0	6
5.0 ~ 6.0	1
합	30

2. 다음 자료의 사분위편차를 구하라.

168	164	163	162	165	166	165	169	162	172	160	173

3. 다음 집단화된 자료의 최빈값, 제 1사분위수(Q_1), 제 2사분위수(Q_2), 제 3사분위수(Q_3)를 구하라.

체중(kg)	인원(명)
20 ~ 30	3
30 ~ 40	7
40 ~ 50	15
50 ~ 60	10
60 ~ 70	5
합	40

4. 다음 두 자료집단의 산포도를 비교하라.

자료	표준편차	평균
A	25kg	230kg
B	35cm	115cm

5. 다음과 같은 자료가 있다.

3	4	2	3	1	2	0	1	2	2	1	3

(1) 원점에 관한 1차 적률을 구하라.
(2) 평균에 관한 1차 적률과 2차 적률을 구하라.
(3) 왜도를 구하라.
(4) 첨도를 구하라.
(5) Pearson의 왜도를 구하라.

제 3 장

확률

3.1 순열과 조합

이 절에서는 확률을 계산할 때 자주 이용하는 경우의 수로서 순열과 조합에 대하여 소개한다. 순열 또는 조합을 이용하면 어떤 일이 발생할 가능성을 일일이 열거하면서 세지 않고 구할 수 있다. 먼저 경우의 수를 구할 때 합의 법칙과 곱의 법칙을 적용할 것인지를 생각하여야 한다.

합의 법칙(addition rule)

A가 일어날 가능성이 m가지이고 B가 일어날 가능성이 n가지 일 때, A 또는 B가 일어날 수 있는 모든 가능성의 수는 $m+n$가지이다.

例題 1 한 개의 주사위를 던졌을 때 2의 배수 또는 5의 배수가 나올 경우의 수를 구하라.

解答 2의 배수일 경우를 A라 하면 A는 2, 4, 6, 5의 배수일 경우를 B라 하면 B는 5이므로 합의 법칙 의하여 $3+1=4$가지 이다. ◀

例題 2 어느 상자 안에 1부터 30까지 자연수가 적힌 카드가 있다. 이 상자에서 카드를 한 장 꺼낼 때 5의 배수인 카드 또는 7의 배수인 카드가 나올 경우의 수를 구하라.

解答 상자에서 카드를 꺼낼 때 5의 배수인 카드가 나오는 경우를 A라 하면 A는 5, 10, 15, 20, 25, 30으로 6가지, 7의 배수인 카드가 나오는 경우를 B라 하면 B는 7, 14, 21, 28로 4가지이다. 따라서 합의 법칙에 의하여 A 또는 B인 경우의 수를 구하는 문제이므로 두 경우의 수는 $6+4=10$가지이다. ◀

곱의 법칙(multiplication rule)

A가 일어날 가능성이 m가지이고 B가 일어날 가능성이 n가지 일 때, A와 B가 일어날 수 있는 모든 가능성의 수는 $m \times n$가지이다.

例題 3 회원 수가 20명인 어떤 동아리에서 회장 1명, 부회장 1명, 총무 1명을 선출하려고 할 때, 모든 가능한 경우의 수를 구하라.

解答 먼저 회장 1명을 선출한다고 했을 때, 회원 중 회장이 될 수 있는 경우의 수는 20가지, 회장이 선출되고 남은 나머지 회원 19명 중에 부회장 1명이 선출되므로 부회장에 대한 경우의 수는 19가지, 총무는 부회장이 뽑힌 이후에 선출되므로 총무에 대한 경우의 수는 18가지가 된다. 따라서 곱의 법칙에 의하여 모든 경우의 수는 $20 \times 19 \times 18 = 6480$가지이다. ◀

例題 4 어느 과일 가게에 사과 7상자, 배 8상자, 감 5상자, 딸기 9상자가 진열되어 있다. 어떤 손님이 이 가게에 들어와 다음과 같이 구입할 수 있는 경우의 수를 구하라.

(a) 사과 1상자, 배 1상자, 감 1상자, 딸기 1상자를 선택하는 수.

(b) 사과, 배, 감, 딸기 중 한 개의 상자를 선택하는 수.

解答 (a) 사과 1상자를 선택할 때 배 1상자를 선택할 수 있는 경우의 수는 8가지, 배 1상자를 선택할 때 감 1상자를 선택할 수 있는 경우의 수는 5가지, 감 1상자를 선택할 때 딸기 1상자를 선택할 수 있는 경우의 수는 9가지다. 따라서 곱의 법칙에 의하여

$$7 \times 8 \times 5 \times 9 = 2520$$

가지이다.

(b) 과일 종류에 관계없이 손님이 사과, 배, 감, 딸기 중에서 오직 한 개의 상자를 선택하는경우의 수이므로 합의 법칙에 의하여

$$7 + 8 + 5 + 9 = 29$$

가지이다. ◀

이제 순열(permutation)에 대하여 알아보자. 순열은 서로 다른 어떤 물건을 순서(order)를 생각하여 나열하는 방법 즉, 순서를 고려한 정렬방법의 가짓수를 말한다.

순열(permutation)

서로 다른 n개의 물건 중에서 r개를 순서를 생각하여 나열할 수 있는 방법의 수는

$$_nP_r = \frac{n!}{(n-r)!}$$

가지이다. 단, $0! = 1$이다.

특별한 경우로서, 서로 다른 n개의 물건을 처음부터 끝까지 순서를 생각해서 나열할 수 있는 방법의 수는

$$_nP_n = \frac{n!}{0!} = n!$$

가지이다.

例題 5 서로 다른 다섯 개의 숫자 1, 2, 3, 4, 5로 만들 수 있는 세 자리 숫자의 수를 모두 구하라.

解答 서로 다른 다섯 개의 숫자 1, 2, 3, 4, 5로 만들 수 있는 세 자리 숫자의 수를 구하는 것은 순열과 같으므로

$$_5P_3 = 5 \times 4 \times 3 = 60$$

개이다. ◀

例題 6 두 명의 남자와 네 명의 여자를 한 줄로 세우려고 한다.
(a) 남자들 끼리 이웃하게 한 줄로 세우는 방법의 수를 구하라.
(b) 남자들 끼리 이웃하지 않게 한 줄로 세우는 방법의 수를 구하라.

解答 (a) 남자 M_1, M_2와 여자 G_1, G_2, G_3, G_4가 있을 때 남자들 끼리 이웃하게 세우는 방법의 수는 다음과 같다.

$$(M_1M_2)G_1G_2G_3G_4, \quad G_1(M_1M_2)G_2G_3G_4, \quad G_1G_2(M_1M_2)G_3G_4,$$
$$G_1G_2G_3(M_1M_2)G_4, \quad G_1G_2G_3G_4(M_1M_2)$$

이로부터 ${}_5P_5 \times {}_2P_2 \;=\; 5! \times 2! \;=\; 240$가지이다.
(b) 네 명의 여자들을 세우고 그 중간중간에 두 명의 남자들을 한 줄로 세우는 방법이다. 즉, 다음과 같은 나열에서 $*$자리에 남자들을 세우면 된다.

$$* \, G_1 * G_2 * G_3 * G_4 *$$

이로부터 ${}_4P_4 \times {}_5P_2 \;=\; 480$가지이다. ◀

이제 중복순열에 대하여 알아보자. 중복순열은 서로 다른 n개의 물건 중에서 중복을 허용하여 r개를 나열하는 방법의 수를 말한다.

중복순열(permutation with repetition)

서로 다른 n개의 물건 중에서 중복을 허용하여 r개를 선택하여 나열할 수 있는 방법의 수는

$${}_n\prod_r \;=\; n^r$$

가지이다.

例題 7 다섯 개의 문자 a, b, c, d, e에 대하여 다음을 구하라.
(a) 중복을 허용하지 않고 세 개의 문자를 선택하는 방법의 수를 구하라.
(b) 중복을 허용하여 세 개의 문자를 선택하는 방법의 수를 구하라.

解答 (a) ${}_5P_3 = 60$가지이다.
(b) ${}_5\prod_3 \;=\; 5^3 = 125$가지이다. ◀

n개의 물건 중에 같은 종류가 있을 때, 다음과 같이 경우의 수를 구한다.

복수순열(permutation with multisets)

n개의 물건 중에서 같은 것이 r_1개, r_2개, $\cdots$, r_k개 있을 때, n개의 물건을 순서를 생각하여 나열할 수 있는 방법의 수는

$$\frac{n!}{r_1!\,r_2!\,r_3!\cdots r_k!}$$

가지이다. 단, $\sum_{i=1}^{k} r_i = n$이다.

例題 8 다음 10개의 문자 a, a, a, b, b, d, d, d, d, e를 순서를 생각하여 나열할 수 있는 방법의 수를 구하라.

解答 복수순열이므로

$$\frac{10!}{3!\,2!\,4!\,1!} = 12600$$

가지이다. ◀

원순열(circular permutation)

서로 다른 n개의 물건을 원형으로 나열할 수 있는 방법의 수를 말하며 이것은 다음과 같이 구한다.

(a) 원형으로 배열하는 방법은 $(n-1)!$가지이다.

(b) 뒤집어 놓을 수 있는 경우까지 생각했을 때 원순열의 수는

$$\frac{(n-1)!}{2}$$

가지이다.

例題 9 원형식탁에 6명이 앉아서 식사를 할 수 있는 방법의 수를 구하라.

解答 원순열이므로

$$(6-1)! = 120$$

가지이다. ◀

例題 10 7가지 보석을 가지고 목걸이를 만들 수 있는 방법의 수를 구하라.

解答 목걸이의 경우는 뒤집어서 목에 걸 수 있는 원순열이므로

$$\frac{(7-1)!}{2} = 360$$

가지이다. ◀

조합(combination)에 대하여 알아 보자. 순열에서 순서관계를 무시하면 조합이 된다.

> **조합(combination)**
>
> 서로 다른 n개의 물건 중에서 r개를 뽑는 방법의 수를 **조합**이라고 하며, 기호로
>
> $$\binom{n}{x} = \frac{n!}{x!(n-x)!}$$
>
> 로 나타낸다.

다음 공식은 쉽게 증명할 수 있다.

$$\binom{n}{r} = \binom{n}{n-r}, \qquad \binom{n+1}{r} = \binom{n}{r} + \binom{n}{r-1}$$

例題 11 바구니 A에는 사과 5개, 바구니 B에는 귤 7개가 들어 있다. 이 중에서 사과 2개 또는 귤 4개를 선택하는 방법의 수를 구하라.

解答 바구니 A에서 사과 2개를 선택할 수 있는 방법의 수는 $\binom{5}{2}$, 바구니 B에서 귤 4개를 선택할 수 있는 방법의 수는 $\binom{7}{4}$이므로 모든 방법의 수는 합의 법칙에 의하여

$$\binom{5}{2} + \binom{7}{4} = 45$$

가지이다. ◀

> **중복조합(combination with repetition)**
>
> 서로 다른 n개의 물건 중에서 중복을 허용하여 r개를 뽑는 방법의 수를 **중복조합**이라고 하며, 기호로 다음과 같이 나타낸다.
>
> $$_n\mathrm{H}_r = \binom{n+r-1}{r}$$

例題 12 네 개의 문자 a, b, c, d 중에서 중복을 허용하여 3개의 문자를 선택할 수 있는 방법의 수를 구하라.

解答 중복조합의 정의에 의하여

$$_4\mathrm{H}_3 = \binom{6}{3} = 20$$

가지이다. ◀

> **이항정리**(binomial theorem)
>
> a와 b를 임의의 실수, n을 음아닌 정수라 하면, 다음 식이 성립한다.
>
> $$\begin{aligned}(a+b)^n &= \sum_{r=0}^{n}\binom{n}{r}a^{n-r}\,b^r \\ &= \binom{n}{0}a^n + \binom{n}{1}a^{n-1}b + \binom{n}{2}a^{n-2}b^2 + \binom{n}{3}a^{n-3}b^3 + \cdots + \binom{n}{n}b^n\end{aligned}$$

이항정리로부터 다음 식이 성립한다.

(a) $\displaystyle\sum_{r=0}^{n}\binom{n}{r} = \binom{n}{0}+\binom{n}{1}+\binom{n}{2}+\binom{n}{3}+\cdots+\binom{n}{n} = 2^n.$

(b) $\displaystyle\sum_{r=0}^{n}(-1)^r\binom{n}{r} = \binom{n}{0}-\binom{n}{1}+\binom{n}{2}-\binom{n}{3}+\cdots+(-1)^n\binom{n}{n} = 0.$

3.2 확률

현대 확률론은 불확실한 현상에 대하여 명확한 수학적 설명을 제공하는 수학의 한 분야이다. 다시 말하면 확률론은 실생활이나 자연계에서 우연하게 일어나는 현상을 수학적인 모델로 표현한 것이다. 예를 들면, 동전을 던지거나, 주사위를 던지거나 아니면 카드게임을 하는 자체는 모두가 우연하게 결과가 나타나는 형태이다. 확률론은 이러한 과정 및 결과에 대하여 명확한 수학적인 모델과 해석을 제공해 준다. 확률론에서 다루는 핵심 대상은 특정한 어떤 결과가 미리 결정되지 있지 않은 비결정론적인 실험(nondeterministic experiment)을 의미한다. 이러한 확률실험 결과, 나타날 수 있는 모든 가능성을 찾아 이 중에서 어느 특정한 일이 발생할 가능성을 수치로서 나타낸다.

어떤 현상을 관찰하여 그 결과를 얻는 과정을 실험(experiment)이라 라고 실험을 수행하는 것을 시행(trial)이라 한다. 어떤 실험을 수행할 때 즉, 시행의 결과가 실험

도중 어떤 예상치 못한 특별한 상황에 의해서 발생되었을 가능성이 있을 수 있다. 즉, 서로 다른 원인에 의해서도 똑 같은 결과가 나올 수도 있고, 아니면 똑같은 조건에서도 서로 다른 결과가 나올 수도 있다. 이러한 실험결과 즉, 확률실험의 시행결과 얻어진 발생 가능한 모든 결과의 집합은 확률론에서는 중요한 연구대상이다. 일반적으로 어떤 실험이 다음 네가지 조건를 만족하면, 이것을 확률실험(random experiment)이라 한다.

확률실험(random experiment)

(a) 실험은 같은 조건하에서 반복적으로 가능하다.
(b) 실험의 시행으로 발생 가능한 모든 결과는 알 수 있다.
(c) 실험에서 어떤 특정 수행으로 인한 정확한 결과는 예측이 불가능하다.
(d) 이러한 실험을 무한히 반복하면 궁극적으로 예측가능한 양식이 있다.

위의 통계실험 항목 중에서 (d)를 보통 통계적 정칙성의 원리라고 한다. 통계적 정칙성의 원리에 대한 예를 들어 보자. 한 개의 공정한 동전을 한번 던지면 앞면 또는 뒷면 나올 가능성은 모두 반반 즉, $\frac{1}{2}$이다. 그런데 만약 이 동전을 10번 던졌다고 가정했을 때, 앞면과 뒷면이 각각 5번 나타나 앞면 또는 뒷면이 나올 가능성은 모두 $\frac{1}{2}$이라고 말할 수 있을 것는가? 이에 대한 대답은 "아니오"이다. 그러나 던지는 횟수를 10^2번, 10^3번, 10^4번, $\cdots$을 던지면, 궁극적으로는 앞면과 뒷면이 나오는 비율은 모두 $\frac{1}{2}$로 가까와지는데, 이러한 현상을 통계적 정칙성의 원리(principle of the statistical regularity)라고 한다. 이 통계적 정식성의 원리는 다음과 같이 좀 더 엄밀하게 설명할 수 있다. 어떤 통계실험의 시행 중 나타날 수 있는 모든 가능성의 총수가 N이고 이 중에서 A가 발생가능한 수를 $n(A)$라고 하면, 이때 A의 상대도수 f_A는

$$f_A = \frac{n(A)}{N}$$

이다. 이와 같이 상대도수로 정의한 확률을 보통 수학적 확률(mathematical probability)이라고 한다. 이제 발생가능한 총수 N을 계속 증가시키면 즉, $N \to \infty$이면, 위의 상대도수 f_A는 어떤 실수 $p \in [0,1]$로 접근한다. 즉,

$$\begin{aligned} \lim_{N\to\infty} f_A &= \lim_{N\to\infty} \frac{n(A)}{N} \\ &= p \in [0,1] \end{aligned}$$

가 성립하는데, 이 통계적 정칙성의 원리는 상대도수의 극한개념으로 이해할 수 있으며 이것을 통계적 확률(statistical probability) 또는 경험적 확률(empirical probability)이라고도 한다.

표본공간(sample space)과 표본점(sample point))

(1) 확률실험을 수행하여 나타날 수 있는 모든 가능한 결과를 모아놓은 집합을 표본공간이라 하고 기호로 S로 나타낸다.

(2) 표본공간 S의 원소를 표본점(sample point)이라 한다.

표본공간 S가 유한개의 표본점을 가지면 유한표본공간, 가산인 무한개의 표본점을 가지면 무한표본공간이라 한다. 이때, 유한표본공간과 무한표본공간을 이산표본공간이라 하고 이산표본공간이 아닌 표본공간을 연속표본공간이라 한다.

例題 1 두 개의 동전을 동시에 던졌을 때 나타나는 표본공간 S를 구하라.

解答 표본공간 S는

$$S = \{HH, HT, TH, TT\}$$

이다. ◀

例題 2 한 개의 동전과 한 개의 정육면체 주사위를 동시에 던졌을 때 나타나는 표본공간 S를 구하라.

解答 표본공간 S는

$$S = \{1H, 2H, 3H, 4H, 5H, 6H, 1T, 2T, 3T, 4T, 5T, 6T\}$$

이다. ◀

사건(event)

(1) 표본공간 S의 부분집합을 사건이라 한다. 사건을 기호로 A, B, C, $\cdots$ 등으로 나타낸다.

(2) 공집합 ϕ는 공사건(null event), 표본공간 S는 전사건(certain event)이라 한다.

(3) 사건 A가 오직 하나의 표본점으로 구성되어 있으면, A를 근원사건(elementary event)이라 한다.

例題 3 한 개의 동전을 두 번 던졌을 때 A를 모두 뒷면이 나타날 사건, B를 적어도 한 번 앞면이 나올 사건이라 할 때, 사건 A와 B를 각각 구하라.

解答 표본공간 S는

$$S = \{HH, HT, TT, TT\}$$

이다. 이때 한 개의 동전을 두 번 던졌을 때 모두 뒷면이 나타날 사건은 $A = \{TT\}$이고 적어도 한 번 앞면이 나올 사건은 $B = \{HH, HT, TH\}$이다. ◄

사건들 사이의 관계식은 집합의 연산법칙을 기초로 하여 나타낼 수 있다. S를 표본공간, A, B, A_1, A_2, $\cdots$, A_n을 S의 부분집합인 사건이라 하면 표본공간 S에서 다음 연산법칙이 성립한다.

(1) 사건 A와 B사이에, 사건 A 또는 B가 일어나는 사건을 기호로 $A \cup B$라 정의하고 이 사건을 **합사건**이라 한다. 또한 A_1, A_2, $\cdots$, A_n을 n개의 사건이라 하면,

$$\bigcup_{i=1}^{n} A_i = \{\omega \in S : \text{적어도 어느 하나의 } i \ (1 \leqslant i \leqslant n)\text{에 대하여, } \omega \in A_i\},$$

이다.

(2) 사건 A와 B사이에, 두 사건 A와 B가 동시에 일어난 사건을 기호로 $A \cap B$라 정의하고 이 사건을 **교사건**이라 한다. 또한 A_1, A_2, $\cdots$, A_n을 n개의 사건이라 하면,

$$\bigcap_{i=1}^{n} A_i = \{\omega \in S : \text{모든 } i \ (1 \leqslant i \leqslant n)\text{에 대하여, } \omega \in A_i\},$$

이다.

(3) 사건 A의 **여사건**을 A^c라 정의하고, 이것은 A^c가 일어나면 A는 일어나지 않는 사건을 의미한다. 이 경우 $A^c = S - A$이다.

(4) 사건 A와 B 사이에, 사건 A가 일어날 때마다 사건 B가 일어나면 사건 A는 사건 B의 부분집합이라 하고, 기호로 $A \subseteq B$로 나타낸다.

(5) 사건 A와 B가 같은(equal)사건이다라는 말은 $A \subseteq B$와 $A \supseteq B$인 경우를 말하며, 기호로 $A = B$로 나타낸다.

(6) 두 사건 A와 B 사이에 $A \cap B = \emptyset$이면, A와 B는 **서로배반인 사건**(mutually exclusive event)이라 한다. 이 개념을 좀 더 확장하여 A_1, A_2, $\cdots$, A_n을 n개의 사건이라 할 때, $A_i \cap A_j = \emptyset$ $(i \neq j)$가 성립하면, 사건 A_1, A_2, $\cdots$, A_n를 **서로 배반인 사건**이라 한다.

(7) (교환법칙) : $A \cup B = B \cup A$, $A \cap B = B \cap A$.

(8) (결합법칙) : $(A \cup B) \cup C = A \cup (B \cup C)$, $(A \cap B) \cap C = A \cap (B \cap C)$.

(9) (분배법칙) : $A \cap (B \cup C) = (A \cap B) \cup (A \cap C)$, $A \cup (B \cap C) = (A \cup B) \cap (A \cup C)$.

(10) (사건에 대한 De Morgan의 법칙)

$$\left(\bigcup_{i=1}^{n} A_i\right)^c = \bigcap_{i=1}^{n} A_i^c, \qquad \left(\bigcap_{i=1}^{n} A_i\right)^c = \bigcup_{i=1}^{n} A_i^c$$

현대 확률론은 러시아 수학자인 Kolmogorov가 확률측도(probability measure) 개념을 사용하여 공리적으로 엄밀하게 정의하였다. 이 책에서는 확률측도 개념을 필요한 확률공식에만 적용하여 유도한다. 실제적인 확률계산은 대부분 Laplace의 고전적 확률의 정의를 이용할 것이다.

Kolmogorov의 현대적 확률의 정의

표본공간 S상에서 정의되어 있는 집합함수(set function) P가 다음 세 가지 조건을 만족하면 P를 확률(probability)이라 부른다.

(a) $P(\emptyset) = 0$, $P(S) = 1$,

(b) 임의의 사건 A에 대하여, $0 \leqslant P(A) \leqslant 1$,

(c) 서로 배반인 사건 A_1, A_2, $\cdots$, A_n에 대하여,

$$P\left(\bigcup_{i=1}^{n} A_i\right) = P(A_1) + P(A_2) + \cdots + P(A_n).$$

Laplace가 정의한 고전적 확률의 정의에 대하여 알아 보자. 고전적인 확률의 정의에서는 유한표본공간 S를 구성하고 있는 서로 다른 표본점들에 대한 근원사건이 모두 일어날 가능성이 같은 경우만을 취급하였다.

Laplace의 고전적 확률의 정의

유한표본공간 Ω가 N개의 서로 다른 표본점

$$S = \{\omega_1, \omega_2, \omega_3, \cdots, \omega_N\}$$

으로 구성되어 있고 유한표본공간 S를 이루고 있는 각각의 근원사건이 모두 발생 가능성이 같을 때, 사건 A의 확률을 다음과 같이 정의한다.

$$P(A) = \frac{n(A)}{N}.$$

단, $n(A)$는 사건 A속에 있는 서로 다른 표본점들의 개수이다.

확률에 관한 몇 가지 공식에 대하여 알아 보자.

> 공사건 $\emptyset$의 확률은 0 즉, $P(\emptyset) = 0$이다.

證明 공사건 $\emptyset$는

$$\emptyset \;=\; \emptyset \cup \emptyset$$

이고 $\emptyset = \emptyset \cap \emptyset$이므로

$$P(\emptyset) = P(\emptyset) + P(\emptyset)$$

이다. 그러므로, $P(\emptyset) = P(\emptyset) - P(\emptyset) = 0$이다. ■

> A^c를 사건 A의 여사건이라 할 때, 다음이 성립한다.
>
> $$P(A^c) \;=\; 1 - P(A)\,.$$

證明 $S = A \cup A^c$, $A \cap A^c = \emptyset$가 성립하므로 확률 P의 정의에 의하여,

$$\begin{aligned} 1 &= P(S) \\ &= P(A \cup A^c) \\ &= P(A) + P(A^c) \end{aligned}$$

이므로 $P(A^c) = 1 - P(A)$이다. ■

> **합의 법칙**
>
> 임의의 두 사건 A와 B에 대하여, 다음이 성립한다.
>
> $$P(A \cup B) = P(A) + P(B) - P(A \cap B)\,.$$

證明 먼저 사건 A는

$$A = (A \cap B) \cup (A \cap B^c), \quad (A \cap B) \cap (A \cap B^c) = \emptyset$$

이므로

$$P(A) \;=\; P(A \cap B) + P(A \cap B^c)$$

이다. 한편 사건 $A \cup B$는

$$A \cup B = (A \cap B^c) \cup B, \quad (A \cap B^c) \cap B = \emptyset$$

로 나타낼 수 있으므로

$$P(A \cup B) \;=\; P(A \cap B^c) + P(B)$$

이다. 위의 두 식을 정리하면,

$$P(A \cup B) = P(A) + P(B) - P(A \cap B)$$

이다. ■

위의 공식을 확장하면, 임의의 세 사건 A, B, C에 대하여,

$$\begin{aligned} P(A \cup B \cup C) \;&=\; P(A) + P(B) + P(C) - P(A \cap B) - P(A \cap C) \\ &\quad - P(B \cap C) + P(A \cap B \cap C) \end{aligned}$$

가 성립한다.

> 두 사건 A, B에 대하여,
>
> $$A \subseteq B \text{ 이면 } P(B \setminus A) = P(B) - P(A)$$
>
> 이고
>
> $$A \subseteq B \text{ 이면 } P(A) \leqslant P(B)$$
>
> 이다.

證明 먼저 $A \subseteq B$이면 $B = A \cup (B \cap A^c)$, $A \cap (B \cap A^c) = \emptyset$이므로 $P(B) = P(A) + P(B \cap A^c)$이므로 $P(B \cap A^c) = P(B \setminus A) = P(B) - P(A)$이다. 또한 $A \subseteq B$이면 $B = A \cup (B \cap A^c)$이므로 $P(B) = P(A) + P(B \cap A^c)$이므로 $P(B \cap A^c) = P(B) - P(A)$이다. 그런데, $P(B \cap A^c) \geqslant 0$이므로 $P(A) \leqslant P(B)$이다. ■

> **Boole의 부등식**
>
> $A_1,\ A_2,\ \cdots\ A_n$을 n개의 사건이라 하면, 다음 식이 성립한다.
>
> $$P\left(\bigcup_{i=1}^{n} A_i\right) \;\leqslant\; \sum_{i=1}^{n} P(A_i)\,.$$

다음은 Bonferroni의 부등식이다.

Bonferroni의 부등식

$A_1, A_2, \cdots, A_n$ 을 n개의 사건이라고 하면, 다음 부등식이 성립한다.

$$P\left(\bigcap_{i=1}^{n} A_i\right) \geqslant \sum_{i=1}^{n} P(A_i) - (n-1).$$

證明 De Morgan법칙과 여사건의 성질을 이용하면

$$\bigcap_{i=1}^{n} A_i = \left(\bigcup_{i=1}^{n} A_i^c\right)^c, \qquad P\left(\bigcap_{i=1}^{n} A_i\right) = P\left(\left(\bigcup_{i=1}^{n} A_i^c\right)^c\right)$$

이고 Boole의 부등식을 적용하면

$$\begin{aligned} P\left(\bigcap_{i=1}^{n} A_i\right) &= P\left(\left(\bigcup_{i=1}^{n} A_i^c\right)^c\right) \\ &= 1 - P\left(\bigcup_{i=1}^{n} A_i^c\right) \\ &\geqslant 1 - \sum_{i=1}^{n} P(A_i^c) \\ &= \sum_{i=1}^{n} P(A_i) - (n-1) \end{aligned}$$

이 성립한다. ■

例題 4 주머니 속에 흰 공 3개와 빨간 공 2개가 들어 있다. 지금 주머니에서 임의로 2개의 공을 뽑을 때

(a) 2개가 모두 흰 공일 확률을 구하라.

(b) 흰 공 1개, 빨간 공 1개일 확률을 구하라.

解答 (a) 총 5개의 공 중에서 2개의 공을 뽑는 경우의 수는 $\binom{5}{2}$, 흰 공 3개 중에서 2개를 뽑을 경우의 수는 $\binom{3}{2}$이다. 따라서, Laplace의 고전적 확률의 정의에 의해서 2개가 모두 흰 공일 사건을 A라 하면, 사건 A의 확률 $P(A)$는

$$P(A) = \frac{\binom{3}{2}}{\binom{5}{2}} = \frac{3}{10}$$

이다.

(b) 3개의 흰 공에서 1개를 뽑고, 2개의 빨간 공에서 1개를 뽑는 사건을 B라 하면, 사건 B의 확률 $P(B)$는

$$P(B) = \frac{\binom{3}{1}\binom{2}{1}}{\binom{5}{2}} = \frac{3}{5}$$

이다. ◀

例題 5 한 개의 동전을 계속해서 다섯 번 던졌을 때, 적어도 뒷면이 한 번 나올 확률을 구하라.

解答 A를 적어도 뒷면이 한 번 나올 사건이라면, 여사건 A^c는 모두 앞면만 나올 사건이므로 $P(A^c) = \frac{1}{32}$이다. 따라서 여사건의 법칙에 의하여

$$P(A) = 1 - P(A^c) = 1 - \frac{1}{32} = \frac{31}{32}$$

이다. ◀

例題 6 주머니 속에 노란 공 6개와 검은 공 3개가 들어 있다. 이 주머니에서 랜덤하게 2개의 공을 뽑는다고 할 때, 적어도 하나가 검은 공일 확률을 구하라.

解答 전체 9개의 공 중에서 2개를 뽑는 경우의 수는 $\binom{9}{2} = 36$가지이다. 이제 뽑은 2개의 공이 노란 공일 사건을 A라 하면, 사건 A가 일어날 경우의 수는 $\binom{6}{2} = 15$이다. 또한 여사건 A^c는 적어도 하나가 검은 공일 사건이므로 여사건의 법칙에 의하여

$$P(A^c) = 1 - P(A) = 1 - \frac{15}{36} = 1 - \frac{5}{12} = \frac{7}{12}$$

이다. ◀

3.3 조건부확률

두 사건 A와 B가 있을 때, 사건 A가 일어난 확률이 다음 사건 B가 일어날 사건의 확률에 영향을 주는 경우가 있다. 이 경우, 사건 A가 주어졌을 때, 사건 B가 일어날 조건부확률이라 하고 기호로 $P(B|A)$로 나타낸다.

사건 A가 주어졌을 때, 사건 B가 일어날 조건부확률

$$P(B|A) = \frac{P(A \cap B)}{P(A)}, \quad (P(A) > 0)$$

조건부확률도 원래의 확률의 법칙을 만족한다. 즉,

(1) $P(\emptyset \mid A) = \dfrac{P(\emptyset \cap A)}{P(A)} = \dfrac{P(\emptyset)}{P(A)} = 0, \quad P(S \mid A) = \dfrac{P(S \cap A)}{P(A)} = \dfrac{P(A)}{P(A)} = 1,$

(2) 임의의 사건 B에 대하여,

$$0 \leqslant P(B \mid A) = \frac{P(B \cap A)}{P(A)} \leqslant 1$$

이고

(3) n개의 사건 B_1, B_2, $\cdots$, B_n이 서로배반인 사건이면,

$$\begin{aligned} P\left(\bigcup_{i=1}^{n} B_i \mid A\right) &= \frac{P\left((\bigcup_{i=1}^{n} B_n) \cap A\right)}{P(A)} = \frac{P\left(\bigcup_{i=1}^{n} (B_i \cap A)\right)}{P(A)} \\ &= \sum_{i=1}^{n} \frac{P(B_i \cap A)}{P(A)} = \sum_{i=1}^{n} P(B_i \mid A) \end{aligned}$$

가 성립한다.

조건부확률은 두 사건 A와 B의 종속적인 관계를 보여주는 전형적인 예이다. 이제 조건부확률의 예를 들어 보자. 한 개의 주사위를 던져서 홀수의 눈이 나왔을 때, 그것이 소수일 확률을 구해 보자. 여기서 A를 홀수의 눈이 나오는 사건, B를 소수의 눈이 나오는 사건이라 하면, $P(A) = \frac{3}{6}$이고 $P(A \cap B) = \frac{2}{6}$이므로

$$P(B|A) = \frac{P(A \cap B)}{P(A)} = \frac{\frac{2}{6}}{\frac{3}{6}} = \frac{2}{3}$$

임을 알 수 있다.

例題 1 두 개의 동전을 던져 적어도 하나는 앞면이 나타난 것을 알고 있을 때, 두 개의 동전이 모두 앞면이 나타났을 조건부확률을 구하라.

解答 표본공간 S는 $S = \{HH, HT, TH, TT\}$이고, A를 적어도 하나는 앞면이 나타날 사건, B를 두 개의 동전이 모두 앞면이 나타난 사건이라 하면 $A = \{HH, HT, TH\}$, $B = \{HH\}$이다. 이때 $P(A) = \frac{3}{4}$이고 $P(A \cap B) = \frac{1}{4}$이므로 두 개의 동전을 던져 적어도 하나는 앞면이 나타난 것을 알고 있을 때, 두 개의 동전이 모두 앞면이 나타났을 조건부확률은

$$P(B|A) = \frac{P(A \cap B)}{P(A)} = \frac{1/4}{3/4} = \frac{1}{3}$$

이다. ◀

例題 2 정육면체 주사위를 두 개 던졌을 때, 6의 눈을 제외한 상태에서 두 주사위의 눈의 차이가 2일 확률을 구하라. 단, 두 정육면체 주사위의 눈의 차이가 음(negative)인 경우는 없다.

解答 A를 정육면체 주사위 중에 6의 눈이 없는 사건, B를 정육면체 주사위 2개를 던졌을 때 두 주사위의 눈의 차이가 2인 사건이라 하자. 조건부확률의 정의에 의하여 $P(A) = \frac{25}{36}$이고

$$\begin{aligned} P(A \cap B) &= P\big(\{(1,3),(3,1),(2,4),(4,2),(3,5),(5,3)\}\big) \\ &= \frac{6}{36} = \frac{1}{6} \end{aligned}$$

이므로

$$P(B|A) = \frac{P(A \cap B)}{P(A)} = \frac{1/6}{25/36} = \frac{6}{25}$$

이다. ◀

조건부확률의 정의로 부터

$$P(B|A) = \frac{P(A \cap B)}{P(A)}, \quad (P(A) > 0)$$

가 성립하므로 이 식은 다음과 같이 나타낼 수 있다. 이것을 확률의 곱의 법칙이라 한다.

곱의 법칙(multiplication rule)

$$\begin{aligned} P(A \cap B) &= P(A)\,P(B|A), \quad (P(A) > 0) \\ &= P(B)\,P(A|B), \quad (P(B) > 0) \end{aligned}$$

곱의 법칙에 의해서 확률을 계산할 경우, 추출방식에 의하여 확률이 달라질 수 있다는 사실이다. 먼저 복원추출(sampling with replacement)은 뽑은 것을 원래의 위치에 되돌려 놓고 다시 뽑는 방식이고, 비복원추출(sampling without replacement)은 뽑은 것을 원래의 위치에 되돌려 놓지 않고 다시 뽑는 방식이다.

例題 3 빨간 공 5개, 흰 공이 3개 있는 주머니에서 임의로 공을 한 개씩 두 번 꺼낼 때,

(a) 비복원 추출일 경우, 2개가 모두 흰 공일 확률을 구하라.

(b) 복원추출일 경우, 2개가 모두 흰 공일 확률을 구하라.

解答 (a) A를 처음 뽑을 때 흰 공일 사건, B를 두 번째 뽑을 때 흰 공일 사건이라 하자. 그러면 비복원 추출방식으로 처음에 흰 공을 뽑고, 두 번째에도 흰 공이 나와야 하므로

$$P(A) = \frac{\binom{3}{1}}{\binom{8}{1}} = \frac{3}{8}, \quad P(B|A) = \frac{\binom{2}{1}}{\binom{7}{1}} = \frac{2}{7}$$

이므로 곱의 법칙에 의하여

$$P(A \cap B) \;=\; P(A)\,P(B|A) \;=\; \frac{3}{8} \times \frac{2}{7} \;=\; \frac{3}{28}$$

이다.

(b) A를 처음 뽑을 때 흰 공일 사건, B를 두 번째 뽑을 때 흰 공일 사건이라 하자. 복원 추출방식으로 처음에 흰 공을 뽑고, 두 번째에도 흰 공이 나와야 하므로

$$P(A) = \frac{\binom{3}{1}}{\binom{8}{1}} = \frac{3}{8}, \qquad P(B|A) = \frac{\binom{3}{1}}{\binom{8}{1}} = \frac{3}{8}$$

이므로 곱의 법칙에 의하여

$$P(A \cap B) \;=\; P(A)\,P(B|A) \;=\; \frac{3}{8} \times \frac{3}{8} \;=\; \frac{9}{64}$$

이다. ◀

例題 4 주머니 안에 10개의 빨간 공과 6개의 파란 공이 있다. 비복원추출로 이 주머니에서 공을 차례로 하나씩 꺼낼 때, 첫 번째 공이 빨간 공이고 두 번째 공이 파란 공일 확률을 구하라.

解答 A를 첫 번째 공이 빨간 공일 사건, B를 두 번째 공이 파란 공일 사건이라 하자. 이때 $A \cap B$는 첫 번째 공이 빨간 공이고 두 번째 공이 파란 공일 사건이므로 곱의 법칙에 의하여

$$P(A \cap B) \;=\; P(A)\,P(B|A) \;=\; \frac{\binom{10}{1}}{\binom{16}{1}} \times \frac{\binom{6}{1}}{\binom{15}{1}} \;=\; \frac{1}{4}$$

이다. ◀

n개의 사건에 곱의 법칙을 적용하면 다음 식을 얻는다.

곱의 법칙(multiplication rule)

$A_1, A_2, A_3, \cdots, A_n$을 n개의 사건이라 하고 $P(A_1 \cap A_2 \cap A_3 \cap \cdots A_{n-1}) > 0$이면, 다음이 성립한다.

$$P\left(\bigcap_{i=1}^{n} A_i\right) = P(A_1)\,P(A_2 \,|\, A_1)\,P(A_3 \,|\, A_1 \cap A_2) \times \cdots \cdots \times P(A_n \,|\, A_1 \cap A_2 \cap \cdots A_{n-1})$$

證明 $A_1, A_2, A_3, \cdots, A_n$을 n개의 사건이라 하면,

$$A_1 \supseteq (A_1 \cap A_2) \supseteq \cdots \supseteq (A_1 \cap A_2 \cap \cdots \cap A_n)$$

이므로

$$P(A_1) \geqslant P(A_1 \cap A_2) \geqslant \cdots \geqslant P(A_1 \cap A_2 \cap \cdots A_n) > 0$$

이므로

$$\begin{aligned} P\left(\bigcap_{i=1}^{n} A_i\right) &= P(A_1 \cap A_2 \cap A_3 \cap \cdots \cap A_{n-1})\,P(A_n \,|\, A_1 \cap A_2 \cap \cdots \cap A_{n-1}) \\ &= P(A_1 \cap A_2 \cap \cdots \cap A_{n-2})P(A_{n-1} \,|\, A_1 \cap A_2 \cap \cdots \cap A_{n-2}) \times \\ &\quad \cdots \times P(A_n \,|\, A_1 \cap A_2 \cap \cdots \cap A_{n-1}) \\ &\quad \vdots \qquad\qquad\qquad \vdots \\ &= P(A_1)\,P(A_2 \,|\, A_1)\,P(A_3 \,|\, A_1 \cap A_2) \cdots P(A_n \,|\, A_1 \cap A_2 \cap \cdots \cap A_{n-1}) \end{aligned}$$

이다. ■

例題 5 52장의 카드 한 벌을 4명에게 13장씩 무작위로 나누어 줄 때, 4명 모두 정확히 한 장씩 에이스를 가질 확률을 구하라.

解答 사건 $A_1 = \{$스페이드의 에이스를 어느 한 명이 가짐$\}$,
사건 $A_2 = \{$스페이드, 하트의 에이스를 다른 사람이 가짐$\}$,
사건 $A_3 = \{$스페이드, 하트, 다이아몬드의 에이스를 모두 다른 사람이 가짐$\}$,

사건 $A_4 = \{$에이스 4장 모두 다른 사람이 가짐$\}$이라 하면

$$\begin{aligned} P(A_1) &= 1 \\ P(A_2|A_1) &= \frac{39}{51} \\ P(A_3|A_1 \cap A_2) &= \frac{26}{50} \\ P(A_4|A_1 \cap A_2 \cap A_3) &= \frac{13}{49} \end{aligned}$$

이므로

$$\begin{aligned} P\Big(A_1 \cap A_2 \cap A_3 \cap A_4\Big) &= P(A_1)\,P(A_2\,|\,A_1)\,P(A_3\,|\,A_1 \cap A_2)\,P(A_4|A_1 \cap A_2 \cap A_3) \\ &= 1 \times \frac{39}{51} \times \frac{26}{50} \times \frac{13}{49} \fallingdotseq 0.105 \end{aligned}$$

이다. ◀

3.4 독립사건

A와 B를 두 사건이라 하자. 사건 A가 주어졌을 때, 사건 B가 일어날 조건부확률은

$$P(B|A) = \frac{P(A \cap B)}{P(A)}, \quad (P(A) > 0)$$

이다. 여기서 만약,

$$P(B|A) = P(B)$$

가 성립하면, 두 사건 A와 B는 독립(independent)이라 한다. 마찬가지로

$$P(A|B) = P(A)$$

이면, 두 사건 A와 B는 독립(independent)이라 한다. 이것은 두 사건 A와 B가 독립이면 한 사건이 일어날 확률이 다른 사건이 일어날 확률에 전혀 영향을 주지 않는다는 의미이다. 따라서, 두 사건 A와 B가 독립이면 곱의 법칙에 의하여 다음이 성립한다.

독립사건(independent event)

두 사건 A와 B가 독립(independent)이면,

$$P(A \cap B) = P(A)\,P(B), \quad (P(A) > 0, P(B) > 0)$$

이다.

일반적으로 두 사건 A와 B가 독립이면, A와 B^c도 독립, A^c와 B도 독립, A^c와 B^c도 독립이다.

독립사건(independent event)

두 사건 A와 B가 독립(independent)이면, 다음이 성립한다.

(a) $P(A^c \cap B) = P(A^c)\,P(B)$.

(b) $P(A \cap B^c) = P(A)\,P(B^c)$.

(c) $P(A^c \cap B^c) = P(A^c)\,P(B^c)$.

證明 (*a*) $A \cap B^c = A - (A \cap B)$이고 $(A \cap B) \subseteq A$이므로

$$\begin{aligned} P(A \cap B^c) &= P\big(A - (A \cap B)\big) = P(A) - P(A \cap B) \\ &= P(A) - P(A)\,P(B) = P(A)\big(1 - P(B)\big) \\ &= P(A)\,P(B^c) \end{aligned}$$

이므로 두 사건 A와 B^c는 독립이다.

(*b*) $A^c \cap B = B - (A \cap B)$이고 $(A \cap B) \subseteq B$이고

$$\begin{aligned} P(A^c \cap B) &= P\big(B - (A \cap B)\big) = P(B) - P(A \cap B) \\ &= P(B) - P(A)\,P(B) = \big(1 - P(A)\big)\,P(B) \\ &= P(A^c)\,P(B) \end{aligned}$$

이므로 두 사건 A^c와 B는 독립이다.

(*c*) De Morgan의 법칙에 의해서 $A^c \cap B^c = (A \cup B)^c$ 이고 확률의 합사건법칙을 이용하면

$$\begin{aligned} P(A^c \cap B^c) &= P\big((A \cup B)^c\big) \\ &= 1 - P(A \cup B) \\ &= 1 - \big\{P(A) + P(B) - P(A \cap B)\big\} \\ &= 1 - P(A) - P(B) + P(A)\,P(B) \\ &= \big(1 - P(A)\big) - \big(P(B) - P(A)\,P(B)\big) \\ &= \big(1 - P(A)\big)\big(1 - P(B)\big) \\ &= P(A^c)\,P(B^c) \end{aligned}$$

이다. ■

독립사건의 개념을 세 개 이상의 사건에 대하여 자연스럽게 확장할 수 있다. A, B, C를 독립인 세 사건이라 하면 $P(A\cap B) = P(A)P(B)$, $P(A\cap C) = P(A)P(C)$, $P(B\cap C) = P(B)P(C)$이고 $P(A\cap B\cap C) = P(A)P(B)P(C)$가 모두 성립하여야 한다. 만약, $P(A\cap B) = P(A)P(B)$, $P(A\cap C) = P(A)P(C)$, $P(B\cap C) = P(B)P(C)$이고 $P(A\cap B\cap C) \neq P(A)P(B)P(C)$이면 세 사건 A, B, C는 쌍마다 독립사건(pairwise independent)이라 한다. 일반적으로는 다음과 같다.

독립사건(independent event)

A_1, A_2, $\cdots$, A_n을 n개의 사건이라 할 때, 서로 다른 i_1, i_2, i_3, $\cdots$, i_j와 모든 $j = 2, 3, \cdots, n$에 대하여,

$$P(A_{i_1}\cap A_{i_2}\cap\cdots\cap A_{i_j}) \quad=\quad P(A_{i_1})\,P(A_{i_2})\cdots P(A_{i_j})$$

가 성립하면, A_1, A_2, $\cdots$, A_n을 독립사건(independentevent)이라 한다.

쌍마다 독립사건(pairwise independent event)

A_1, A_2, $\cdots$, A_n을 n개의 사건이라 할 때 모든 $i, j\ (i\neq j)$에 대하여,

$$P(A_i\cap A_j) \quad=\quad P(A_i)\,P(A_j)$$

가 성립하면, A_1, A_2, $\cdots$, A_n을 쌍마다 독립사건(pairwise independent event)이라 한다.

例題 1 두 명의 궁수 X와 Y가 과녁을 향해 활을 쏘려고 한다. 최근 기록에 의하면 궁수 X의 명중률은 0.8, 궁수 Y의 명중률은 0.6이다. 이제 두 사람이 과녁을 향해 동시에 활을 쏘았을 때,

(a) 궁수 X만이 과녁을 맞힐 확률을 구하라.
(b) 둘 중에 적어도 한 사람이 과녁을 맞힐 확률을 구하라.
(c) 궁수 X와 궁수 Y가 모두 과녁을 맞히지 못할 확률을 구하라.

解答 두 명의 궁수가 과녁을 향해 각각 활을 쏘는 행위는 서로 영향을 주지 않으므로 독립적이라 할 수 있다. 이제 궁수 X가 과녁을 맞힐 사건을 A, 궁수 Y가 과녁을 맞힐 사건을 B라 하면 $P(A) = 0.8$, $P(B) = 0.6$이다. 이로부터 $P(A^c) = 0.2$, $P(B^c) = 0.4$이다.

(a) 궁수 X만이 과녁을 맞힐 확률은 독립성질에 의하여

$$P(A\cap B^c) \;=\; P(A)\,P(B^c) \;=\; 0.8\times 0.4 \;=\; 0.32$$

이다.

(b) 둘 중에 적어도 한 사람이 과녁을 맞힐 확률은 다음과 같다.

$$\begin{aligned} P(A\cap B^c)+P(A^c\cap B) &= P(A)\,P(B^c)+P(A^c)P(B) \\ &= 0.8\times 0.4+0.2\times 0.6 \;=\; 0.44 \end{aligned}$$

(c) 궁수 X와 궁수 Y가 모두 과녁을 맞히지 못할 확률은 다음과 같다.

$$P(A^c\cap B^c) \;=\; P(A^c)\,P(B^c) \;=\; 0.2\times 0.4 \;=\; 0.08$$ ◀

例題 2 주머니 속에 aaa, abb, bab, bba로 표기한 4개의 공이 들어 있다. 이제 이 주머니에서 무작위로 한 개의 공을 꺼낸다고 하자. 여기서 A, B, C,를 각각 꺼낸 공의 첫 글자가 a인 사건, 두 번째 글자가 a인 사건, 세 번째 글자가 a인 사건이라 할 때, 세 사건 A, B, C는 쌍마다 독립사건 아니면 독립사건인지를 판별하라.

解答 먼저 사건 A, B, C의 확률은

$$P(A)=P(B)=P(C)=\frac{2}{4}=\frac{1}{2}$$

이고 이때

$$P(A\cap B)=P(B\cap C)=P(C\cap A)=\frac{1}{4}$$

이므로 A, B, C는 쌍마다 독립인 사건이다. 세 사건 A, B, C의 교사건 $A\cap B\cap C$는 첫 번째, 두 번째, 세 번째에 모두 a라는 표시가 있을 사건이므로

$$P(A\cap B\cap C)=\frac{1}{4}$$

이다. 그런데

$$\frac{1}{4}=P(A\cap B\cap C)\neq P(A)\,P(B)\,P(C)=\frac{1}{8}$$

이므로 A, B, C는 독립사건이 아니다. ◀

3.5 Bayes의 법칙

표본공간 S의 분할(partition)을 생각해 보자. 표본공간 S를 분할하는 가장 간단한 경우는 $S=A\cup A^c$, $A\cap A^c=\emptyset$일 때이다. 이제 분할된 표본공간 S에 어떤 다른 사건 B와의 교사건은 다음과 같다.

$$\begin{aligned} B &= B\cap S \\ &= B\cap(A\cup A^c) \\ &= (B\cap A)\cup(B\cap A^c), \quad ((B\cap A)\cap(B\cap A^c)=\emptyset) \end{aligned}$$

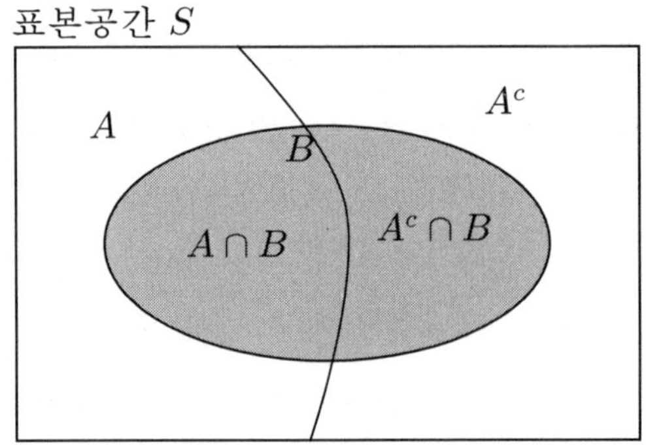

그림 3.1 표본공간 S의 분할과 사건 B

여기에 확률 P를 부여하면

$$\begin{aligned} P(B) &= P\big((B \cap A) \cup (B \cap A^c)\big) \\ &= P(B \cap A) + P(B \cap A^c) \\ &= P(A)P(B|A) + P(A^c)P(B|A^c) \end{aligned}$$

가 성립한다. 이것을 전확률법칙(law of total probability)이라 한다.

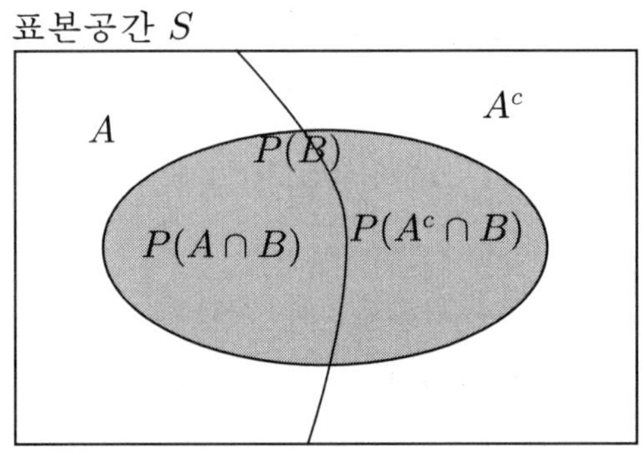

그림 3.2 전확률법칙

전확률법칙(law of total probability)

$S = A \cup A^c$, $A \cap A^c = \emptyset$일 때, 임의의 사건 B에 대하여 다음이 성립한다.

$$P(B) = P(A)P(B|A) + P(A^c)P(B|A^c)$$

例題 1 흰 공 3개와 검은 공 5개가 들어있는 상자에서 2개의 공을 차례로 하나씩 비복원추출할 때, 두 번째 추출된 공이 흰 공일 확률을 구하라.

解答 A를 첫번 째 추출된 공이 흰 공일 사건이라 하고, B를 두 번째 추출된 공이 흰 공일 사건이라 하자. 그러면 A^c는 첫번 째 추출된 공이 검은 공일 사건이므로 전확률법칙에 의하여

$$P(B) = P(A)P(B|A) + P(A^c)P(B|A^c) = \frac{3}{8} \times \frac{2}{7} + \frac{5}{8} \times \frac{3}{7} = \frac{3}{8}$$

이다. ◀

이제 전확률법칙을 일반화하여 보자. S를 표본공간, A_1, A_2, $\cdots$, A_n을 표본공간 S상에서의 n개의 사건이라 하자. 이때 A_1, A_2, $\cdots$, A_n이 다음 조건을 만족하면 즉,

(a) 모든 $i = 1, 2, 3, \cdots, n$에 대하여 $A_i \subseteq S$이고 $P(A_i) > 0$,
(b) 모든 $i, j\ (i \neq j)$에 대하여, $A_i \cap A_j = \emptyset$,
(c) $S = \bigcup_{i=1}^{n} A_i$

이면 A_1, A_2, $\cdots$, A_n을 표본공간 S의 분할(partiton)이라 한다.

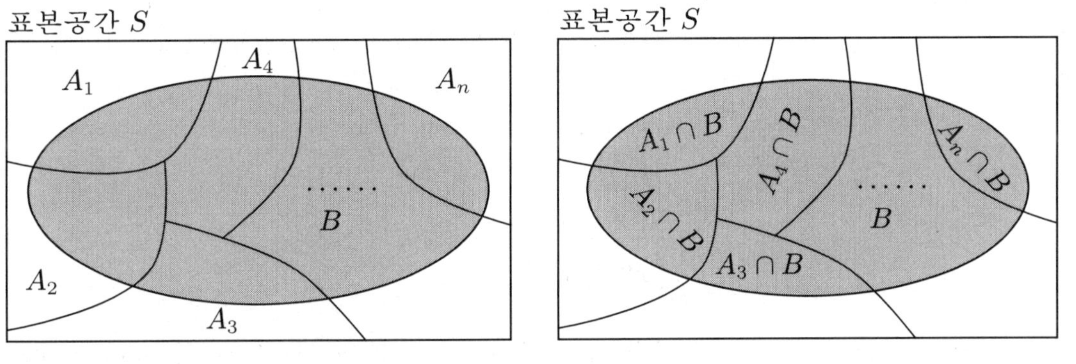

그림 3.3 표본공간 S의 분할과 사건 B와의 교사건

이제 표본공간 S상의 임의의 사건 B는 분할된 표본공간 S상에서 다음과 같이 나타낼 수 있다.

$$\begin{aligned} B &= B \cap S \\ &= B \cap \left(\bigcup_{i=1}^{n} A_i \right) \\ &= \bigcup_{i=1}^{n} (B \cap A_i), \quad ((B \cap A_i) \cap (B \cap A_j) = \emptyset, \forall i \neq j) \end{aligned}$$

여기에 확률 P를 부여하면 다음 식이 성립한다.

$$\begin{aligned} P(B) &= P\Big(\bigcup_{i=1}^{n}(B\cap A_i)\Big) = \sum_{i=1}^{n} P(B\cap A_i) \\ &= \sum_{i=1}^{n} P(A_i)P(B|A_i) \end{aligned}$$

전확률법칙(law of total probability)

A_1, A_2, $\cdots$, A_n이 표본공간 S의 분할이면, 임의의 사건 B에 대하여 다음이 성립한다.

$$\begin{aligned} P(B) &= \sum_{i=1}^{n} P(A_i)P(B|A_i) \\ &= P(A_1)P(B|A_1) + P(A_2)P(B|A_2) + \cdots + P(A_n)P(B|A_n) \end{aligned}$$

전확률법칙에서 $P(B) > 0$이라 하자. 이 경우 사건 B가 일어났을 때 다음 사건 사건 A_k $(k = 1, 2, \cdots, n)$의 조건부확률 $P(A_k|B)$를 구해 보자. 조건부확률의 정의에 의하여

$$\begin{aligned} P(A_k|B) &= \frac{P(B\cap A_k)}{P(B)} \\ &= \frac{P(A_k)(B|A_k)}{\sum_{i=1}^{n} P(A_i)P(B|A_i)}, \quad k = 1, 2, \cdots, n \end{aligned}$$

이다. 위의 공식을 Bayes의 공식이라 하고 $P(A_k)$를 사건 A_k의 사전확률(prior probability), $P(A_k|B)$를 사건 A_k의 사후확률(posterior probability)라 한다.

Bayes의 공식

A_1, A_2, $\cdots$, A_n이 표본공간 S의 분할이면, 임의의 사건 B에 대하여

$$P(A_k|B) = \frac{P(A_k)(B|A_k)}{\sum_{i=1}^{n} P(A_i)P(B|A_i)}, \quad k = 1, 2, \cdots, n$$

가 성립한다.

例題 2 흰 상자 2개, 검은 상자 3개가 있다. 흰 상자에는 빨간 볼펜 1개, 검정 볼펜 4개, 검은 상자에는 빨간 볼펜 2개, 검정 볼펜 1개씩 들어 있다. 어느 사람이 무작위로 1개의 볼펜을 뽑았을 때 이 볼펜이 검정 볼펜이었다면, 이 검정 볼펜이 흰 상자에서 나왔을 확률을 구하라.

解答 A_1을 흰 상자에서 검정 볼펜이 나올 사건, A_2를 검은 상자에서 검정 볼펜이 나올 사건, B를 검정 볼펜이 나올 사건이라 하자. 그러면 전확률법칙에 의하여

$$\begin{aligned} P(B) &= P(A_1)P(B|A_1) + P(A_2)P(B|A_2) \\ &= \frac{1}{2} \times \frac{4}{5} + \frac{1}{2} \times \frac{1}{3} = \frac{17}{30} \end{aligned}$$

이다. Bayes의 법칙에 의하여 검정 볼펜이 흰 상자에서 나왔을 확률은

$$\begin{aligned} P(A_1|B) &= \frac{P(B \cap A_1)}{P(B)} = \frac{P(A_1)P(B|A_1)}{P(A_1)P(B|A_1) + P(A_2)P(B|A_2)} \\ &= \frac{\frac{1}{2} \times \frac{4}{5}}{\frac{17}{30}} = \frac{12}{17} \end{aligned}$$

이다. ◀

例題 3 문양이 똑같은 3장의 카드가 있다. 첫 번째 카드는 양면이 모두 파란 색, 두 번째 카드는 양면이 모두 노란 색, 세 번째 카드는 한 면은 파란 색이고 다른 면은 노란 색이다. 이제 한 장의 카드를 무작위로 선택하여 카드의 윗면이 파란 색인 것을 알았을 때, 다른 면이 노란 색일 확률을 구하라.

解答 B를 한 면이 파란 색이 나올 사건, A_1을 양면 모두 파란 색 카드일 사건, A_2를 양면 모두 노란 색 카드일 사건, A_3를 한 면은 파란 색이고 다른 면은 노란 색 카드일 사건이라 하자. 먼저 사건 B의 확률을 구하면

$$\begin{aligned} P(B) &= P(A_1)P(B|A_1) + P(A_2)P(B|A_2) + P(A_3)P(B|A_3) \\ &= \frac{1}{3} \times \frac{2}{2} + \frac{1}{3} \times 0 + \frac{1}{3} \times \frac{1}{2} = \frac{1}{2} \end{aligned}$$

이므로 Bayes의 법칙에 의하여

$$\begin{aligned} P(A_3|B) &= \frac{P(B \cap A_3)}{P(B)} = \frac{P(A_3)P(B|A_3)}{P(B)} \\ &= \frac{\frac{1}{3} \times \frac{1}{2}}{\frac{1}{2}} = \frac{1}{3} \end{aligned}$$

이다. ◀

練習問題

1. 한 개의 동전을 계속해서 6번 던졌을 때, 적어도 앞면이 한 번 나타날 확률을 구하라.

2. 두 명의 궁수 A와 B가 있다. 궁수 A의 명중률은 $\frac{3}{5}$이고 궁수 B의 명중률은 $\frac{5}{7}$이다. 두 사람이 과녁을 향해 화살을 쏘았을 때, 적어도 한 사람이 과녁에 명중할 확률을 구하라.

3. 어떤 상자 속에 파란 공 5개, 빨간 공 3개가 들어 있다. 이 상자에서 두 개의 공을 추출하였을 때, 한 개의 빨간 공과 한개의 파란 공일 확률을 구하라.

4. 주머니 속에 흰 공 4개와 파란 공 3개가 들어 있다. 공을 잘 섞은 후에 이 주머니에서 임의로 2개의 공을 추출할 때,
   (1) 두 개 모두 흰 공일 확률을 구하라.
   (2) 한 개는 흰 공, 다른 한 개는 파란 공일 확률을 구하라.

5. 주머니 속에 흰 공 7개, 검은 공 3개가 들어 있다. 이 주머니에서 차례로 한 개씩 2회 비복원추출 하였을 때, 첫 번째에 흰 공, 두 번째에 검은 공이 나올 확률을 구하라.

6. 어떤 항아리 속에 a, b, c, d라고 적은 네 개의 공이 있다. 이 항아리 속에서 임의로 한 개의 공을 추출하였을 때, 사건 A, B, C가 다음과 같이 나타났다.

$$A = \{a, b\} \quad B = \{a, c\}, \quad C = \{a, d\}$$

   (1) 두 사건 A와 B는 독립인가?
   (2) 두 사건 A와 C는 독립인가?
   (3) 두 사건 B와 C는 독립인가?
   (4) 세 사건 A, B, C는 독립인가?

7. 항아리 A에는 흰 공 2개와 검은 공 3개가 들어 있고, 항아리 B에는 흰 공 3개와 검은 공 2개가 들어 있다. 이제 임의로 한 항아리를 선택하여 한 개의 공을 꺼냈을 때 흰 공이 나왔다면, 흰 공이 항아리 A에서 나왔을 확률을 구하라.

제 4 장

확률분포

4.1 확률변수

확률변수(random variable)는 확률공간상에서 발생하는 사건에 수치를 부여한 변수이다. 즉, 확률변수는 표본공간 S상에서 정의되어 있는 함수가 임의의 사건 $A \subseteq S$에 대하여, 사건 A의 값을 실수의 집합 $\mathbb{R}$이나 $\mathbb{R}$의 부분집합으로 사상하는 함수이다.

확률변수(random variable)

표본공간 S에서 정의되어 있는 함수 $X : S \to \mathbb{R}$가 모든 표본점 $\omega \in S$에 대하여 $X(\omega) = x$, $(x \in \mathbb{R})$를 만족하면, X를 확률변수(random variable)라 한다. 여기서 $\mathbb{R}$은 실수 전체의 집합이다.

이 책에서는 확률변수를 대문자 X, Y, Z 등으로 나타내고, 확률변수가 취하는 실수값은 소문자 x, y, z 등으로 나타내기로 한다.

확률변수에 대하여 예를 들어 알아 보자. 한 개의 동전을 세 번 던지는 실험에서 나타난 앞면의 수를 X라 할 때, X가 취하는 값을 구해 보자. 먼저 한 개의 동전을 세 번 던지는 실험에서 나타난 표본공간 S는 다음과 같다.

$$S = \{HHH, HHT, HTH, THH, HTT, THT, TTH, TTT\}.$$

이 표본공간을 구성하고 있는 8개의 표본점을 다음과 같이 나타내자.

$$\omega_1 = HHH,\ \omega_2 = HHT,\ \omega_3 = HTH,\ \omega_4 = THH,$$
$$\omega_5 = HTT,\ \omega_6 = THT,\ \omega_7 = TTH,\ \omega_8 = TTT$$

이제 X를 동전을 세 번 던졌을 때 나타난 앞면의 수로 정의했으므로

$$X(\omega_1) = 3,\ X(\omega_2) = 2,\ X(\omega_3) = 2,\ X(\omega_4) = 2,$$
$$X(\omega_5) = 1,\ X(\omega_6) = 1,\ X(\omega_7) = 1,\ X(\omega_8) = 0$$

이다. 따라서, X가 취하는 실수값 x는 0, 1, 2, 3 즉, $\{0, 1, 2, 3\} \subseteq \mathbb{R}$이므로 X는 확률변수이다.

이와 같이 확률변수는 표본공간 또는 표본공간의 사건의 표본점을 취했을 때 그 값이 실수인 실수치함수를 말한다. 확률변수는 X가 취하는 값이 이산인 실수값이면 이산확률변수(discrete random variable), X가 취하는 값이 구간내의 연속적인 실수값이면 연속확률변수(continuous random variable)라고 한다.

4.2 이산확률변수

이산확률변수 X가 취하는 실수값을 x_1, x_2, $\cdots$, x_n, $\cdots$ 이라 하면, 이 실수값에 대응하는 확률을 이산확률변수 X의 이산확률분포(probability distribution)라 한다. 이 때 이산확률변수 X가 실수 $x_i\,(i = 1, 2, \cdots, n)$를 취할 확률을 다음과 같이 나타낸다.

$$P(X = x_i) = p(x_i) = p_i\,, \quad i = 1, 2, 3, \cdots,$$

여기서 $p(x_i) = p_i$를 이산확률변수 X의 이산확률질량함수(discrete probability mass function) 간단히 확률질량함수(probability mass function)라 한다. 또한 이산확률변수 X가 취하는 실수값 x_1, x_2, $\cdots$, x_n, $\cdots$을 X의 질량점(mass point)이라 하고 이 질량점 x_1, x_2, $\cdots$, x_n, $\cdots$에 대응하는 확률분포를 표(table)로 나타낸 것을 확률분포표(table of probability distribution)라 한다.

X	x_1	x_2	$\cdots$	x_n	$\cdots$	합
$p(x)$	$p(x_1)$	$p(x_2)$	$\cdots$	$p(x_n)$	$\cdots$	1

표 4.1 X의 확률분포표

일반적으로 이산확률변수 X의 확률질량함수 $P(X = x) = p(x_i)$, $(i = 1, 2, \cdots,)$는 다음 조건을 만족한다.

X의 확률분포 $p(x_i)$가 확률질량함수가 되기 위한 필요충분조건

(a) 모든 $i = 1, 2, 3, \cdots$에 대하여, $p(x_i) \geqslant 0$.

(b) $\sum_{i=1}^{\infty} p(x_i) = 1$.

참고로 이산확률변수 X에 의해 만들어진 사건을 A라 할 때, 사건 A의 확률을 확률질량함수 $p(x_i)$를 이용하여 나타내면 다음과 같다.

$$P(X \in A) = \sum_{x_i \in A} p(x_i).$$

이산확률변수 X의 누적분포함수에 대하여 알아 보자. X를 이산확률변수라 하고 $p(x)$를 X의 확률질량함수라 하면 X의 누적분포함수(cumulative distribution function) 또는 분포함수(distribution function) $F(x)$는 다음과 같다.

X의 분포함수(distribution function) $F(x)$

모든 $x \in \mathbb{R}$에 대하여,

$$\begin{aligned} F(x) &= P(X \leqslant x) \\ &= \sum_{\text{all } t \leqslant x} P(X = t) \\ &= \sum_{\text{all } t \leqslant x} p(t). \end{aligned}$$

분포함수 $F(x)$의 성질

이산확률변수 X의 분포함수 $F(x)$는 다음 성질을 만족한다.

(a) $\lim_{x \to -\infty} F(x) = 0, \quad \lim_{x \to \infty} F(x) = 1.$

(b) 모든 $x_1, x_2 \in \mathbb{R}$에 대하여 $x_1 < x_2$이면 $F(x_1) \leqslant F(x_2)$이다.

(c) $F(x)$는 우향연속(right-hand continuous)이다. 즉, 모든 $x \in \mathbb{R}$에 대하여 $\lim_{h \to 0} F(x+h) = F(x+) = F(x)$이다.

例題 1 한 개의 동전을 세 번 던지는 실험에서 나타난 앞면의 수를 X라 할 때, X의 확률분포를 구하고 이것을 확률분포표로 나타내라. 또한 분포함수 $F(2) = P(X \leqslant 2)$를 구하라.

解答 표본공간 S는 다음과 같다.

$$S = \{HHH, HHT, HTH, THH, HTT, THT, TTH, TTT\}.$$

이 표본공간을 구성하고 있는 8개의 표본점은

$$\omega_1 = HHH,\ \omega_2 = HHT,\ \omega_3 = HTH,\ \omega_4 = THH,$$
$$\omega_5 = HTT,\ \omega_6 = THT,\ \omega_7 = TTH,\ \omega_8 = TTT$$

이고, X는 동전을 세 번 던졌을 때 나타난 앞면의 수이므로

$$X(\omega_1) = 3,\ X(\omega_2) = 2,\ X(\omega_3) = 2,\ X(\omega_4) = 2,$$
$$X(\omega_5) = 1,\ X(\omega_6) = 1,\ X(\omega_7) = 1,\ X(\omega_8) = 0$$

이다. 따라서, X가 취하는 실수값 x는 0, 1, 2, 3이다. 이로부터, 이산확률변수 X의 확률분포는

$$P(X=0) = \frac{1}{8}, \qquad P(X=1) = \frac{3}{8},$$
$$P(X=2) = \frac{3}{8}, \qquad P(X=3) = \frac{1}{8},$$

이고 이것을 확률분포표로 나타내면

X	0	1	2	3	합
$p(x)$	$\frac{1}{8}$	$\frac{3}{8}$	$\frac{3}{8}$	$\frac{1}{8}$	1

표 4.2 X의 확률분포표

이다. 다음에 분포함수 $F(2) = P(X \leqslant 2)$는

$$\begin{aligned} F(2) &= P(X \leqslant 2) \\ &= P(X=0) + P(X=1) + P(X=2) \\ &= \frac{1}{8} + \frac{3}{8} + \frac{3}{8} = \frac{7}{8} \end{aligned}$$

이다. ◀

例題 2 두 개의 동전을 동시에 한 번 던지는 실험에서 나타난 앞면의 수를 X라 할 때,

(a) X의 확률분포를 구하라.
(b) X의 확률분포표를 작성하라.
(c) 분포함수 $F(1)$을 구하라.
(d) 막대그래프(bar graph)를 그려라.
(e) 히스토그램(histogram)을 그려라.

解答 두 개의 동전을 동시에 한 번 던지는 실험에서 나타난 표본공간 S는

$$S = \{HH, HT, TH, TT\}$$

이다. 이 표본공간을 구성하고 있는 네 개의 표본점에 대하여

$$\omega_1 = HH,\ \omega_2 = HT,\ \omega_3 = TH,\ \omega_4 = TT$$

라 하면 X는 두 개의 동전을 동시에 한 번 던졌을 때 나타난 앞면의 수이므로

$$X(\omega_1) = 2,\ X(\omega_2) = 1,\ X(\omega_3) = 1,\ X(\omega_4) = 0$$

이다. 따라서, X가 취하는 실수값 x는 0, 1, 2이다.
(a) 이산확률변수 X의 확률분포는

$$P(X=0) = \frac{1}{4},\quad P(X=1) = \frac{1}{2},\quad P(X=2) = \frac{1}{4}$$

이다.
(b) 확률분포표는 다음과 같다.

X	0	1	2	합
$p(x)$	$\frac{1}{4}$	$\frac{1}{2}$	$\frac{1}{4}$	1

표 4.3 X의 확률분포표

(c) 분포함수 $F(1)$은

$$\begin{aligned} F(1) &= P(X \leqslant 1) \\ &= P(X=0) + P(X=1)) \\ &= \frac{1}{4} + \frac{1}{2} = \frac{3}{4} \end{aligned}$$

이다.

(d), (e) 막대그래프와 히스토그램은 각각 다음과 같다.

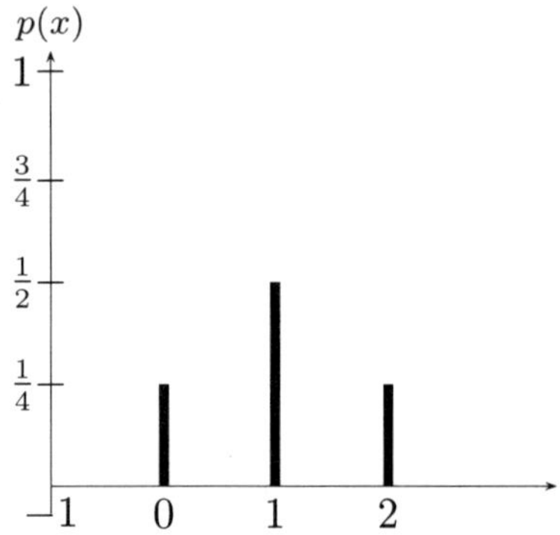

그림 4-1 막대그래프

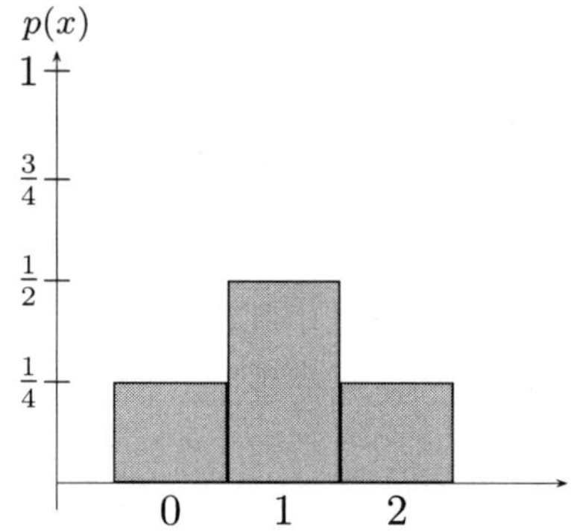

그림 4-2 히스토그램 ◀

例題 3 이산확률변수 X의 확률분포가 다음과 같을 때, X의 분포함수 $F(x)$를 구하라. 그리고 $F(x)$의 그래프를 그려라.

X	0	1	2	합
$p(x)$	$\frac{3}{8}$	$\frac{1}{2}$	$\frac{1}{8}$	1

解答 X의 분포함수 $F(x)$와 $F(x)$의 그래프는 다음과 같다.

$$F(x) = \begin{cases} 0, & x < 0 \\ \frac{3}{8}, & 0 \leqslant x < 1 \\ \frac{7}{8}, & 1 \leqslant x < 2 \\ 1, & x \geqslant 2, \end{cases}$$

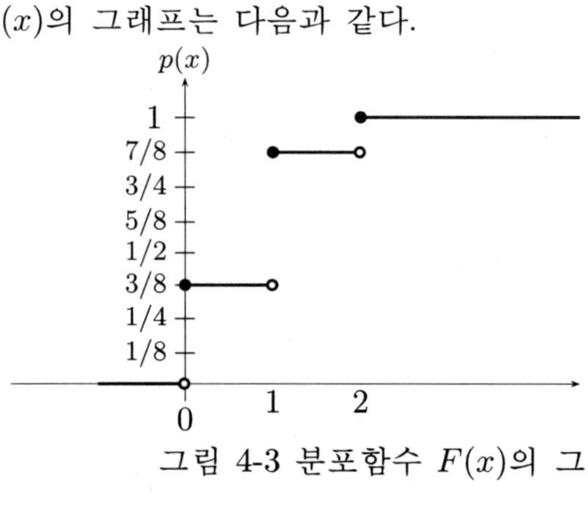

그림 4-3 분포함수 $F(x)$의 그래프 ◀

4.3 연속확률변수

확률변수 X가 취하는 값이 어떤 구간의 연속적인 실수값이면, X를 연속확률변수(continuous random variable)라 하고, 연속확률변수 X의 확률분포를 연속확률분포(continuous probability distribution)라 한다. 이 경우, X가 연속확률변수로서 구간 $(a \leqslant X \leqslant b)$, $(a < b, a, b \in \mathbb{R})$에서의 확률을 다음과 같이 정의한다.

연속확률변수 X의 연속확률분포

$$P(a \leqslant X \leqslant b) \;=\; \int_a^b f(x)\,dx \quad (a < b)$$

여기서 $P(a \leqslant X \leqslant b)$를 X의 연속확률분포라 하며, 연속함수 $f(x)$를 X의 연속확률밀도함수(continuous probability density function) 또는 간단히 확률밀도함수(probability density function)라 한다. X의 확률밀도함수 $f(x)$는 다음 조건을 만족한다.

확률밀도함수 $f(x)$의 성질

(a) 모든 $x \in \mathbb{R}$에 대하여 $f(x) \geqslant 0$.

(b) $\displaystyle\int_{-\infty}^{+\infty} f(x)\,dx = 1$.

(c) $\displaystyle P(a \leqslant X \leqslant b) \;=\; \int_a^b f(x)\,dx\,, \quad (a < b)$.

연속확률변수의 여러 가지 특징 중의 하나가 c를 임의의 상수라 할 때, 연속확률변수 X가 상수 c를 취할 사건 $(X = c)$의 확률 즉, $P(X = c) = 0$이라는 것이다. 이것을 결론적으로 설명하면 다음과 같다. $f(x)$를 연속확률변수 X의 확률밀도함수라 하면, 임의의 상수 c에 대하여

$$P(X = c) \;=\; P(c \leqslant X \leqslant c) \;=\; \int_c^c f(x)\,dx \;=\; 0$$

가 성립하기 때문이다. 이 성질로부터 임의의 상수 a, b $(a < b)$에 대하여

$$\begin{aligned} P(a \leqslant X \leqslant b) \;&=\; P(a < X \leqslant b) \;=\; P(a \leqslant X < b) \;=\; P(a < X < b) \\ &=\; \int_a^b f(x)\,dx \end{aligned}$$

가 성립한다.

$f(x)$를 연속확률변수 X의 확률밀도함수라 하면 X의 누적분포함수(cumulative distribution function) 또는 분포함수(distribution function) $F(x)$는 다음과 같다.

X의 분포함수 $F(x)$

모든 $x \in \mathbb{R}$에 대하여,

$$\begin{aligned} F(x) &= P(X \leqslant x) = P(-\infty < X \leqslant x) \\ &= \int_{-\infty}^{x} f(t)\,dt \end{aligned}$$

例題 1 연속확률변수 X의 확률밀도함수 $f(x)$가 다음과 같다.

$$f(x) = \begin{cases} \dfrac{x}{2}, & 0 \leqslant x \leqslant 2 \\ 0, & x > 2,\ x < 0 \end{cases}$$

X의 분포함수를 $F(x)$구하고, 확률 $P(X \leqslant 1)$, $P(-1 \leqslant X \leqslant 1)$을 구하라.

解答 X의 분포함수 $F(x)$는

$$\begin{aligned} F(x) &= P(X \leqslant x) \\ &= \int_{0}^{x} \frac{t}{2}\,dt \\ &= \frac{1}{2}\left[\frac{t^2}{2}\right]_0^x = \frac{x^2}{4}, \quad x \in [0, 2] \end{aligned}$$

이므로

$$F(x) = \begin{cases} 0, & (x < 0) \\ \dfrac{x^2}{4}, & 0 \leqslant x \leqslant 2 \\ 1, & x > 2 \end{cases}$$

이다. 다음에 $P(X \leqslant 1)$을 구하면

$$P(X \leqslant 1) = \int_0^1 \frac{x}{2}\,dx = \left[\frac{x^2}{4}\right]_0^1 = \frac{1}{4}$$

이다. 다음에 $P(-1 \leqslant X \leqslant 1)$을 구하면

$$\begin{aligned} P(-1 \leqslant X \leqslant 1) &= \int_{-1}^{1} \frac{x}{2}\,dx \\ &= \int_{-1}^{0} 0\,dx + \int_{0}^{1} \frac{x}{2}\,dx = \frac{1}{4} \end{aligned}$$

이다. ◀

例題 2 연속확률변수 X의 확률밀도함수 $f(x)$가 다음과 같다.

$$f(x) = \begin{cases} c\,e^{-\lambda x}, & (c > 0,\ \lambda > 0,\ 0 < x < +\infty) \\ 0, & (x \leqslant 0) \end{cases}$$

$f(x)$가 확률밀도함수가 되기 위한 상수 c의 값을 구하라.

解答 $f(x)$가 확률밀도함수가 되기 위해서는

$$\int_{-\infty}^{+\infty} ce^{-\lambda x}\,dx = 1$$

이어야 한다.

$$\begin{aligned} \int_{-\infty}^{+\infty} c\,e^{-\lambda x}\,dx &= \int_{0}^{+\infty} ce^{-\lambda x}\,dx \\ &= c\left[\frac{e^{-\lambda x}}{-\lambda}\right]_{0}^{+\infty} \\ &= \frac{c}{\lambda} = 1 \end{aligned}$$

에서 상수 c를 구하면 $c = \lambda$이다. ◀

例題 3 연속확률변수 X의 확률밀도함수 $f(x)$가 다음과 같다.

$$f(x) = \begin{cases} 1, & (0 \leqslant x \leqslant 1) \\ 0, & (x < 0,\ x > 1) \end{cases}$$

$f(x)$의 분포함수 $F(x)$를 구하라.

解答 먼저 $0 < c \leqslant 1$일 경우, 분포함수 $F(x)$는

$$\begin{aligned} F(x) &= \int_{-\infty}^{c} f(x)\,dx = \int_{-\infty}^{0} f(x)\,dx + \int_{0}^{c} f(x)\,dx \\ &= \int_{0}^{c} 1\,dx = c \end{aligned}$$

이다. 또한 $c>1$인 경우 분포함수 $F(x)$는

$$\begin{aligned} F(x) &= \int_{-\infty}^{c} f(x)\,dx = \int_{-\infty}^{0} f(x)\,dx + \int_{0}^{1} f(x)\,dx + \int_{1}^{c} f(x)\,dx \\ &= \int_{0}^{1} 1\,dx = 1 \end{aligned}$$

이다. 따라서 X의 분포함수 $F(x)$는

$$F(x) = \begin{cases} 0, & (x \leqslant 0) \\ x, & (0 < x \leqslant 1) \\ 1, & (x > 1) \end{cases}$$

이다. ◀

4.4 기댓값과 분산

확률변수의 기댓값은 확률분포의 중심위치를 나타내는 측도로서 확률변수 X가 취하는 평균의 개념으로서 이 평균은 확률변수의 수학적 기댓값을 의미한다. 확률변수 X의 기댓값(expectation) 또는 수학적 기댓값(mathematical expectation) $E(X)$는 다음과 같다.

확률변수 X의 기댓값

$$E(X) = \begin{cases} \displaystyle\sum_{i=1}^{\infty} x_i p(x_i)\,, & (p(x_i)\text{는 이산확률변수 } X\text{의 확률질량함수}) \\ \displaystyle\int_{-\infty}^{+\infty} x f(x)\,dx\,, & (f(x)\text{는 연속확률변수 } X\text{의 확률밀도함수}) \end{cases}$$

X를 이산 또는 연속확률변수라 하면, X의 기댓값에 대하여 다음이 성립한다.

(a) 임의의 상수 c에 대하여, $E(c)=c$이다.

(b) 임의의 상수 c에 대하여, $E(cX)=c\,E(X)$이다.

(c) 임의의 상수 a,b에 대하여, $E(aX \pm b)=aE(X) \pm b$이다.

위의 기댓값의 성질은 합($\sum$)의 성질 또는 적분의 성질을 이용하면 쉽게 증명할 수 있다.

例題 1 두 개의 동전을 동시에 한 번 던지는 실험에서 앞면이 나온 수를 X라 할 때, X의 기댓값을 구하라.

解答 표본공간 S는

$$S = \{HH, HT, TH, TT\}$$

이고 확률변수 X가 취하는 실수값 x는 0, 1, 2이다. 이때 X의 확률분포는

$$P(X=0) = \frac{1}{4}, \quad P(X=1) = \frac{1}{2}, \quad P(X=2) = \frac{1}{4}$$

이므로 이것을 확률분포표로 나타내면

X	0	1	2	합
$p(x)$	$\frac{1}{4}$	$\frac{1}{2}$	$\frac{1}{4}$	1

표 4.4 X의 확률분포표

이다. 위의 확률분포표에서 X의 기댓값을 구하면

$$\begin{aligned} E(X) &= \sum_{x=0}^{2} xp(x) \\ &= 0 \times \frac{1}{4} + 1 \times \frac{1}{2} + 2 \times \frac{1}{4} = 1 \end{aligned}$$

이다. ◀

例題 2 연속확률확률변수 X의 확률밀도함수 $f(x)$가 다음과 같다.

$$f(x) = \begin{cases} e^{-x}, & (0 < x < +\infty) \\ 0, & (x \leqslant 0) \end{cases}$$

확률변수 X의 기댓값을 구하라.

解答 확률변수 X 기댓값은 다음과 같다.

$$\begin{aligned} E(X) &= \int_{-\infty}^{+\infty} x\,e^{-x}\,dx \\ &= \int_{0}^{+\infty} x\,e^{-x}\,dx\,. \end{aligned}$$

부분적분법을 이용하여 기댓값을 구하면

$$\begin{aligned} E(X) &= \int_{0}^{+\infty} x\,e^{-x}\,dx = \Big[-xe^{-x}\Big]_{0}^{+\infty} + \int_{0}^{+\infty} e^{-x}\,dx \\ &= \Big[-e^{-x}\Big]_{0}^{+\infty} = 1 \end{aligned}$$

이다. ◀

다음은 확률변수 X의 분산(variance)에 대하여 알아 보자. 확률변수 X의 기댓값을 $\mu = E(X)$라 할 때, X의 분산은 자료값들이 기댓값을 중심으로 어떻게 분포되어 있는 설명해 주는 척도이다. 확률변수 X의 분산을 기호로 $\sigma^2 = \text{Var}(X)$으로 나타내고 편차제곱의 기댓값으로 정의한다.

확률변수 X의 분산

$$\sigma^2 = \text{Var}(X) = E\big((X-\mu)^2\big) = \begin{cases} \displaystyle\sum_{i=1}^{\infty}(x_i-\mu)^2 p(x_i), & (p(x_i)\text{는 이산확률변수 } X\text{의 확률질량함수}) \\ \displaystyle\int_{-\infty}^{+\infty}(x-\mu)^2 f(x)\,dx, & (f(x)\text{는 연속확률변수 } X\text{의 확률밀도함수}) \end{cases}$$

분산공식으로 다음 공식이 많이 사용된다. 연속형의 경우로 공식을 유도하면 다음과 같다.

$$\begin{aligned}
\sigma^2 &= \text{Var}(X) \\
&= \int_{-\infty}^{+\infty}(x-\mu)^2 f(x)\,dx \\
&= \int_{-\infty}^{+\infty}(x^2-2\mu x+\mu^2) f(x)\,dx \\
&= \int_{-\infty}^{+\infty}x^2 f(x)\,dx - 2\mu\int_{-\infty}^{+\infty}x f(x)\,dx + \mu^2\int_{-\infty}^{+\infty}f(x)\,dx \\
&= \int_{-\infty}^{+\infty}x^2 f(x)\,dx - 2\mu^2 + \mu^2 \\
&= \int_{-\infty}^{+\infty}x^2 f(x)\,dx - \mu^2 . \\
&= \int_{-\infty}^{+\infty}x^2 f(x)\,dx - \left(\int_{-\infty}^{+\infty}x f(x)\,dx\right)^2 \\
&= E(X^2) - \big(E(X)\big)^2 .
\end{aligned}$$

이산형의 경우도 비슷하게 유도하면 다음 공식을 얻는다.

$$\sigma^2 = \text{Var}(X) = \sum_{i=1}^{\infty}x_i^2\,p(x_i) - \mu^2 , \quad \Big(\text{단, } \mu = E(X) = \sum_{i=1}^{\infty}x_i p(x_i)\Big)$$

확률변수 X의 기댓값을 $\mu = E(X)$, 분산을 $\mathrm{Var}(X)$라 하면 다음 몇 가지 분산공식이 성립한다.

(a) 임의의 상수 a에 대하여, $\mathrm{Var}(a) = 0$.
(b) 임의의 상수 a에 대하여, $\mathrm{Var}(aX) = a^2\,\mathrm{Var}(X)$.
(c) 임의의 상수 a와 b에 대하여, $\mathrm{Var}(aX \pm b) = a^2\,\mathrm{Var}(X)$.

다음은 확률변수 X의 표준편차(standard deviation) 공식이다.

확률변수 X의 표준편차

$$\sigma = \sqrt{\sigma^2} = \sqrt{\mathrm{Var}(X)}$$

$$= \begin{cases} \sqrt{\sum_{i=1}^{\infty}(x_i-\mu)^2 p(x_i)}, & (p(x_i)\text{는 이산확률변수 } X\text{의 확률질량함수}) \\ \sqrt{\int_{-\infty}^{+\infty}(x-\mu)^2 f(x)\,dx}, & (f(x)\text{는 연속확률변수 } X\text{의 확률밀도함수}) \end{cases}$$

例題 3 이산확률변수 X의 확률분포가 다음과 같을 때, X의 분산을 구하라.

X	0	1	2	합
$p(x)$	$\frac{1}{3}$	$\frac{1}{3}$	$\frac{1}{3}$	1

解答 주어진 확률분포표에서 X의 기댓값을 구하면

$$\mu = E(X) = \sum_{x=0}^{2} x\,p(x) = 0 \times \frac{1}{3} + 1 \times \frac{1}{3} + 2 \times \frac{1}{3} = 1$$

이고

$$E(X^2) = \sum_{x=0}^{2} x^2\,p(x) = 0^2 \times \frac{1}{3} + 1^2 \times \frac{1}{3} + 2^2 \times \frac{1}{3} = \frac{5}{3}$$

이므로 분산 σ^2은

$$\sigma^2 = \sum_{i=1}^{\infty} x_i^2\,p(x_i) - \mu^2 = E(X^2) - \mu^2 = \frac{5}{3} - 1^2 = \frac{2}{3}$$

이다. ◀

例題 4 연속확률확률확률변수 X의 확률밀도함수 $f(x)$가 다음과 같다.

$$f(x)=\begin{cases}\dfrac{x}{2}, & (0\leqslant x\leqslant 2)\\ 0, & (x<0,\ x>2)\end{cases}$$

확률변수 X의 분산을 구하라.

解答 먼저 확률변수 X의 기댓값을 구하면

$$\begin{aligned}\mu \;=\; E(X) \;&=\; \int_0^2 x\left(\frac{x}{2}\right)dx\\ &=\; \left[\frac{x^3}{6}\right]_0^2 \;=\; \frac{4}{3}\end{aligned}$$

이고

$$\begin{aligned}E(X^2) \;&=\; \int_0^2 x^2\left(\frac{x}{2}\right)dx\\ &=\; \left[\frac{x^4}{8}\right]_0^2 \;=\; 2\end{aligned}$$

이므로 분산 σ^2은

$$\begin{aligned}\sigma^2 \;&=\; E(X^2)-\big(E((X)\big)^2\\ &=\; 2-\frac{4}{3} \;=\; \frac{2}{3}\end{aligned}$$

이다. ◀

4.5 이차원 확률분포

X와 Y를 두 이산확률변수라 할 때, X가 취하는 관찰값(실수값)을 x_1, x_2, $\cdots$, x_m이라 하고, Y가 취하는 관찰값(실수값)을 y_1, y_2, $\cdots$, y_n이라 하자. 이때 두 확률변수 X와 Y가 동시에 각각 관찰값 x_i와 y_j를 취할 다음 확률

$$P(X=x_i, Y=y_j) \;=\; p(x_i, y_j)\,, \quad i=1,2,\cdots,m\,,\ y=1,2,\cdots,n$$

을 X와 Y의 결합확률분포(joint probability distribution)라 한다. 이것은 (X, Y)가 관찰값의 순서쌍 (x_i, y_j)를 취할 사건의 확률 $p(x_i, y_j)$를 의미한다. 여기서 $p(x_i, y_j)$를 이산 결합확률질량함수(discrete joint probability mass function)라 부른다.

결합확률질량함수 $p(x_i, y_j)$의 성질

(a) $0 \leqslant p(x_i, y_j) \leqslant 1, \quad i = 1, 2, 3, \cdots, m, \; j = 1, 2, 3, \cdots, n$.

(b) $\sum_{i=1}^{\infty} \sum_{j=1}^{\infty} p(x_i, y_j) = 1$.

(c) 임의의 상수 a, b, c, d, $(a < b, c < d)$에 대하여 다음이 성립한다.

$$P(a < X \leqslant b, c < Y \leqslant d) = \sum_{a < x_i \leqslant b} \sum_{c < y_j \leqslant d} p(x_i, y_j).$$

특히 X와 Y의 결합확률분포로부터 다음과 같이 X와 Y만의 확률분포를 추출할 수 있다.

주변확률분포와 주변확률질량함수

(a) $P(X = x_i) = \sum_{j=1}^{n} p(x_i, y_j) = \sum_{j=1}^{n} P(X = x_i, Y = y_j)$.

(b) $P(Y = y_j) = \sum_{i=1}^{m} p(x_i, y_j) = \sum_{i=1}^{m} P(X = x_i, Y = y_j)$.

여기서, 다음과 같이 정의한 $p_1(x_i)$와 $p_2(y_j)$를

$$\begin{aligned} p_1(x_i) &= P(X = x_i), \quad i = 1, 2, \cdots, m \\ p_2(y_j) &= P(Y = y_j), \quad j = 1, 2, \cdots, n \end{aligned}$$

각각 X와 Y의 주변확률분포(marginal probability distribution)라 한다. 이때, $p_1(x_i)$와 $p_2(y_j)$는 각각 X와 Y의 확률질량함수(marginal probability mass function)이다.

$X \backslash Y$	y_1	y_2	$\cdots$	y_n	합
x_1	$p(x_1, y_1)$	$p(x_1, y_2)$	$\cdots$	$p(x_1, y_n)$	$p_1(x_1)$
x_2	$p(x_2, y_1)$	$p(x_2, y_2)$	$\cdots$	$p(x_2, y_n)$	$p_1(x_2)$
$\vdots$	$\vdots$	$\vdots$	$\ddots$	$\vdots$	$\vdots$
x_m	$p(x_m, y_1)$	$p(x_m, y_2)$	$\cdots$	$p(x_m, y_n)$	$p_1(x_m)$
합	$p_2(y_1)$	$p_2(y_2)$	$\cdots$	$p_2(y_n)$	1

표 4.6 X와 Y의 결합확률분포표

또한 X의 주변확률분포표는 다음과 같다.

X	x_1	x_2	$\cdots$	x_m	합
$p(x)$	$p_1(x_1)$	$p_1(x_2)$	$\cdots$	$p_1(x_m)$	1

표 4.6 X의 주변확률분포표

마찬가지로 Y의 주변확률분포표는 다음과 같다.

Y	y_1	y_2	$\cdots$	y_n	합
$p_2(y)$	$p_2(y_1)$	$p_2(y_2)$	$\cdots$	$p_2(y_n)$	1

표 4.7 Y의 주변확률분포표

例題 1 한 개의 동전을 3번 던졌을 때 나오는 앞면의 수를 X, 처음 두 번의 시행에서 나오는 뒷면의 수를 Y라 X와 Y의 결합확률질량함수를 구하고 이로부터 X와 Y의 주변확률질량함수를 각각 구하라.

解答 한 개의 동전을 3번 던졌을 때 나오는 표본공간 Ω는

$$\Omega = \{HHH, HHT, HTH, THH, HTT, TTH, THT, TTT\}$$

이다. 이때 확률변수 X와 Y가 동시에 취하는 값을 표로 나타내면 다음과 같다.

표본공간	HHH	HHT	HTH	THH	HTT	TTH	THT	TTT
X	3	2	2	2	1	1	1	0
Y	0	0	1	1	1	2	1	2

표 4.8 X와 Y의 주변확률분포표

위의 표를 참고하여 확률변수 X와 Y의 결합확률질량함수, X의 주변확률질량함수 $p_1(x)$, Y의 주변질량함수 $p_2(y)$를 각각 표로 나타내면 다음과 같다.

$y \setminus x$	0	1	2	3
0	0	0	$\frac{1}{8}$	$\frac{1}{8}$
1	0	$\frac{1}{4}$	$\frac{1}{4}$	0
2	$\frac{1}{8}$	$\frac{1}{8}$	0	0

x	0	1	2	3
$p_1(x)$	$\frac{1}{8}$	$\frac{3}{8}$	$\frac{3}{8}$	$\frac{1}{8}$

y	0	1	2
$p_2(y)$	$\frac{1}{4}$	$\frac{1}{2}$	$\frac{1}{4}$

표 4.9

◀

X와 Y를 두 확률변수라 하고, x와 y를 어떤 평면상에서 각각 X와 Y의 연속인 실수값이라 하자. 이때 x와 y의 이변수함수 $f(x, y)$가 다음 조건을 만족하면, 이변수함수 $f(x, y)$를 연속인 결합확률밀도함수(continuous joint probability density function)라고 한다.

X와 Y의 결합확률밀도함수

(a) 모든 실수 x, y에 대하여, $f(x,y) \geqslant 0$,

(b) $\displaystyle\int_{-\infty}^{+\infty}\int_{-\infty}^{+\infty} f(x,y)\,dxdy = 1$

$f(x,y)$를 연속확률변수 X와 Y의 결합확률밀도함수라 할 때, X와 Y의 주변확률밀도함수(marginal probability density function) $f_1(x)$와 $f_2(y)$는 각각 다음과 같이 구할 수 있다.

X와 Y의 주변확률밀도함수

$$\begin{aligned} f_1(x) &= \int_{-\infty}^{+\infty} f(x,y)\,dy, \quad -\infty < x < +\infty \\ f_2(y) &= \int_{-\infty}^{+\infty} f(x,y)\,dx \quad -\infty < y < +\infty . \end{aligned}$$

例題 2 연속인 두 확률변수 X와 Y의 결합확률밀도함수 $f(x,y)$가 다음과 같다.

$$f(x,y) = \begin{cases} cx^2y^2, & c>0,\ 0<x<1,\ 0<y<1 \\ 0, & \text{그 외의 경우} \end{cases}$$

결합확률밀도함수가 되기 위한 상수 c의 값을 구하라. 또한 X의 주변확률밀도함수 $f_1(x)$를 구하라.

解答 $f(x,y) = cx^2y^2$이 연속인 결합확률밀도함수가 되기 위해서는 조건

$$\int_{-\infty}^{+\infty}\int_{-\infty}^{+\infty} f(x,y)\,dxdy = \int_0^1\int_0^1 cx^2y^2\,dydx = 1$$

을 만족하여야 한다. 따라서,

$$\begin{aligned} \int_0^1\int_0^1 cx^2y^2\,dydx &= \frac{c}{9} \\ &= 1 \end{aligned}$$

로부터 상수 c를 구하면 $c = 9$이다. 또한, X의 주변확률밀도함수 $f_1(x)$를 구하면,

$$\begin{aligned} f_1(x) &= \int_0^1 9x^2y^2\,dy \\ &= 3x^2, \quad 0<x<1 \end{aligned}$$

이다. ◀

4.6 확률변수의 독립

X와 Y를 연속인 확률변수라 하고 $f(x,y)$를 X와 Y의 결합확률밀도함수라 하자. 이때, 두 확률변수 X와 Y가 확률적으로 독립(stochastically independent)이기 위한 필요충분조건은 X와 Y의 두 결합확률밀도함수 $f(x,y)$와 각각 확률변수 X와 Y의 주변확률밀도함수 $f_1(x)$와 $f_2(y)$ 사이에

$$f(x,y) = f_1(x)f_2(y)$$

가 성립하는 것이다. 이 사실을 간단히 증명하면 다음과 같다. 먼저, 연속인 결합확률밀도함수가 $f(x,y) = f_1(x)f_2(y)$인 성질을 만족한다고 가정하자. 그러면 임의의 상수 $a < b$, $c < d$에 대하여,

$$\begin{aligned}
P(a \leqslant X \leqslant b, c \leqslant Y \leqslant d) &= \int_a^b \int_c^d f(x,y)\,dxdy \\
&= \int_a^b \int_c^d f_1(x)f_2(y)\,dxdy \\
&= \left(\int_a^b f_1(x)\,dx\right)\left(\int_c^d f_2(y)\,dy\right) \\
&= P(a \leqslant X \leqslant b)\,P(c \leqslant Y \leqslant d)
\end{aligned}$$

가 성립한다. 역으로, 사건 A와 B를 각각 $A = (a \leqslant X \leqslant b)$와 $B = (c \leqslant Y \leqslant d)$라 하고, 두 사건 A와 B가 독립이면,

$$\begin{aligned}
P(a \leqslant X \leqslant b, c \leqslant Y \leqslant d) &= P(A \cap B) = P(A)\,P(B) \\
&= P(a \leqslant X \leqslant b)\,P(c \leqslant Y \leqslant d)
\end{aligned}$$

가 성립한다. 이산형의 경우에도 이와 비슷하게 적용하면 된다.

例題 1 X와 y의 결합확률밀도함수가 다음과 같다.

$$f(x,y) = \begin{cases} e^{-x-y}, & 0 < x < +\infty,\ 0 < y < +\infty \\ 0, & \text{그 외의 경우} \end{cases}$$

두 확률변수 X와 Y는 확률적으로 독립인가?

解答 X의 주변확률밀도함수는

$$\begin{aligned}
f_1(x) &= \int_0^{+\infty} e^{-(x+y)}\,dy = e^{-x}\int_0^{+\infty} e^{-y}\,dy \\
&= e^{-x}\Big[-e^{-y}\Big]_0^{+\infty} = e^{-x}, \quad 0 < x < +\infty
\end{aligned}$$

이고, Y의 주변확률밀도함수는

$$\begin{aligned} f_2(y) &= \int_0^{+\infty} e^{-(x+y)}\,dx = e^{-y}\int_0^{+\infty} e^{-x}\,dx \\ &= e^{-y}\Big[-e^{-x}\Big]_0^{+\infty} = e^{-y}, \quad 0 < y < +\infty \end{aligned}$$

이다. 따라서,

$$f(x,y) = f_1(x)f_2(y) = e^{-x}e^{-y}, \ (0 < x < +\infty, 0 < y < +\infty)$$

가 성립하므로 두 확률변수 X와 Y는 확률적으로 독립이다. ◀

X와 Y를 두 확률변수라 하고 $u(x,y)$를 연속인 실수치함수라 할 때, $u(X,Y)$의 기댓값을 다음과 같이 정의한다.

연속인 실수치함수 $u(X,Y)$의 기댓값 $E\big(u(X,Y)\big)$의 정의

$$E\big(u(X,Y)\big) = \begin{cases} \displaystyle\sum_{i=1}^{\infty}\sum_{j=1}^{\infty} u(x_i,y_j)p(x_i,y_j), \\ \quad (X\text{와 } Y\text{는 이산확률변수이고 } p(x_i,y_j)\text{는 결합확률질량함수}) \\ \displaystyle\int_{-\infty}^{+\infty}\int_{-\infty}^{+\infty} u(x,y)f(x,y)dxdy\,, \\ \quad (X\text{와 } Y\text{는 연속확률변수이고 } f(x,y)\text{는 결합확률밀도함수}) \end{cases}$$

위의 정의에서 $u(x,y) = xy$일 때, $E\big(u(X,Y)\big) = E(XY)$의 기댓값은 다음과 같다.

$$E(XY) = \begin{cases} \displaystyle\sum_{i=1}^{\infty}\sum_{j=1}^{\infty} x_iy_j\,p(x_i,y_j), \\ \quad (X\text{와 } Y\text{는 이산확률변수이고 } p(x_i,y_j)\text{는 결합확률질량함수}) \\ \displaystyle\int_{-\infty}^{+\infty}\int_{-\infty}^{+\infty} xy\,f(x,y)dxdy\,, \\ \quad (X\text{와 } Y\text{는 연속확률변수이고 } f(x,y)\text{는 결합확률밀도함수}) \end{cases}$$

위의 예에서와 같이 연속인 이변수함수 $u(x,y)$의 형태에 따라 다양한 형태의 기댓값을 구할 수 있음에 주의하자.

例題 2 앞의 4.5의 예제 1에서 두 확률변수 XY의 기댓값 $E(XY)$를 구하라.

解答 두 확률변수 XY의 기댓값 $E(XY)$는

$$\begin{aligned} E(XY) &= \sum_{i=1}^{\infty}\sum_{j=1}^{\infty} x_i y_j\, p(x_i, y_j) \\ &= \sum_{x=0}^{3}\sum_{y=0}^{2} x_i y_j\, p(x_i, y_j) \end{aligned}$$

이므로

$$E(XY) = 1\times 1\times \frac{1}{4} + 2\times 1\times \frac{1}{4} + 1\times 2\times \frac{1}{8} = 1$$

이다. ◀

例題 3 X와 Y의 결합확률밀도함수가 다음과 같다.

$$f(x,y) = \begin{cases} x+y, & 0<x<1,\ 0<y<1 \\ 0, & \text{그 외의 경우} \end{cases}$$

기댓값 $E(X+Y)$와 $E(XY)$를 구하라.

解答 먼저 $E(X+Y)$는

$$\begin{aligned} E(X+Y) &= \int_0^1\int_0^1 (x+y)\,(x+y)\,dxdy = \int_0^1\int_0^1 (x^2+2xy+y^2)\,dydx \\ &= \int_0^1 \left[x^2y + xy^2 + \frac{1}{3}y^3\right]_0^1 dx = \int_0^1 (x^2 + x + \frac{1}{3})\,dx \\ &= \left[\frac{1}{3}x^3 + \frac{1}{2}x^2 + \frac{1}{3}x\right]_0^1 = \frac{7}{6} \end{aligned}$$

이고 $E(XY)$는

$$\begin{aligned} E(XY) &= \int_0^1\int_0^1 xy\,(x+y)\,dxdy = \int_0^1\int_0^1 (x^2y + xy^2)\,dydx \\ &= \int_0^1 \left[\frac{1}{2}x^2y^2 + \frac{1}{3}xy^3\right]_0^1 dx = \int_0^1 \left(\frac{1}{2}x^2 + \frac{1}{3}x\right) dx \\ &= \left[\frac{1}{6}x^3 + \frac{1}{6}x^3\right]_0^1 = \frac{1}{3} \end{aligned}$$

이다. ◀

두 확률변수 X와 Y가 확률적으로 독립이면,

$$E(XY) = E(X)\,E(Y)$$

가 성립한다. 왜냐하면, 연속형의 경우로 증명하면

$$\begin{aligned} E(XY) &= \int_{-\infty}^{+\infty}\int_{-\infty}^{+\infty} xy\, f(x,y)\, dxdy \\ &= \int_{-\infty}^{+\infty}\int_{-\infty}^{+\infty} xy\, f_1(x) f_2(y)\, dxdy \\ &= \left(\int_{-\infty}^{+\infty} x\, f_1(x)\, dx\right)\left(\int_{-\infty}^{+\infty} y\, f_2(y)\, dy\right) \\ &= E(X)\, E(Y) \end{aligned}$$

가 성립하기 때문이다. 이산형의 경우도 비슷하게 증명할 수 있다.

例題 4 앞의 예제 3에서 두 확률변수 X와 Y에 대하여 $E(XY) = E(X)\,E(Y)$가 성립하는지 확인하라.

解答 먼저 $E(X)$를 구하면

$$\begin{aligned} E(X) &= \int_0^1\int_0^1 x(x+y)\, dxdy \;=\; \int_0^1\int_0^1 (x^2+xy)\, dydx \\ &= \int_0^1 \left[x^2y + \frac{1}{2}xy^2\right]_0^1 dx \;=\; \int_0^1 \left(x^2 + \frac{1}{2}x\right) dx \\ &= \left[\frac{1}{3}x^3 + \frac{1}{4}x^2\right]_0^1 \;=\; \frac{7}{12} \end{aligned}$$

이고 $E(Y)$는

$$\begin{aligned} E(Y) &= \int_0^1\int_0^1 y(x+y)\, dxdy \;=\; \int_0^1\int_0^1 (xy+y^2)\, dydx \\ &= \int_0^1 \left[\frac{1}{2}xy^2 + \frac{1}{3}y^3\right]_0^1 dx \;=\; \int_0^1 \left(\frac{1}{2}x + \frac{1}{3}\right) dx \\ &= \left[\frac{1}{4}x^2 + \frac{1}{3}x\right]_0^1 \;=\; \frac{7}{12} \end{aligned}$$

이고 또한 앞의 예제 3에서 $E(XY) = \frac{1}{3}$이다. 그런데

$$E(XY) \;=\; \frac{1}{3} \neq \frac{49}{144} \;=\; E(X)\,E(Y)$$

이므로 두 확률변수 X와 Y는 확률적으로 독립이 아니다. ◀

4.7 공분산과 상관계수

두 확률변수 X와 Y의 기댓값을 각각 $\mu_X = E(X)$와 $\mu_Y = E(Y)$라 할 때, 두 확률변수 X와 Y의 결합산포를 나타내는 측도로서 X와 Y의 편차를 곱 $(X-\mu_X)(Y-\mu_Y)$의

기댓값 $E[(X-\mu_X)(Y-\mu_Y)]$를 두 확률변수 X와 Y의 공분산(covariance)이라 하고 기호로 $\sigma_{XY}=\mathrm{Cov}(X,Y)$로 나타낸다.

두 확률변수 X와 Y의 공분산 σ_{XY}의 정의

$$\begin{aligned}\sigma_{XY} &= \mathrm{Cov}(X,Y) \;=\; E[(X-\mu_X)(Y-\mu_Y)] \\ &= \begin{cases} \displaystyle\sum_{i=1}^{\infty}\sum_{j=1}^{\infty}(x_i-\mu_X)(y_j-\mu_Y)\,p(x_i,y_j), \\ \quad (X\text{와 } Y\text{는 이산확률변수이고 } p(x_i,y_j)\text{는 결합확률질량함수}) \\ \displaystyle\int_{-\infty}^{+\infty}\int_{-\infty}^{+\infty}(x-\mu_X)(y-\mu_Y)f(x,y)\,dxdy\,, \\ \quad (X\text{와 } Y\text{는 연속확률변수이고 } f(x,y)\text{는 결합확률밀도함수}) \end{cases}\end{aligned}$$

실제 계산적인 측면에서는 원래의 공분산의 정의로부터 계산한 다음 식를 더 많이 사용한다.

$$\begin{aligned}\sigma_{XY} &= \mathrm{Cov}(X,Y) \;=\; E[(X-\mu_X)(Y-\mu_Y)] \\ &= E(XY-\mu_X Y-\mu_Y X+\mu_X\mu_Y) \\ &= E(XY)-\mu_X\mu_Y \;=\; E(XY)-E(X)E(Y)\,.\end{aligned}$$

이로부터 다음 식이 성립함을 알 수 있다.

$$\begin{aligned}\sigma_{XY} &= E(XY)-\mu_X\mu_Y \;=\; E(XY)-E(X)E(Y) \\ &= \begin{cases} \displaystyle\sum_{i=1}^{\infty}\sum_{j=1}^{\infty}x_i y_j\,p(x_i,y_j)-\mu_X\mu_Y, \\ \quad (X\text{와 } Y\text{는 이산확률변수이고 } p(x_i,y_j)\text{는 결합확률질량함수}) \\ \displaystyle\int_{-\infty}^{+\infty}\int_{-\infty}^{+\infty}xy\,f(x,y)\,dxdy-\mu_X\mu_Y\,, \\ \quad (X\text{와 } Y\text{는 연속확률변수이고 } f(x,y)\text{는 결합확률밀도함수}) \end{cases}\end{aligned}$$

공분산은 정의에서도 알 수 있듯이 두 확률변수 X와 Y에 대하여, X가 증가할 때 Y가 증가하거나 X가 감소할 때 Y도 감소하면 X와 Y는 같은 방향으로 변하는 경향이 있다. 전자의 경우, X와 Y의 각각의 편차 $(X-\mu_X)$와 $(Y-\mu_Y)$는 모두 양(positive)이거나 음(negative)일 때이므로, 두 편차의 곱 $(X-\mu_X)(Y-\mu_Y)$은 양이다. 따라서 기댓값 $E[(X-\mu_X)(Y-\mu_Y)]$는 양수이며 큰 값을 가지게 된다. 후자의 경우 즉, 확률변수 X가 증가할 때 Y가 감소하거나 확률변수 Y가 증가할 때 X가 감소하면 편차 $X-\mu_X$가 양일 때 $Y-\mu_Y$가 음이거나 $X-\mu_X$가 음일 때 $Y-\mu_Y$가 양일 때이므로, 두 편차의 곱 $(X-\mu_X)(Y-\mu_Y)$은 음이다. 따라서 기댓값 $E[(X-\mu_X)(Y-\mu_Y)]$는 음수이고 역시 작은 값을 가지게 된다. 이상을 정리하면, 공분산 $\sigma_{XY}=\text{Cov}(X,Y)=E[(X-\mu_X)(Y-\mu_Y)]$의 부호는 X와 Y의 증가 또는 감소에 따라 방향과 크기를 반영하며 X와 Y가 취하는 값의 단위에 의존한다.

공분산은 다음과 같은 성질이 있다. X와 Y를 두 확률변수라 하고, a,b를 임의의 상수라 하면, 다음이 성립한다.

(a) $\text{Cov}(X,X)=\text{Var}(X)$,
(b) $\text{Cov}(aX,bY)=ab\,\text{Cov}(X,Y),\quad (a,b\neq 0)$
(c) $\text{Cov}(X+a,Y+b)=\text{Cov}(X,Y)$,
(d) $\text{Cov}(aX+b,cY+d)\;=\;ac\,\text{Cov}(X,Y)\,,\;(a,c\neq 0)$

특히, 두 확률변수 X와 Y가 확률적으로 독립이면, 공분산은 항상

$$\begin{aligned}\text{Cov}(X,Y) &= E(XY)-E(X)E(Y)\\ &= E(X)E(Y)-E(X)E(Y)=0\end{aligned}$$

이다. 또한 기댓값의 성질을 이용하면 다음 공식도 쉽게 얻어진다.

$$\text{Var}(X\pm Y) = \text{Var}(X)+\text{Var}(Y)\pm 2\,\text{Cov}(X,Y)\ (\text{부호동순})$$

이제 상관계수(correlation coefficient)에 대하여 알아 보자. 공분산은 두 확률변수 X와 Y의 결합산포를 나타내는 측도로서 두 확률변수 X와 Y의 값의 단위에 따라 그 값이 변하기 때문에 X와 Y의 선형관계(linear relation)를 설명하기에는 부적합한 면이 있다. 따라서, 관찰된 단위에 무관하고 선형성질의 강약을 나타내는 측도로서 다음과 같이 정의한 상관계수를 사용한다.

두 확률변수 X와 Y의 기댓값을 각각 μ_X와 μ_Y라 하고, X와 Y의 분산을 각각 $\sigma_X^2=\text{Var}(X)$와 $\sigma_Y^2=\text{Var}(Y)$라 하자. 또한 X와 Y의 공분산을 $\sigma_{XY}=\text{Cov}(X,Y)$라 하면, 두 확률변수 X와 Y의 상관계수 ρ_{XY}를 다음과 같이 정의한다.

두 확률변수 X와 Y의 상관계수 ρ_{XY}

$$\begin{aligned}\rho_{XY} &= \frac{\text{Cov}(X,Y)}{\sigma_X\,\sigma_Y}\\ &= \frac{E[(X-\mu_X)(Y-\mu_Y)]}{\sqrt{\sigma_X^2}\,\sqrt{\sigma_Y^2}}.\end{aligned}$$

(a) $-1 \leqslant \rho_{XY} \leqslant 1$.

(b) $\rho_{(aX+b)(cY+d)} = \begin{cases} \rho_{XY}, & a>0, c>0 \text{ 또는 } a<0,\ c<0 \\ -\rho_{XY}, & a>0,\ c<0 \text{ 또는 } a<0,\ c>0. \end{cases}$

(c) (i) $\rho_{XY} = 1$이면, 두 확률변수 X와 Y는 완전 양의 상관관계가 있다.
(ii) $\rho_{XY} = -1$이면, 두 확률변수 X와 Y는 완전 음의 상관관계가 있다.
(ii) $0 < \rho_{XY} < 1$이면 두 확률변수 X와 Y는 양의 상관관계가 있다.
(iv) $-1 < \rho_{XY} < 0$이면 두 확률변수 X와 Y는 음의 상관관계가 있다.

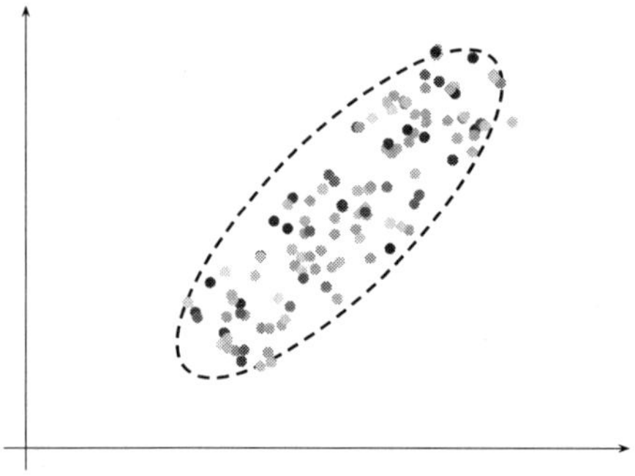

그림 4.4 양의 상관: $0 < \rho_{XY} < 1$

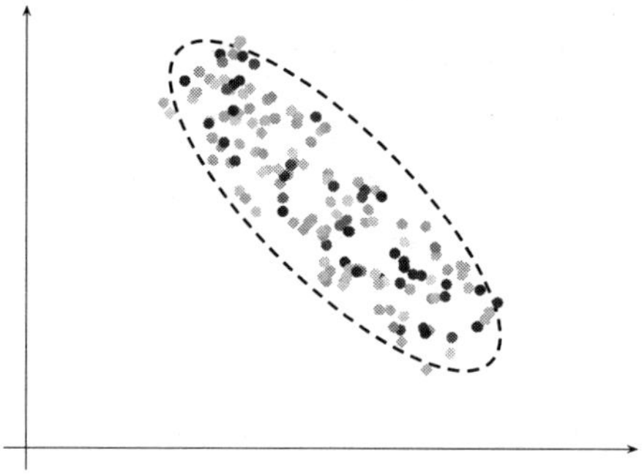

그림 4.5 음의 상관: $-1 < \rho_{XY} < 0$

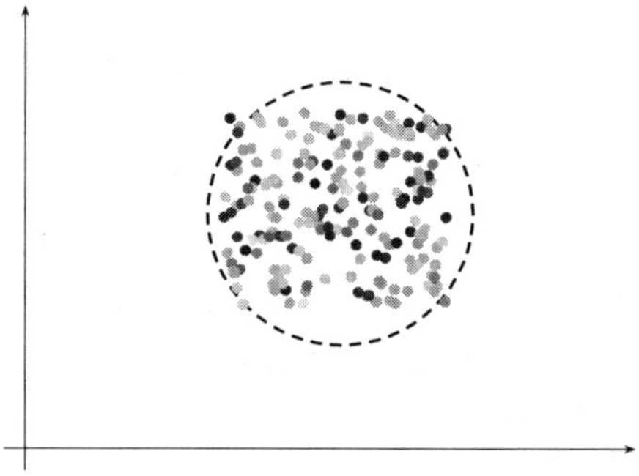

그림 4.6 무상관: $\rho_{XY} = 0$

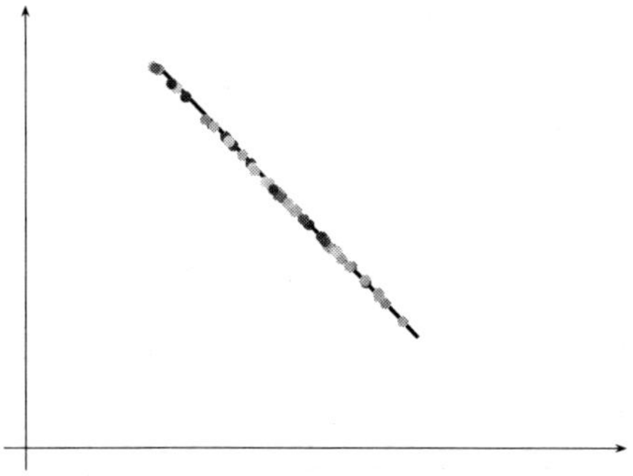

그림 4.7 완전 음의 상관: $\rho_{XY} = -1$

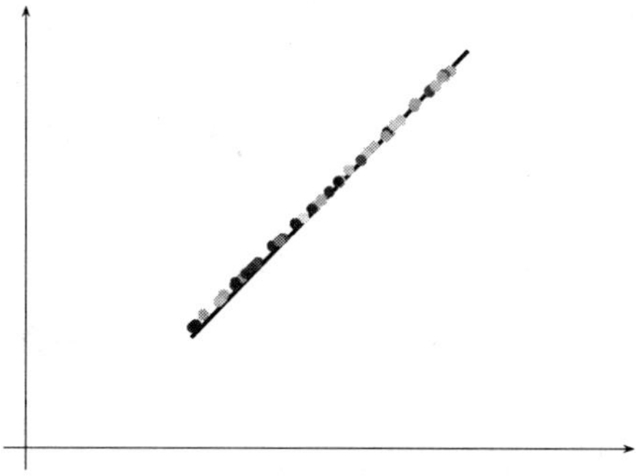

그림 4.8 완전 양의 상관: $\rho_{XY} = 1$

특히, X와 Y의 상관계수 $\rho_{X,Y} = 0$이면, X와 Y는 무상관(uncorrelation)이라고 말한다. 이것은 두 확률변수 X와 Y 사이에 선형관계를 규명할 수 없다는 뜻이며, 두 확률변수 X와 Y가 통계적 또는 확률적으로 전혀 연관성이 없다는 것을 의미하는 것이 아니다.

例題 1 두 확률변수 X와 Y의 결합확률분포표가 다음과 같을 때, X와 Y의 공분산 σ_{XY}와 상관계수 ρ_{XY}를 구하라.

$y \setminus x$	0	1	2	3
0	0	0	$\frac{1}{8}$	$\frac{1}{8}$
1	0	$\frac{1}{4}$	$\frac{1}{4}$	0
2	$\frac{1}{8}$	$\frac{1}{8}$	0	0

解答 4.5의 예제 1을 참고하여, X의 기댓값, 분산, 표준편차를 구하면 각각 $\mu_X = 1$, $\sigma_X^2 = 0.5$, $\sigma_X = 0.707$이다. 또한, Y의 기댓값, 분산, 표준편차를 구하면 각각 $\mu_Y = 1.5$, $\sigma_Y^2 = 0.75$, $\sigma_X = 0.866$이다. 또한, X와 Y의 공분산을 구하면

$$\mathrm{Cov}(X,Y) \;=\; E(XY) - \mu_X\mu_Y \;=\; 1 - 1 \times 1.5 \;=\; -0.5$$

이고 상관계수는

$$\rho_{XY} \;=\; \frac{\mathrm{Cov}(X,Y)}{\sigma_X\,\sigma_Y} \;=\; \frac{-0.5}{0.707 \times 0.866} \;\doteqdot -0.817$$

이다. ◀

練習問題

1. 다음과 같이 주어진 함수 $f(x)$가 확률밀도함수가 되도록 상수 c를 결정하라.

$$f(x) = \begin{cases} cx^2, & 0 < x < 3 \\ 0, & x \leqslant 0,\ x \geqslant 3 \end{cases}$$

2. 어떤 항아리 속에 흰 공 5개와 검은 공 3개가 들어 있다. 이 항아리에서 비복원추출로 2개의 공을 추출하였다고 했을 때 확률변수 X를 추출된 흰 공의 수라고 하면, X의 확률분포를 구하라.

3. 확률변수 X의 분포함수 $F(x)$가 다음과 같다.

$$F(x) = \begin{cases} 1 - e^{-2x}, & 0 < x < +\infty \\ 0, & -\infty < x \leqslant 0 \end{cases}$$

(1) $P(X > 2)$와 $P(-3 < X \leqslant 4)$를 구하라.
(2) $E(X)$와 $E(X^2)$을 구하라.
(3) $\mathrm{Var}(X)$을 구하라.

4. 두 개의 동전 A와 B를 동시에 던진다고 할 때, 앞면이 나온 수를 X, 동전 B의 뒷면이 나온 수를 Y라 하자.

(1) X와 Y의 결합확률분포를 구하라.
(2) X와 Y의 주변확률분포를 구하라.
(3) X와 Y의 기댓값을 각각 구하라.
(4) X의 분산 $\mathrm{Var}(X)$와 Y의 분산 $\mathrm{Var}(Y)$를 구하라.
(5) X와 Y의 공분산과 상관계수를 구하라.

5. X와 Y의 연속결합확률밀도함수가 다음과 같다.

$$f(x, y) = \begin{cases} \frac{3}{5}x(x+y), & 0 \leqslant x \leqslant 1,\ 0 \leqslant y \leqslant 2 \\ 0, & \text{그 외의 경우} \end{cases}$$

(1) $E(X)$와 $E(Y)$를 구하라.
(2) $E(X+Y)$와 $E(XY)$를 구하라.

6. X와 Y의 결합확률밀도함수가 다음과 같다.

$$f(x, y) = \begin{cases} 4xy, & 0 < x < 1,\ 0 < y < 1 \\ 0, & \text{그 외의 경우} \end{cases}$$

두 확률변수 X와 Y는 확률적으로 독립인지를 판정하여라.

제 5 장

이산확률분포

5.1 베르누이 분포

어떤 확률실험을 시행하여 그 결과가 오직 두 가지 형태로만 나타나면 이 시행을 베르누이 시행(Bernoulli trial)이라 한다. 예를 들면, 한 개의 동전을 던지는 시행, 한 개의 주사위를 던지는 시행 결과를 짝수와 홀수로 구분하는 것 등은 모두 베르누이 시행에 해당된다. 베르누이 시행에서 나타난 결과 중 하나를 성공사건 S(success event)로, 다른 하나는 실패사건 F(failure event)로 분류한다. 이 경우, 성공사건 S의 확률은 성공확률 $P(S) = p$, $(0 < p < 1)$로, 실패사건 F의 확률은 실패확률 $P(F) = q$, $(q =$

$1-p$)로 나타낸다. 한편, 베르누이 시행을 계속 반복할 경우, 각 시행에서 나타난 확률은 다음 번 시행에서 나타날 확률에 전혀 영향을 주지 않으므로 독립시행(independent trial)이라고 한다. 예를 들면, 한 개의 동전을 계속 던지는 실험은 베르누이 시행이며, 각각의 시행에서 나타난 확률은 다음 번 시행에서 나타날 확률에 영향을 주지 않으므로 독립시행이라 할 수 있다.

1회의 베르누이 시행에서 나타난 성공확률을 p, 실패확률을 q ($q = 1-p$)라 하면, 성공사건 S와 실패사건 F에 대하여 다음 식이 성립한다.

베르누이 시행에서의 성공확률 p와 실패확률 $q = 1-p$

$$P(S) \;=\; p\,,\ (0 < p < 1)$$
$$P(F) \;= q = 1-p\,.$$

여기에 확률변수 X를

$$P(X=1) \;=\; P(S) \;=\; p$$
$$P(X=0) \;=\; P(F) \;=\; q\,,\ (q = 1-p)$$

로 정의하자. 이때 X를 베르누이 확률변수(Bernoulli random variable)라 한다.

베르누이 확률변수 X

$$X(\omega) \;=\; \begin{cases} 1, & \omega \in S \\ 0, & \omega \in F \end{cases}$$

위의 정의에서 알 수 있듯이 베르누이 확률변수 X가 취하는 실수값 x는 오직 0과 1뿐이다. 이제 0과 1을 가지고 성공확률이 p ($0 < p < 1$)인 베르누이 분포를 만들면 다음과 같다.

성공확률이 p인 베르누이 분포

$$p(x) \;=\; P(X=x) \;=\; p^x\,q^{1-x}\,, \quad x = 0, 1\,, \;\; q = 1-p$$

성공확률이 p인 베르누이 분포의 기댓값과 분산을 구해 보자. 먼저 기댓값(평균)을 구하면,

$$E(X) \;=\; \sum_{x=0}^{1} x\,p^x q^{1-x} \;=\; 0 \times 1 \times q + 1 \times p \times 1 \;=\; p$$

이다. 다음 원점에 대한 X의 제 2차 적률을 구하면

$$E(X^2) \;=\; \sum_{x=0}^{1} x^2 p^x q^{1-x} \;=\; 0^2 \times 1 \times q + 1^2 \times p \times 1 \;=\; p$$

이므로 X의 분산은

$$\begin{aligned} \mathrm{Var}(X) &= E(X^2) - \big(E(X)\big)^2 \\ &= p - p^2 \;=\; p(1-p) \;=\; pq \end{aligned}$$

이다.

5.2 이항분포

이항분포는 복원추출(sampling with repetition)의 전형적인 예이다. 이제 예를 들어 이항분포가 어떻게 만들어지는지 살펴보자. 어떤 주머니 속에 3개의 빨간 공과 5개의 파란 공이 들어 있다. 이 주머니 속에서 복원추출로 한 개의 공을 꺼냈을 때 나온 빨간 공의 개수를 확률변수 X라 하자. 이 주머니 속에서 복원추출로 4회 뽑았을 때, 그 중 2개가 빨간 공일 확률을 구해 보자. 여기서 추출된 공이 빨간 공일 사건을 R로, 파란 공일 사건을 B로 표시하면, 4회의 복원추출 중에 2개가 빨간 공일 사건일 모든 경우의 수는

$$RRBB, \quad RBRB, \quad RBBR, \quad BBRR, \quad BRRB, \quad BRBR$$

모두 6가지이다. 따라서, 위의 각 경우에 대한 사건의 확률을 계산하면

$$\begin{aligned} RRBB &\longrightarrow \frac{3}{8}\frac{3}{8}\frac{5}{8}\frac{5}{8} \longrightarrow \Big(\frac{3}{8}\Big)^2\Big(\frac{5}{8}\Big)^2, \\ RBRB &\longrightarrow \frac{3}{8}\frac{5}{8}\frac{3}{8}\frac{5}{8} \longrightarrow \Big(\frac{3}{8}\Big)^2\Big(\frac{5}{8}\Big)^2, \\ RBBR &\longrightarrow \frac{3}{8}\frac{5}{8}\frac{5}{8}\frac{3}{8} \longrightarrow \Big(\frac{3}{8}\Big)^2\Big(\frac{5}{8}\Big)^2, \\ BBRR &\longrightarrow \frac{5}{8}\frac{5}{5}\frac{3}{8}\frac{3}{8} \longrightarrow \Big(\frac{3}{8}\Big)^2\Big(\frac{5}{8}\Big)^2, \\ BRRB &\longrightarrow \frac{5}{8}\frac{3}{8}\frac{3}{8}\frac{5}{8} \longrightarrow \Big(\frac{3}{8}\Big)^2\Big(\frac{5}{8}\Big)^2, \\ BRBR &\longrightarrow \frac{5}{8}\frac{3}{8}\frac{5}{8}\frac{3}{8} \longrightarrow \Big(\frac{3}{8}\Big)^2\Big(\frac{5}{8}\Big)^2 \end{aligned}$$

이다. 따라서 이 주머니 속에서 4회 복원추출 하였을 때 그 중 2개가 빨간 공일 확률은 모두 같은 확률 $\big(\frac{3}{8}\big)^2\big(\frac{5}{8}\big)^2$을 가지며, 이러한 확률의 경우의 수는 모두 6가지가 있

다. 그러므로, 4회의 복원추출 중에 2개가 빨간 공일 사건의 확률은

$$6\left(\frac{3}{8}\right)^2\left(\frac{5}{8}\right)^2$$

이다. 여기서 양의 정수 6은, 주머니 속에서 4회 복원추출 하였을 때 그 중 2개가 빨간 공일 경우의 수 $\binom{4}{2}=6$을 의미한다. 이상을 정리하면, 위의 문제의 결론은 다음과 같이 이항분포로 나타낼 수 있다는 것이다.

$$\begin{aligned} P\{X=2\} &= 6\left(\frac{3}{8}\right)^2\left(\frac{5}{8}\right)^2 \\ &= \binom{4}{2}\left(\frac{3}{8}\right)^2\left(1-\frac{3}{8}\right)^{4-2}. \end{aligned}$$

이제 이항분포를 정의하여 보자. 1회의 베르누이 시행결과 나타난 성공확률을 p, 실패확률을 $q=1-p$라 하자. 이 베르누이 시행을 n회 독립적으로 반복하였을 때, 성공이 나타난 횟수를 확률변수 X라 하면, n회의 베르누이 시행 중 성공이 정확히 x번 나올 확률은 성공확률이 p인 이항분포이다.

성공확률이 p인 이항분포

$$p(x) \;=\; P(X=x) \;=\; \binom{n}{x}p^x q^{n-x}, \quad x=0,1,2,\cdots,n, \;\; q=1-p$$

단, $\binom{n}{x} = \frac{n!}{x!\,(n-x)!}$은 이항계수이다. 또한 시행횟수 n, 성공확률이 p인 이항분포를 간단히 기호로 $X\sim B(n,p)$로 나타낸다.

이항분포는 이항정리에서 상수 a와 b가 각각 $a=q$, $b=p$인 경우로 생각하면 된다.

$$(a+b)^n = \sum_{x=0}^{n}\binom{n}{x}a^{n-x}b^x, \quad x=0,1,2,3\cdots,n$$

이항분포의 기댓값과 분산은 다음과 같다.

이항분포의 기댓값과 분산

$X\sim B(n,p)$일 때, X의 기댓값과 분산은 각각 다음과 같다.

$$E(X) = np, \qquad \mathrm{Var}(X) = npq$$

참고로 아래 그림은 성공확률이 $p = 0.3$일 때, 시행횟수를 $n = 10, 20, 50, 80$회까지 계속하여 히스토그램을 그린 것이다. 시행횟수가 비교적 많지 않을 때에는 히스토그램이 비대칭이지만, 시행횟수가 많아질수록 좌우대칭인 히스토그램으로 변한다는 것을 알 수 있다. 일반적으로 이항분포는 임의의 성공확률 $0 < p < 1$에 대하여 시행횟수가 커지면 커질수록 대칭인 분포형태로 나타난다.

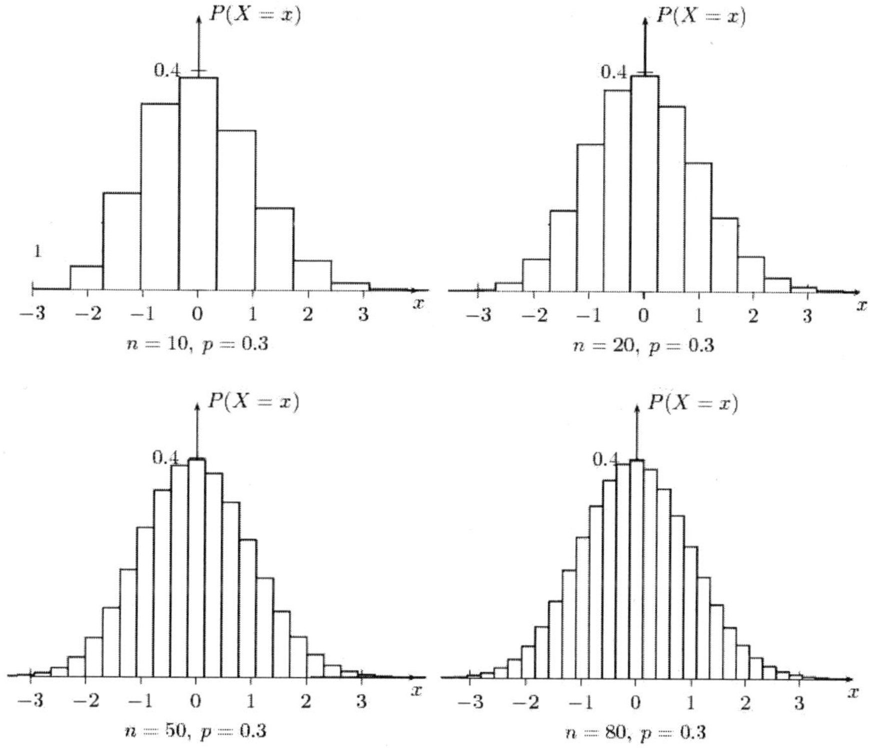

그림 5.1 이항분포의 히스토그램

例題 1 한 개의 동전을 5회 던졌을 때, 앞면이 나온 횟수를 관찰하는 실험을 하였다. 다음 확률을 구하라.

(a) 앞면이 정확히 3번 나타날 확률.

(b) 앞면이 적어도 4번 나타날 확률.

(c) 앞면이 한번도 나타나지 않을 확률.

解答 앞면이 나타난 횟수를 확률변수 X라 하자. 이때 동전을 던지는 시행은 베르누이 시행이고, 이 베르누이 시행을 5번 시행하였으므로 그 결과는 성공확률이 $p = \frac{1}{2}$인 이항분포 $X \sim B(5, \frac{1}{2})$이다.

(a) $P(X=3) = \binom{5}{3}\left(\frac{1}{2}\right)^3\left(\frac{1}{2}\right)^{5-3} = \frac{5}{16}$ 이다.

(b) 앞면이 적어도 4번 이상 나타날 확률이므로

$$\begin{aligned} P(X \geqslant 4) &= \sum_{x=4}^{5}\binom{5}{x}\left(\frac{1}{2}\right)^x\left(\frac{1}{2}\right)^{5-x} \\ &= \binom{5}{4}\left(\frac{1}{2}\right)^4\left(\frac{1}{2}\right)^{5-4} + \binom{5}{5}\left(\frac{1}{2}\right)^5\left(\frac{1}{2}\right)^{5-5} \\ &= \frac{3}{16} \end{aligned}$$

이다.

(c) $P(X=0) = \binom{5}{0}\left(\frac{1}{2}\right)^0\left(\frac{1}{2}\right)^{5-0} = \frac{1}{32}$ 이다. ◀

이항확률변수에 대한 여러 가지 확률을 계산할 때, 부록에 있는 누적이항분포표를 이용하면 편리하다. 누적확률은 어떤 상수까지 확률을 모두 더한 값이다. 즉, 임의의 음이 아닌 상수 c에 대하여

$$\begin{aligned} P(X \leqslant c) &= \sum_{x=0}^{c} P(X=x) \\ &= \sum_{x=0}^{c}\binom{n}{x}p^x q^{n-x}, \quad c=0,1,2,\cdots \quad q=1-p \end{aligned}$$

에 여러 가지 n, p, c의 값을 대입하여 계산해 놓은 표를 말한다. 예를 들면, $P(3 \leqslant X \leqslant 7)$의 값은 다음과 같이 구한다.

$$\begin{aligned} P(3 \leqslant X \leqslant 7) &= P(X=3)+P(X=4)+P(X=5)+P(X=6)+P(X=7) \\ &= P(X=0)+P(X=1)+\cdots+P(X=7) \\ &\qquad -\big(P(X=0)+P(X=1)+P(X=2)\big) \\ &= P(X \leqslant 7) - P(X \leqslant 2). \end{aligned}$$

일반적으로 음이 아닌 상수 c_1, c_2, c에 대하여 다음식이 성립한다.

(a) $P(c_1 \leqslant X \leqslant c_2) = P(X \leqslant c_2) - P(X \leqslant c_1 - 1)$.

(b) $P(X=c) = P(X \leqslant c) - P(X \leqslant c-1)$.

(c) $P(X \geqslant c) = 1 - P(X \leqslant c-1)$.

만약, 성공확률이 $p=0.5$ 이상일 경우에는 다음과 같이 구한다. 확률변수 X가 성공확률이 p인 이항분포 $B(n,p)$에 따르면, 확률변수 $Y \sim B(n, 1-p)$는 실패확률이

$q = 1 - p$인 이항분포에 따르므로 이때 확률변수 Y는 $Y = n - X$가 되므로 이 관계식을 이용하면 된다.

例題 1 어느 제약회사에서 개발한 신약의 치료율이 70%라고 한다. 8명의 환자에게 신약을 처방하였을 때, 6명 이상의 환자에게 약효가 있을 확률을 구하라.

解答 신약을 투여하여 치료된 환자의 수를 확률변수 X라 하면, $X \sim B(8, 0.7)$인 이항분포에 따른다. 성공확률이 $p = 0.7$이므로 확률변수 Y를 치료가 되지 않은 환자의 수라고 하면, $Y = n - X \sim B(8, 0.3)$인 이항분포에 따른다. 그러므로

$$P(X \geqslant 6) \;=\; P(8 - X \geqslant 8 - 6) \;=\; P(Y \leqslant 2)$$

이다. 따라서

$$\begin{aligned} P(Y \leqslant 2) &= P(Y = 0) + P(Y = 1) + P(Y = 2) \\ &= 0.0576 + 0.1977 + 0.2965 \;=\; 0.5518 \;=\; P(X \geqslant 6) \end{aligned}$$

이다. ◀

例題 2 어느 대학교 통계학과 4학년에 재학중인 학생의 2학기 취업률이 45%라고 한다. 현재 4학년 2학기에 재학 중인 학생의 수가 50명이라고 할 때, 이 학생들이 2학기 중에 취업할 기대인원의 수와 분산을 구하라.

解答 확률변수 X를 2학기 중에 취업할 인원 수라고 하면, $X \sim B(50, 0.45)$인 이항분포에 따른다. 따라서 기대 인원수 $E(X)$와 분산 $\mathrm{Var}(X)$는 각각 다음과 같다.

$$\begin{aligned} E(X) &= np \;=\; 50 \times 0.45 \;=\; 22.5 \\ \mathrm{Var}(X) &= npq \;=\; 50 \times 0.45 \times 0.55 \;=\; 12.375 \end{aligned}$$

◀

例題 3 어느 렌터카 회사의 고객의 예약 취소율은 과거의 자료를 기초로 10%인 것을 알았다. 어떤 특정한 날에 렌터카를 예약한 고객이 78명인 것을 알았을 때, 이 중 몇 명 정도가 예약을 취소할 것으로 기대하는가? 그리고 예약을 취소하는 고객 수의 표준편차를 구하라.

解答 확률변수 X를 특정한 날 예약을 취소한 고객의 수라 하면 X는 이항분포에 따르는 확률변수이고 이때 $X \sim B(78, 0.1)$이다. 따라서 예약을 취소할 것으로 기대하는 고객 수 $E(X)$와 분산 $\mathrm{Var}(X)$는 각각 다음과 같다.

$$\begin{aligned} E(X) &= np \;=\; 78 \times 0.1 \;=\; 7.8 \\ \mathrm{Var}(X) &= npq \;=\; 78 \times 0.1 \times 0.9 \;=\; 7.02 \end{aligned}$$

이고 이로부터 표준편차는 $\sqrt{\text{Var}(X)} = 2.65$이다. ◀

5.3 초기하분포

유한모집단에서 복원추출을 할 경우에는 베르누이 시행을 만족하므로 그 확률분포로서 이항분포를 사용할 수 있다. 그러나 유한모집단에서 비복원추출을 할 경우에는 베르누이 시행의 독립성을 만족하지 않으므로 이항분포를 사용할 수 없다. 이럴 경우에는 초기하분포를 사용한다. 초기하분포는 다음과 같다.

크기 N인 유한모집단 중에서 A-종류가 M개, 나머지 B-종류는 $(N-M)$-개가 있다. 이 유한모집단으로부터 비복원추출로 n-개를 뽑았다고 했을 때, A-종류에서 뽑힌 품목의 개수를 확률변수 X로 정의하면, X의 확률분포는 다음과 같다. 이 확률분포를 초기하분포(hypergeometric distribution)라 한다.

초기하분포

$$p(x) = \frac{\binom{M}{x}\binom{N-M}{n-x}}{\binom{N}{n}}, \quad x = 0, 1, 2, 3, \cdots, n$$

초기하분포의 기댓값 $E(X)$와 분산 $\text{Var}(X)$는 각각 다음과 같다.

초기하분포의 기댓값과 분산

$$E(X) = \frac{nM}{N}, \quad \text{Var}(X) = \frac{nM}{N}\frac{N-n}{N-1}\left(1-\frac{M}{N}\right)$$

초기하분포에서 식 $\frac{N-n}{N-1}$을 유한모집단 보정계수(finite population correction coefficient)라 한다. 만약, 유한모집단의 크기 N이 충분히 크고, 추출한 갯수 n이 상대적으로 작으면

$$\frac{N-n}{N-1} \doteq 1$$

이 되므로 근사적으로 성공확률이 $p = \frac{M}{N}$인 이항분포가 된다. 따라서, N이 충분히 큰 경우에는 이항분포를 사용해도 큰 무리는 없다.

例題 1 검은 공 7개와 흰 공 5개가 들어 있는 주머니에서 4개의 공을 비복원추출 하였을 때, 정확히 2개가 검은 공일 확률을 구하라.

解答 확률변수 X를 검은 공의 수라고 하면 X는 $N = 12$, $M = 7$, $n = 4$인 초기하분포에 따르므로

$$p(2) = \frac{\binom{7}{2}\binom{5}{2}}{\binom{12}{4}} = \frac{14}{33}$$

이다. ◀

例題 2 어떤 상자 안에 정상품 전구 5개와 불량품 전구 2개가 들어 있다. 이 중에서 비복원추출로 전구 3개를 뽑았을 때, 1개가 불량품 전구일 확률을 구하라.

解答 확률변수 X를 불량품인 전구의 수라고 하면 X는 $N = 7$, $M = 2$, $n = 3$인 초기하분포에 따르므로

$$p(1) = \frac{\binom{2}{1}\binom{5}{2}}{\binom{7}{3}} = \frac{4}{7}$$

이다. ◀

5.4 기하분포

1회의 베르누이 시행에서 나타난 성공확률을 p $(0 < p < 1)$, 실패확률을 $q = 1-p$라 하자. 이 베르누이 시행을 계속 반복적으로 하였을 때, 처음으로 성공확률 p가 일어날 때까지 시행횟수를 확률변수 X라 하면, x번째에서 처음으로 성공이 나올 확률 즉, $(X = x)$에서 처음으로 성공확률이 나올 확률은

$$p \quad \text{또는} \quad qp \quad \text{또는} \quad qqp \quad \text{또는} \quad qqqp \quad \text{또는} \quad qqqqp \quad \cdots \quad \overbrace{qq\cdots q}^{(x-1)\text{-번}}\,p$$

이다. 이로부터 다음과 같은 확률분포가 얻어진다. 이 확률분포를 성공확률이 p인 기하분포(geometric distribution)라 한다.

성공확률이 p인 기하분포

$$p(x) = pq^{x-1}, \quad x = 1, 2, 3, \cdots, \quad 0 < p < 1, \ q = 1 - p$$

기하분포의 기댓값과 분산은 다음과 같다.

기하분포의 기댓값과 분산

$$E(X) = \frac{1}{p}, \quad \mathrm{Var}(X) = \frac{1-p}{p^2}$$

기하분포의 특징으로 모든 $x, y \in \mathbb{R}$에 대하여

$$P(X > x + l \,|\, X > l) = P(X > x)$$

가 성립한다. 이것을 기하분포의 무기억성 성질(memoryless property)이라 한다.

例題 1 한 개의 동전을 앞면이 나올 때까지 계속 반복적으로 던지는 실험에서 10번째에 처음으로 앞면이 나올 확률을 구하고 기댓값과 분산을 구하라.

解答 한 개의 동전을 앞면이 나올 때까지 계속 반복적으로 던지는 실험에서 10번째에 처음으로 앞면이 나올 확률은 성공확률 $p = \frac{1}{2}$인 기하분포에 따른다. 따라서 확률변수 X를 처음으로 앞면이 나올 때까지의 시행횟수라 하면, 10번째에 나타나므로

$$p(10) = \frac{1}{2}\left(1 - \frac{1}{2}\right)^{10-1} = \frac{1}{2^{10}}$$

이다. 또한 기댓값 $E(X)$와 분산 $\mathrm{Var}(X)$는 각각

$$E(X) = \frac{1}{p} = \frac{1}{\frac{1}{2}} = 2,$$
$$\mathrm{Var}(X) = \frac{1-p}{p^2} = \frac{\frac{1}{2}}{\left(\frac{1}{2}\right)^2} = \frac{1}{2}$$

이다. ◀

5.5 포아송분포

포아송분포(Poisson distribution)는 주어진 시간이나 정해진 영역에서 발생하는 성공의 횟수를 나타내는 분포이다. 예를 들면, 매일 발생하는 자동차 사고 건수, 어떤 공장에서 매달 발생하는 안전사고 건수, 시간당 백화점에 방문하는 고객의 수, 주어진 시간 내에 걸려오는 전화의 횟수, 어떤 특정 지역에서 발생하는 교통사고 건수 등이 포아송분포에 해당된다.

이산확률변수 X가 확률질량함수가 다음과 같으면 X는 모수(parameter) $m > 0$을 갖는 포아송분포에 따른다고 한다.

모수 $m > 0$을 갖는 포아송분포

$$p(x) = \frac{e^{-m}m^x}{x!}, \quad x = 0, 1, 2, 3 \cdots$$

포아송분포의 평균과 분산을 구하면 다음과 같다.

포아송분포의 기댓값과 분산

$$E(X) = m,$$
$$\mathrm{Var}(X) = m$$

포아송분포의 중요한 성질 중의 하나가 이항분포에 적당한 조건을 추가하면 이항분포의 극한분포가 포아송분포가 되도록 만들 수 있다는 것이다.

확률변수 X가 이항분포에 따른다고 하자. 즉, $X \sim B(n, p)$라 하자. 이때 $np = m$이라 하고 $p \to 0$, $n \to \infty$이면, 이항분포는 모수 $m > 0$을 갖는 포아송분포로 수렴한다. 즉, 다음 식이 성립한다.

이항분포의 극한분포로서의 포아송분포

$$\lim_{\substack{n\to\infty \\ p\to 0 \\ m=np}} \binom{n}{x} p^x (1-p)^{n-x} = \frac{e^{-m}m^x}{x!}, \quad x = 0, 1, 2, 3, \cdots$$

例題 1 어느 고등학교의 총 학생수는 600명이다. 그런데 매일 다양한 이유 때문에 평균 2.5명이 조퇴를 한다고 한다. 어떤 특정한 날에 조퇴한 학생이 한 명도 없을 확률을 구하라.

解答 확률변수 X를 어떤 특정한 날에 조퇴한 학생의 수라 하면, X는 평균이 $m = 2.5$인 포아송분포에 따른다. 따라서 $(X = 0)$일 확률은

$$p(0) = P(X = 0) = \frac{e^{-2.5}(2.5)^0}{0!} = e^{-2.5} = 0.082$$

이다. ◀

例題 2 어느 전화국에 걸려오는 전화통화의 수는 10분당 평균 3번이라고 한다. 어느 특정한 날 10분 동안에 전화가 2번 걸려올 확률을 구하라.

解答 확률변수 X를 어떤 특정한 날에 전화가 걸려온 수라 하면, X는 평균이 $m=3$인 포아송분포에 따르므로 $(X=2)$일 확률은

$$p(2) \;=\; P(X=2) \;=\; \frac{e^{-3}\,3^2}{2!} \;=\; \frac{9}{2}e^{-3} \;=\; 0.224$$

이다. ◀

例題 3 어떤 공장에서 생산하는 볼트의 불량률은 2%이다. 어떤 상자에 100개의 볼트가 포장되어 있을 때 이 상자 안에 3개 이하의 불량볼트가 들어 있을 확률을 구하라.

解答 확률변수 X를 불량볼트의 갯수라고 하면 X는 $n=100$, 불량률이 $p=0.02$인 이항분포에 따른다. 따라서 구하는 확률은

$$P(X\leqslant 3) \;=\; \sum_{x=0}^{3}\binom{100}{x}(0.02)^x(1-0.02)^{100-x}$$

이다. 그런데 이 확률은 이항분포표에서 구할 수 없으므로 이항분포의 포아송분포로의 근사식에 대입하여 구한다. 따라서, $m=np=100\times 0.02=2$라 하면, X는 모수 $m=2$인 포아송분포에 따르므로 구하는 확률은

$$\begin{aligned} P(X\leqslant 3) \;&=\; \sum_{x=0}^{3}\binom{100}{x}(0.02)^x(1-0.02)^{100-x} \\ &\fallingdotseq\; \sum_{x=0}^{3}\frac{e^{-2}2^x}{x!} \;=\; 0.857 \end{aligned}$$

이다. ◀

5.6 음의 이항분포

성공확률이 p인 베르누이 시행을 독립적으로 계속 반복했을 때, r번의 성공을 얻기 위해 필요한 시행횟수를 확률변수 X라고 정의하자. 그러면 정확히 r번의 성공이 x회의 시행에서 발생했다고 하면 $x-1$회의 시행까지 정확하게 $r-1$번의 성공이 발생해야 하므로 다음과 같이 이항분포

$$\binom{x-1}{r-1}p^{r-1}(1-p)^{x-r}, \quad x=r,r+1,r+2,r+3,\cdots$$

에 따른다. 그 다음 시행인 x회에서 성공 p가 한 번 더 나오면 그 확률분포는

$$\begin{aligned} P(X=x) \;&=\; \binom{x-1}{r-1}p^{r-1}(1-p)^{x-r}\times p \\ &=\; \binom{x-1}{r-1}p^{r}(1-p)^{x-r}, \quad x=r,r+1,r+2,r+3,\cdots \end{aligned}$$

이다. 이 분포를 음의 이항분포(negative binomial distribution)이라 한다.

음의 이항분포

$$p(x) = P(X=x) = \binom{x-1}{r-1} p^r (1-p)^{x-r}, \quad x = r, r+1, r+2, r+3, \cdots$$

음의 이항분포의 기댓값 $E(X)$와 분산 $\mathrm{Var}(X)$는 각각 다음과 같다.

기댓값과 분산

$$E(X) = \frac{r}{p}, \quad \mathrm{Var}(X) = \frac{rq}{p^2}, \quad (q = 1-p)$$

例題 1 신형으로 개발한 로켓탄의 발사 성공률이 85%로 알려져 있다. 3번 성공적인 발사를 하기 위해서는 총 몇 번의 시험발사를 하여야 하는가? 또한 3번의 성공적인 발사가 5번째 시험 발사에서 이루어질 확률을 구하라.

解答 성공률이 $p = 0.85$, $r = 3$인 음의 이항분포에 따르므로 확률분포는

$$p(x) = \binom{x-1}{2} (0.85)^3 (1-0.85)^{x-3}, \quad x = 3, 4, 5 \cdots$$

이다. 특히, 3번의 성공적인 발사가 5번째 시험발사에서 이루어질 확률은

$$\begin{aligned} p(5) &= \binom{5-1}{2} (0.85)^3 (1-0.85)^{5-3} \\ &= \binom{4}{2} (0.85)^3 (0.15)^2 \\ &= 0.083 \end{aligned}$$

이다. ◀

練習問題

1. 다음 이항분포의 평균 $E(X)$와 분산 $\mathrm{Var}(X)$를 구하라.

$$p_X(x) = \begin{cases} \binom{n}{x} p^x (1-p)^{n-x}, & x = 0, 1, 2, 3, \cdots, n \\ 0, & \text{그 외의 경우} \end{cases}$$

2. 다음 초기하분포의 평균 $E(X)$와 분산 $\mathrm{Var}(X)$를 구하라.

$$p(x) \;=\; \frac{\binom{M}{x}\binom{N-M}{n-x}}{\binom{N}{n}}, \qquad x = 0, 1, 2, 3, \cdots, n$$

3. 성공확률이 $p\,(0 < p < 1)$인 기하분포의 평균 $E(X)$와 분산 $\mathrm{Var}(X)$를 구하라.

$$p(x) \;=\; pq^{x-1}, \qquad x = 1, 2, 3, \cdots, \quad 0 < p < 1,\; q = 1 - p$$

4. 모수 $m > 0$를 갖는 포아송분포의 평균 $E(X)$와 분산 $\mathrm{Var}(X)$를 구하라.

$$p(x) \;=\; \frac{e^{-m} m^x}{x!}, \quad x = 0, 1, 2, 3 \cdots$$

5. 확률변수 X가 이항분포에 따른다고 하자. 이때, $np = m$ 라 하고 $p \to 0$, $n \to \infty$ 이면, 이항분포는 모수 $m > 0$를 갖는 다음 포아송분포로 수렴함을 유도하라.

$$\lim_{n\to\infty} \binom{n}{x} p^x (1-p)^{n-x} \;=\; \frac{e^{-m} m^x}{x!}, \quad x = 0, 1, 2, 3, \cdots$$

6. 어떤 자동자 부품공장에서 1년 동안의 발생한 사고의 수가 포아송분포에 따르며, 1년 동안 근로자 1인당 평균 0.35건의 사고를 낸다는 사실을 알고 있다. 이 부품공장에서 근로자 1명을 임의로 선택하였을 때, 이 근로자가 1년 동안에 사고를 한 건의 사고도 내지 않을 확률을 구하라.

제 6 장

연속확률분포

6.1 연속균등분포

연속균등분포(uniform distribution)는 연속형 확률분포 중에서 가장 간단한 확률분포이다. 연속균등분포는 또한 연속일양분포, 연속평등분포 또는 직사각형분포(rectangular distribution)라고도 한다.

연속균등분포

연속확률변수 X의 확률밀도함수 $f(x)$가

$$f(x) = \begin{cases} \dfrac{1}{b-a}, & a < x < b \\ 0, & x \leqslant a, x \geqslant b \end{cases}$$

이면, 이 확률분포를 연속균등분포(continuous uniform distribution)라 한다.

연속균등분포의 확률밀도함수 $f(x)$를 그림으로 나타태면 다음과 같다.

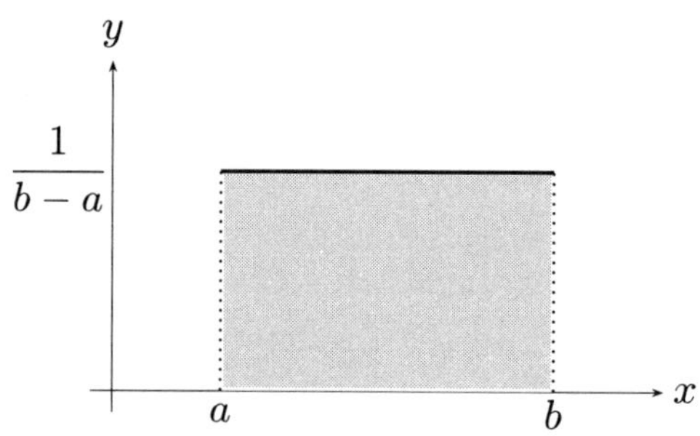

그림 6.1 연속균등분포

연속균등분포의 확률밀도함수 $f(x)$를 알고 있을 때, 분포함수 $F(x)$는 다음과 같이 구할 수 있다.

$$\begin{aligned} F(x) &= \int_{-\infty}^{x} f(t)\,dt \\ &= \int_{a}^{x} \frac{1}{b-a}\,dx \\ &= \frac{x-a}{b-a}. \end{aligned}$$

따라서, 연속균등분포의 분포함수 $F(x)$는 다음과 같다.

$$F(x) = \begin{cases} 0, & x \leqslant a \\ \dfrac{x-a}{b-a}, & a < x < b \\ 1, & x \geqslant b \end{cases}$$

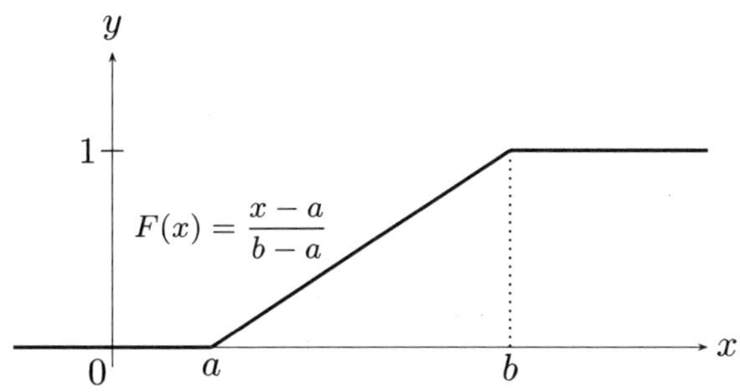

그림 6.2 연속균등분포의 분포함수

연속균등분포의 X의 기댓값 $E(X)$와 분산 $\mathrm{Var}(X)$는 다음과 같다.

연속균등분포의 X의 기댓값과 분산

$$E(X) = \frac{a+b}{2}, \qquad \mathrm{Var}(X) = \frac{(b-a)^2}{12}.$$

例題 1 연속확률변수 X의 확률밀도함수 $f(x)$가 다음과 같다. X의 분포함수 $F(x)$의 그래프를 그리고, X의 기댓값과 분산을 구하라.

$$f(x) = \begin{cases} \dfrac{1}{3}, & 1 < x < 4 \\ 0, & x \leqslant 1, x \geqslant 4 \end{cases}$$

解答 확률변수 X는 구간 $(1,4)$에서 연속균등분포에 따르므로 분포함수 $F(x)$는

$$F(x) = \begin{cases} 0, & x \leqslant 1 \\ \dfrac{x-1}{3}, & 1 < x < 4 \\ 1, & x \geqslant 4 \end{cases}$$

이다.

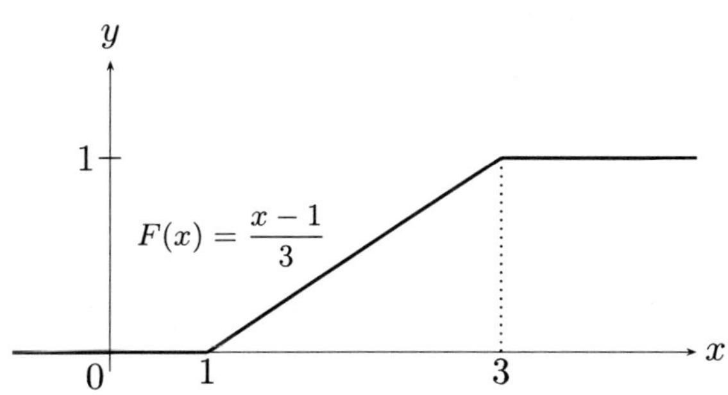

그림 6.3 분포함수 $F(x)$

또한, X의 기댓값은

$$E(X) = \frac{1+4}{2} = \frac{5}{2}$$

이고 분산은

$$\text{Var}(X) = \frac{(4-1)^2}{12} = \frac{3}{4}$$

이다. ◀

6.2 지수분포

연속확률변수 X의 확률밀도함수가 다음과 같을 때, X는 모수(parameter) $\lambda > 0$를 가지는 지수분포에 따른다고 한다.

모수 λ를 가지는 지수분포

$$f(x) = \begin{cases} \lambda e^{-\lambda x}, & x \geqslant 0, \lambda > 0 \\ 0, & x < 0 \end{cases}$$

지수분포는 특정시간부터 지진이 발생할 때까지의 시간이나 잘못 걸려온 전화를 받을 까지의 시간 등 어떤 특정한 사건이 발생할 때까지 걸린 시간에 대한 분포와 관련되어 있으며 또한, 제품의 수명 시간, 신뢰성 이론, 부품이나 기계 등의 고장시간에 관한 모형으로도 많이 사용된다.

확률변수 X가 모수 λ를 가지는 지수분포에 따를 때, X의 분포함수 $F(x)$는 다음과 같이 구할 수 있다.

$$\begin{aligned} F(x) &= \int_{-\infty}^{x} f(t)\,dt \\ &= \int_{0}^{x} \lambda e^{-\lambda t}\,dt \\ &= \lambda \Big[\frac{e^{-\lambda t}}{-\lambda}\Big]_0^x \\ &= 1 - e^{-\lambda x},\ x > 0 \end{aligned}$$

모수 λ를 가지는 지수분포의 기댓값 $E(X)$와 분산 $\text{Var}(X)$는 다음과 같다.

지수분포의 기댓값과 분산

$$E(X) = \frac{1}{\lambda},$$
$$\mathrm{Var}(X) = \frac{1}{\lambda^2}.$$

例題 1 4개의 모듈(module)로 구성된 어떤 제품이 있다. 이 제품의 한 모듈이 고장나기까지의 시간을 확률변수 X라 하자. 이때, X는 모수가 $\lambda = \frac{1}{4}$을 가지는 지수분포에 따른다. 이 제품이 8년이 지난 후에 적어도 한 개의 모듈이 작동활 확률을 구하라.

解答 한 개의 모듈이 8년까지 작동할 확률은

$$\begin{aligned} P(X \geqslant 8) &= \int_8^{+\infty} \frac{1}{4} e^{-\frac{1}{4}x}\, dx \\ &= \frac{1}{4}\left[e^{-\frac{1}{4}x}\right]_8^{+\infty} \\ &= e^{-2} = 0.136 \end{aligned}$$

이다. 이제 8년 후에 작동하는 모듈의 수를 확률변수 Y라 하면, Y는 성공확률 $p = 0.136$인 이항분포에 따른다. 따라서,

$$\begin{aligned} P(X \geqslant 1) &= 1 - P(Y = 0) \\ &= 1 - \binom{4}{0}(0.136)^0(1 - 0.136)^4 \\ &= 0.443 \end{aligned}$$

이다. ◀

6.3 정규분포와 표준정규분포

정규분포(normal distribution)의 발견자는 원래 드 므와브르(Abraham de Moivre)로 알려져 있었다. 그러나 이 정규분포를 Gauss가 여러 분야에 폭넓게 응용함으로서 후대에 Gauss분포라는 명칭을 얻게 되었다. 이 정규분포의 그래프는 종모양의 곡선(bell-shaped curve 형태를 하고 있으며, 확률론뿐만 아니라 통계이론을 연구할 때 중요한 역할을 하고 있다. 일반적으로 정규분포 자체는 잘 이용하지 않고 이것을 표준정규분포로 변환하여 사용한다.

정규분포 곡선의 형태는 평균 μ와 표준편차 σ에 의해서 완전히 결정된다. 연속확률변수 X의 평균이 μ이고 표준편차가 σ인 정규분포에 따를 때, 기호 $X \sim N(\mu, \sigma^2)$으로 나타내기로 한다. 정규분포의 확률밀도함수는 다음과 같다.

평균이 μ이고 표준편차가 σ인 정규분포

$$f(x) \quad = \quad \frac{1}{\sigma\sqrt{2\pi}} \exp\{-\frac{(x-\mu)^2}{2\sigma^2}\},$$

$$(-\infty < x < +\infty\,, -\infty < \mu < +\infty\,, 0 < \sigma < +\infty)$$

정규분포는 다음과 같은 특징이 있다.

(a) 평균 μ를 중심으로 좌우 완전히 대칭이며, $x=\mu$에서 최댓값 $\frac{1}{\sigma\sqrt{2\pi}}$을 갖는다.

(b) 평균 μ를 중심으로 좌우 완전히 대칭이므로 평균 = 중앙값 = 최빈값이 성립한다.

(c) $x = \mu \pm \sigma$에서 변곡점을 갖는다.

(d) 정규분포 곡선의 형태는 평균 μ와 표준편차 σ에 의해서 완전히 결정된다.

(e) 정규분포의 왜도는 $\alpha = 0$이고 첨도는 $\beta = 3$이다.

(g) 정규분포는 평균주위에 자료들이 많이 분포되어 있으며 평균으로부터 좌우로 표준편차의 3배 이상 떨어진 곳에서는 그 값은 거의 취하지 않는다.

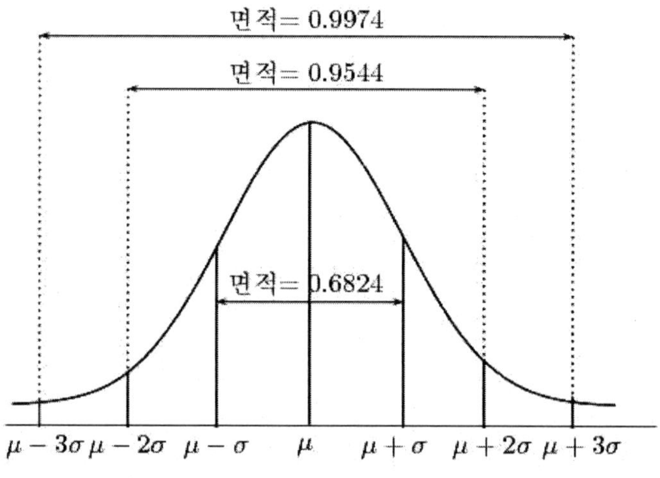

그림 6.4

다음 그림은 정규분포곡선의 평균과 표준편차의 변화에 따른 분포형태를 알아보기 위한 것이다.

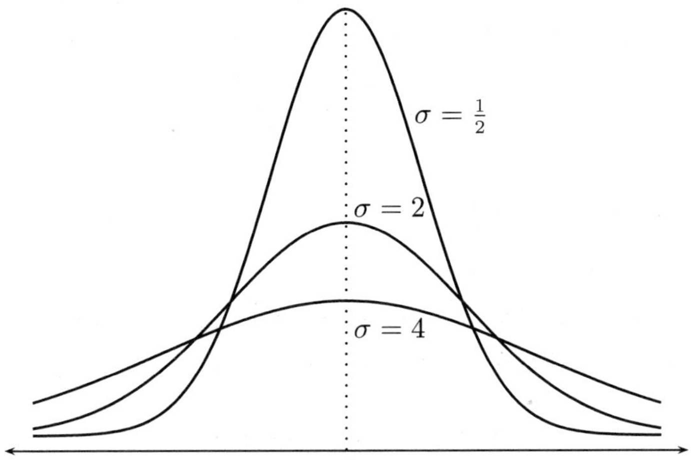

그림 6.5 평균 μ는 같고 표준편차가 다른 정규분포곡선

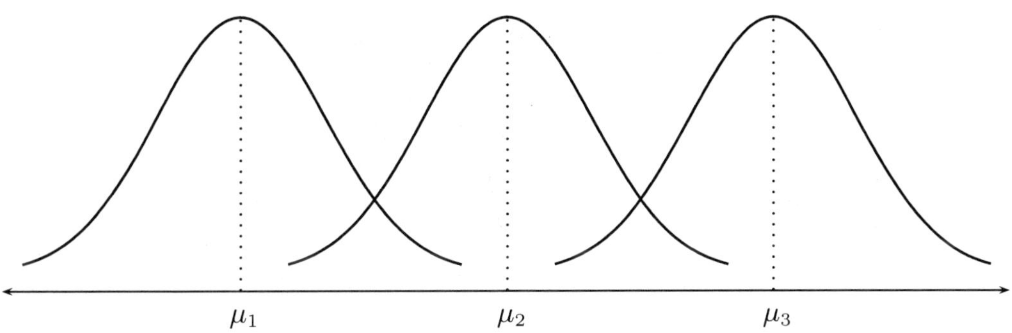

그림 6.6 표준편차 σ는 같고 평균이 다른 정규분포곡선

그림 6.5에서 보는 것처럼 평균이 같을 경우, 표준편차가 작으면 작을수록 평균주위에 많은 자료들이 분포하며 이때 분포곡선은 뾰족한 형태의 모양을 하게 된다. 반대로 분산이 커지면 커질수록 평균으로부터 자료들이 멀리 떨어져 있고 이때 분포곡선은 평평한 형태를 하게 됨을 알 수 있다. 그림 6.6은 표준편차가 같고 평균이 서로 다르면 분포곡선의 모양은 변하지 않고 단지 분포곡선의 위치만 변하는 것을 알 수 있다. 이런 의미에서 σ^2을 척도모수(scale parameter), 평균 μ를 위치모수(location parameter)라 부른다. 위의 사실을 종합하면 정규분포곡선은 평균 μ와 표준편차 σ에 의해서 완전히 결정된다는 사실을 알 수 있다. 따라서 정규분포의 확률을 계산하기 위해서는 평균 μ와 표준편차 σ에 영향을 받지 않는 표준화된 정규분포를 만들 필요성이 있으므로 다음과 같이 표준화된 정규분포를 정의할 수 있다.

확률변수 X가 평균이 μ이고 표준편차가 σ인 정규분포 $N(\mu, \sigma^2)$에 따를 때, 다음

변환은 평균이 0이고 표준편차가 1인 표준정규분포(standard normal distribution)에 따른다. 이 변환을 Z의 표준정규화(standard normalization)라 한다. 즉,

X의 표준정규화

$$X \sim N(\mu, \sigma^2) \implies Z = \frac{X-\mu}{\sigma} \sim N(0,1)$$

이다. 이때 Z를 표준정규확률변수(standard normal random variable)라 부르며 표준정규확률변수 Z의 확률밀도함수는 다음과 같다.

표준정규 확률밀도함수

$$f(z) = \frac{1}{\sqrt{2\pi}} e^{\frac{x^2}{2}}, \quad (-\infty < z < +\infty)$$

또한 표준정규확률변수 X의 분포함수 $\Phi(z)$는 다음과 같다.

표준정규 분포함수

$$\Phi(z) = P(Z \leqslant z) = \int_{-\infty}^{z} \frac{1}{\sqrt{2\pi}} e^{\frac{u^2}{2}} \, du, \quad (z > 0)$$

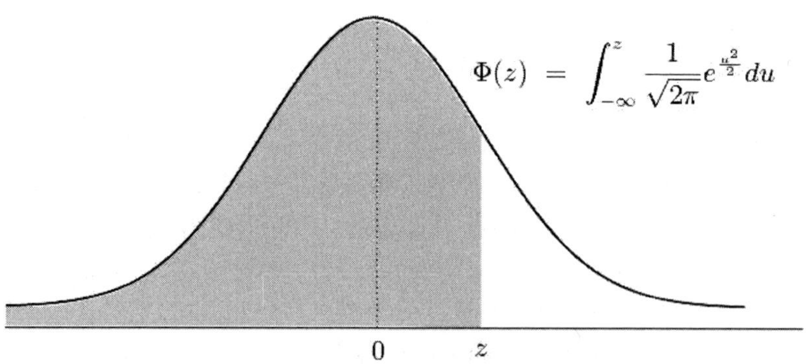

그림 6.7 표준정규 분포함수

표준정규분포에서 $z > 0$일 때, $\Phi(-z)$의 값은 표준정규확률밀도함수의 대칭성질을 이용하여 다음과 같이 구한다.

$$\Phi(-z) = 1 - \Phi(z), \quad (z > 0)$$

또는

$$P(Z \leqslant -z) = 1 - P(Z \geqslant z), \quad (z > 0)$$

例題 1 Z가 표준정규분포에 따르는 표준정규확률변수일 때, 다음 확률을 구하라.

(a) $P(Z \leqslant 1.45)$
(b) $P(Z \geqslant 2)$
(c) $P(Z < -1)$
(d) $P(-2 < Z < 1)$

解答 표준정규분포표를 이용하여 값을 구하면 다음과 같다.
(a) $P(Z \leqslant 1.45) = 0.9265$이다.

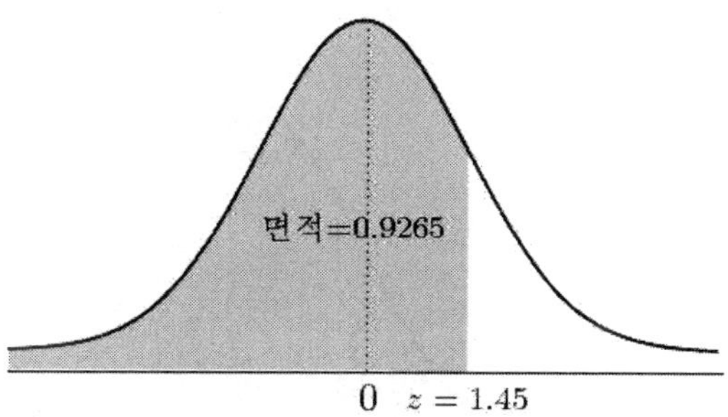

그림 6.8

(b) $P(Z \geqslant 2) = 1 - P(Z < 2) = 1 - P(Z \leqslant 2) = 1 - 0.9772 = 0.0228$이다.

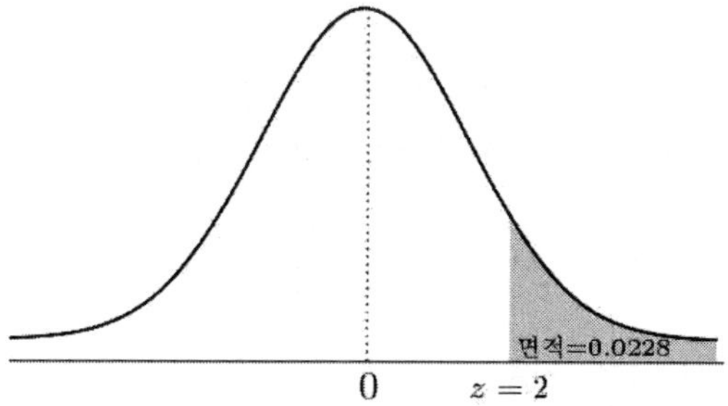

그림 6.9

(c) $P(Z < -1) = 1 - P(Z \leqslant 1) = 1 - 0.8413 = 0.1587$이다.

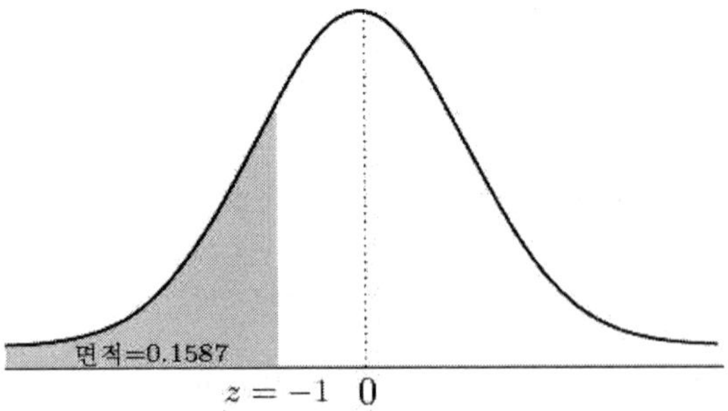

그림 6.10

(d) $P(-2 < Z < 1) = P(Z < 1) - P(Z < -2)$이고 $P(Z < -2) = P(Z > 2)$이므로

$$\begin{aligned} P(-2 < Z < 1) &= P(Z < 1) - \big(1 - P(Z \leqslant 2)\big) \\ &= 0.8413 - (1 - 0.9772) \\ &= 0.8185 \end{aligned}$$

이다.

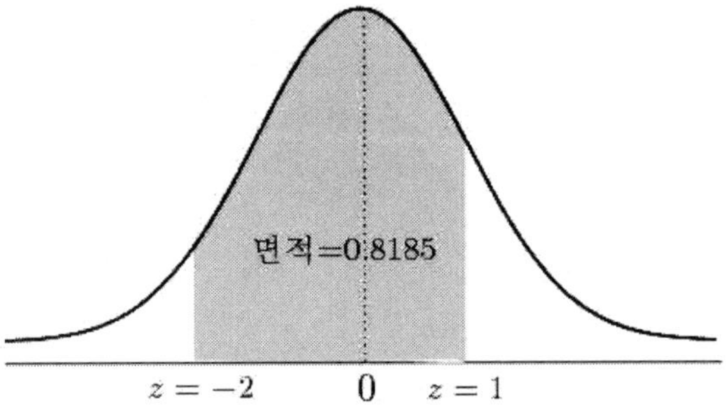

그림 6.11 ◀

확률변수 X가 $X \sim N(\mu, \sigma^2)$일 때, 임의의 상수 a, b $(a < b)$에 대하여 확률 $P(a < X < b)$를 구해 보자. 이 경우는 X를 다음과 같이 표준정규 확률변수

$$Z = \frac{X - \mu}{\sigma}$$

로 변환하고, $Z \sim N(0,1)$인 사실을 이용하면 된다. 즉,

$$\begin{aligned} P(a < X < b) &= P(a - \mu < X - \mu < b - \mu) \\ &= P\Big(\frac{a-\mu}{\sigma} < Z < \frac{b-\mu}{\sigma}\Big) = P(z_a < Z < z_b) \end{aligned}$$

가 성립한다. 이것을 그림으로 나타내면 다음과 같다.

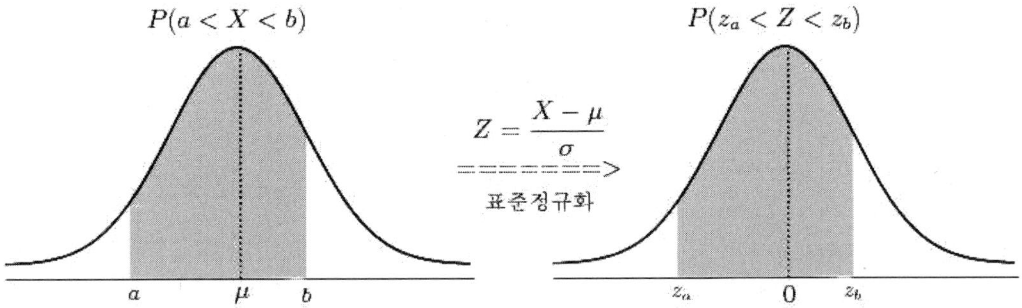

그림 6.12 $X \sim N(\mu, \sigma^2)$　　　　그림 6.13 $Z \sim N(0,1)$

다음 확률은 통계추론에서 특히 많이 이용하는 공식이다.

(a) $P(\mu - \sigma \leqslant X \leqslant \mu + \sigma) \ = \ P(-1 \leqslant Z \leqslant 1) \ = \ 0.6827$
(b) $P(\mu - 1.64\sigma \leqslant X \leqslant \mu + 1.64\sigma) \ = \ P(-1.64 \leqslant Z \leqslant 1.64) \ = \ 0.9000$
(c) $P(\mu - 1.96\sigma \leqslant X \leqslant \mu + 1.96\sigma) \ = \ P(-1.96 \leqslant Z \leqslant 1.96) \ = \ 0.9500$
(d) $P(\mu - 2.58\sigma \leqslant X \leqslant \mu + 2.58\sigma) \ = \ P(-2.58 \leqslant Z \leqslant 2.58) \ = \ 0.9900$

例題 2 어느 대학교 학생들의 키는 평균 172cm, 표준편차가 4cm인 정규분포에 따른다고 한다. 이제 한 명을 랜덤하게 뽑았을 때, 이 학생의 키가 167cm보다 작을 확률을 구하라.

解答 확률변수 X를 뽑힌 학생의 키라 하면, $X \sim N(172, 4^2)$이므로 표준정규화 하면 $Z = \frac{Z-167}{4} \sim N(0,1)$이다. 따라서,

$$\begin{aligned} P(X < 167) &= P\Big(Z < \frac{167-172}{4}\Big) \\ &= P(Z < -1.25) \\ &= 1 - P(Z < 1.25) \\ &= 1 - 0.8944 \\ &= 0.1056 \end{aligned}$$

이다. ◀

例題 3 어느 제조회사에서 생산한 부품의 수명은 평균 200시간이고 분산이 400시간인 정규분포에 따른다고 한다. 이 회사에서 생산한 부품 한 개를 임의로 추출하였을 때, 부품의 수명이 250시간 이상일 확률을 구하라.

解答 확률변수 X를 임의로 뽑은 부품의 수명이라 하면, $X \sim N(250, 20^2)$이므로 표준정규화 하면 $Z = \frac{Z-200}{20} \sim N(0,1)$이다. 따라서,

$$\begin{aligned} P(X \geqslant 250) &= P\Big(Z \geqslant \frac{250-200}{20}\Big) \\ &= P(Z \geqslant 2.5) \\ &= 1 - 0.9938 \\ &= 0.0062 \end{aligned}$$

이다. ◀

例題 4 $Z \sim N(0,1)$일 때, $P(Z < -z_0) = 0.342$을 만족하는 양의 실수 z_0를 구하라.

解答 z_0가 양의 실수이므로 $P(Z < -z_0) = 0.342$에서 $1 - P(Z < z_0) = 0.342$이다. 이로부터 $P(Z < z_0) = 0.658$이다. 그런데 표준정규분포표에는 0.658에 해당하는 z_0의 값이 없으므로 z_0에 가장 가까운 근삿값인 $z_0 = 0.41$이다. ◀

6.4 이항분포의 정규분포 근사

이항분포는 성공확률이 p $(0 < p < 1)$인 베르누이 시행을 n회 독립적으로 반복하였을 때, 성공확률이 발생한 시행횟수에 대한 확률분포이다. 또한 이항분포에서 시행횟수가 충분히 크고 이에 반해 성공확률 p가 대단히 작으면, 이 이항분포는 포아송분포로 수렴한다는 것을 이미 설명하였다.

드 므와브르-라플라스 중심극한정리(central limit theorem)에 의하면, 이항분포에 따르는 확률변수열이 주어지고 시행횟수 n이 충분히 크고 성공확률 p가 0이나 1에 가깝지 않을 때, 이 확률변수들을 표준정규화 하여 그 극한분포를 구하면 평균이 0이고 표준편차가 1인 표준정규분포로 수렴한다는 것이다. 이것을 이항분포의 정규분포근사라 한다. 좀 더 자세하게 설명하면, 이항분포의 정규분포 근사는 확률변수 X가 성공확률이 p인 이항분포 $B(n,p)$에 따르고, 시행횟수 n이 충분히 크면, 확률변수 X의 극한분포는 평균이 $\mu = np$, 분산이 $\sigma^2 = npq$ $(q = 1-p)$인 정규분포로 수렴한다.

이항분포의 정규분포 근사

$X \sim B(n,p)$일 때, 시행횟수 n이 충분히 크면 X는 정규분포 $X \sim N(\mu, \sigma^2)$으로 수렴한다. 이때 다음이 성립한다.

$$Z = \frac{X - np}{\sqrt{npq}} \longrightarrow N(0,1)$$

일반적으로 이항분포는 이산분포이고 정규분포는 연속분포이므로 이항분포를 정규분포로 근사시킬 경우, 어느 정도의 오차가 항상 발생하기 때문에 이 오차를 줄이기 위하여 다음과 같이 확률을 수정하여 계산하게 된다. 이것을 연속성의 수정(correction of continuity)이라 한다.

이항분포의 정규분포 근사(연속성의 수정)

$X \sim B(n,p)$일 때, 시행횟수 n이 충분히 크면 X는 정규분포 $X \sim N(\mu, \sigma^2)$으로 수렴하고 다음이 성립한다.

$$Z = \frac{X-np}{\sqrt{npq}} \longrightarrow N(0,1).$$

이때 임의의 상수 a, b $(a < b)$에 대하여

$$\begin{aligned} P(a \leqslant X \leqslant b) &\fallingdotseq P(a - \frac{1}{2} \leqslant X \leqslant b + \frac{1}{2}) \\ &= P\Big(\frac{a-np-\frac{1}{2}}{\sqrt{npq}} \leqslant \frac{X-np}{\sqrt{npq}} \leqslant \frac{a-np+\frac{1}{2}}{\sqrt{npq}}\Big) \\ &= P\Big(\frac{a-np-\frac{1}{2}}{\sqrt{npq}} \leqslant Z \leqslant \frac{a-np+\frac{1}{2}}{\sqrt{npq}}\Big) \end{aligned}$$

이고, 또한 임의의 상수 a, b $(a < b)$에 대하여 다음이 성립한다.

$$\begin{aligned} P(a < X < b) &\fallingdotseq P(a + \frac{1}{2} \leqslant X \leqslant b - \frac{1}{2}) \\ &= P\Big(\frac{a-np+\frac{1}{2}}{\sqrt{npq}} \leqslant \frac{X-np}{\sqrt{npq}} \leqslant \frac{a-np-\frac{1}{2}}{\sqrt{npq}}\Big) \\ &= P\Big(\frac{a-np+\frac{1}{2}}{\sqrt{npq}} \leqslant Z \leqslant \frac{a-np-\frac{1}{2}}{\sqrt{npq}}\Big). \end{aligned}$$

이항분포의 정규분포 근사는 시행횟수 $n = 25$ 이상일 때 또는 시행횟수 n이 $np > 5$이고 $npq > 5$인 조건을 만족할 때 이용하는 것이 바람직하다.

例題 1 두 개의 동전을 1200번 던져서 모두 뒷면이 나오는 횟수를 확률변수 X라 할 때, $P(284 < X < 316)$을 구하라.

解答 먼저 확률변수 X는 $X \sim B(1200, \frac{1}{4})$에 따른다. 그런데 시행횟수 $n = 1200$이 충분히 크므로 X는 정규분포에 따른다. 이때 X의 평균은 $\mu = np = 1200 \times 0.25 = 300$이고, 분산은 $\sigma^2 = npq = 1200 \times 0.25 \times 0.75 = 225 = 15^2$이다. 이로부터 X를 표준정규

화 하면

$$Z = \frac{X-300}{15} \sim N(0,1)$$

이므로 확률의 연속성 수정공식에 의하여

$$\begin{aligned} P(284 < X < 316) &\fallingdotseq P(284 + \frac{1}{2} \leqslant X \leqslant 316 - \frac{1}{2}) \\ &= P\Big(\frac{284.5-300}{15} \leqslant Z \leqslant \frac{315.5-300}{15}\Big) \\ &= P(-1.03 \leqslant Z \leqslant 1.03) \\ &= P(Z \leqslant 1.03) - P(Z \leqslant -1.03) \\ &= P(Z \leqslant 1.03) - \big(1 - P(Z \leqslant 1.03)\big) \\ &= 2 \times 0.8485 - 1 \\ &= 0.6970 \end{aligned}$$

이다. ◀

例題 2 어느 자동자 부품회사의 부품 불량률이 10%라고 한다. 이 공장에서 400개의 부품을 조사하였을 때, 불량품이 50개 이상 발견될 확률을 구하라.

解答 부품 400개 중에서 발견된 불량품의 수를 확률변수 X라 하면, $X \sim B(400, 0.1)$이다. 그런데 시행횟수 $n = 400$이 충분히 크므로 확률변수 X는 근사적으로 정규분포에 따른다. 이때 평균은 $\mu = np = 400 \times 0.1 = 40$, 분산은 $\sigma^2 = npq = 400 \times 0.1 \times 0.9 = 36 = 6^2$이다. 이제 X를 표준정규화 하면

$$Z = \frac{X-40}{6} \sim N(0,1)$$

이다. 따라서, 확률의 연속성 수정공식에 의하여

$$\begin{aligned} P(X \geqslant 50) &\fallingdotseq P(X \geqslant 50 - \frac{1}{2}) \\ &= P\Big(Z \geqslant \frac{49.5-40}{6}\Big) \\ &= P(Z \geqslant 1.58) \\ &= 1 - P(Z \leqslant 1.58) \\ &= 1 - 0.9429 \\ &= 0.0571 \end{aligned}$$

이다. ◀

例題 3 어떤 스마트폰 앱(application)의 구입률이 20%로 알려져 있다. 이 스마트폰의 앱을 최신형으로 업그레이드 한 후에 100명의 구입자들을 랜덤하게 뽑아 이 앱의 지속적인 사용여부를 물었다.

(a) 이 앱의 구입률이 이전과 동일하다면 100명의 앱 구입자 중 15명 이하가 앱을 지속적으로 사용하고 있을 확률을 구하라.

(b) (a)에서 이 앱을 지속적으로 사용하는 구입자의 수가 25명보다 많을 확률을 구하라.

解答 100명의 스마트폰 앱 구입자 중 이 앱을 지속적으로 사용하는 사람의 수를 X라 하면, $n = 100$, $p = 0.2$인 이항분포를 따른다. 이제 정규근사의 적합 여부를 판단하기 위하여 np와 nq를 각각 계산해 보면

$$np = 100 \times 0.2 = 20, \qquad nq = 100 \times 0.8 = 80$$

이다. 이로부터 이항분포의 정규근사를 적용할 수 있다. 먼저 이항분포의 기댓값과 분산을 각각 구하면

$$\begin{aligned} E(X) &= np = 100 \times 0.2 = 20 \\ \mathrm{Var}(X) &= npq = 100 \times 0.2 \times 0.8 = 16 \end{aligned}$$

이다.

(a) X가 15일 확률을 포함시켜야 하므로

$$\begin{aligned} P(X \leqslant 15) &\fallingdotseq P\Big(Z \leqslant \frac{15.5 - 20}{4}\Big) \\ &= P(Z \leqslant -1.125) \\ &= 1 - P(Z \leqslant 1.125) \\ &= 1 - 0.8697 \\ &= 0.1303 \end{aligned}$$

이다.

(b) X가 25인 경우는 제외되므로

$$\begin{aligned} P(X > 25) &\fallingdotseq P\Big(Z > \frac{25.5 - 20}{4}\Big) \\ &= P(Z > 1.375) \\ &= 1 - P(Z < 1.375) \\ &= 1 - 0.9155 \\ &= 0.0845 \end{aligned}$$

이다. ◀

練習問題

1. 다음 지수분포의 평균 $E(X)$와 분산 $\mathrm{Var}(X)$를 구하라.

$$f(x) = \begin{cases} \lambda e^{-\lambda x}, & x \geqslant 0, \lambda > 0 \\ 0, & x < 0 \end{cases}$$

2. 어느 타이어 공장에서 생산한 타이어의 지름은 평균이 91.44cm이고 표준편차는 0.25cm인 정규분포를 한다. 타이어의 지름이 91.88cm 이상일 확률을 구하라.

3. 어떤 백화점에서 판매하고 있는 두루마리 화장지를 모두 수집하여 길이를 조사하였다니 평균이 49.5m, 표준편차가 2m인 정규분포에 따랐다.
   (1) 길이가 48.4m 이하인 화장지는 몇 %인가?
   (2) 화장지의 길이가 50m 이하이면 불합격품이라고 할 때, 불합격품의 비율을 구하라.

4. 기초통계학 중간시험 성적과 기말시험 성적을 통계학교수가 합산한 결과, 기초통계학 최종 성적이 평균 71, 표준편차가 11인 정규분포에 따름을 알았다.
   (1) 기초통계학 과목의 F성적을 면하기 위한 최소점수가 50점이라고 할 때, 수강생 중 몇 퍼센트가 학점을 획득하겠는가?
   (2) 통계학교수가 수강생 중 80%만 학점을 주려한다면, 이 학점 내에 들어가 있기 위한 점수는 몇 점을 받아야할까?
   (3) 상위 10% 학생들에게 A학점을 주려고 할 때, A학점을 받기 위해서는 최소 몇 점을 얻어야 하는가?

5. 어떤 시험에서 300명의 성적분포는 정규분포에 따른다고 하고 성적평균이 70점, 표준편차가 10이라는 것을 알았다. 시험성적이 60점이상 80점 미만인 사람은 약 몇 명인가?

6. 어느 자동자 부품회사의 부품 불량률이 10%라고 한다. 이 공장에서 100개의 부품을 조사하였을 때, 불량품이 53개 이상 발견될 확률을 구하라.

7. 어느 병아리 부화장의 수정란의 부화율은 90%라고 한다. 이 부화장에서 수정란 400개를 부화시켰을 때, 부화되지 않을 수정란이 30개 이하일 확률을 구하라.

제 7 장

표본분포

7.1 표본추출법

모집단에 대한 어떤 정보나 특성을 알고자 할 때 모집단 전체를 조사하지 않고 모집단에서 추출한 표본을 조사하여 모집단에 대한 정보를 얻는 경우가 많다. 그러나 모집단에서 추출한 표본은 모집단의 일부이므로 모집단에 대한 정보를 정확히 포함하고 있지는 않으며 필연적으로 오차가 발생하게 된다. 따라서 모집단을 대표하는 표본을 적절한 방식으로 잘 추출하여 이러한 오차를 줄여야 하며 또한 표본에서 필요한 정보를 조사하여 모집단 전체의 관계를 조사함으로써 모집단 전체의 특성을 이해하는데 도움이 될 것이다.

모집단에 관한 어떤 정보나 특성을 얻기 위하여 모집단 전체를 조사하는 통계조사를 전수조사(complete survey)라 하고 모집단의 일부분인 표본을 추출하고, 추출한 표본을 조사하여 그 결과를 바탕으로 모집단에 대한 특성을 추정하는 통계조사를 표본조사(sample survey)라 한다. 제품의 품질검사나 여론조사를 할 때 전수조사를 하면 결과는 정확하겠지만 많은 경비와 시간이 필요하게 되어 현실적으로는 비효율적이므로 이런 경우에는 표본조사를 하게 된다. 표본조사는 모집단의 일부분을 조사하기 때문에 전체를 조사할 때보다 시간과 비용을 절감할 수 있을뿐 아니라 수집한 자료의 양이 적으므로 결과를 빨리 얻을 수 있다. 또한 조사규모가 작으므로 조사요원과 조사업무에 대한 관장을 좀더 철저하게 함으로써 오히려 전수조사보다 정확성이 높은 결과를 기대할 수 있다. 그러나 표본조사를 할 때 중요한 점은 모집단을 잘 대표하는 표본을 추출하여 조사해야 한다. 그렇지 않으면 모집단의 특성과 차이가 큰 결과가 발생할 수 있다. 표본을 추출하는 방법에는 크게 나누어 유의추출법(purposive selection)과 임의추출법(random sampling)두 가지가 있다. 유의추출법은 모집단으로부터 표본을 추출할 때 주관적인 판단 즉, 조사자의 지식 또는 경험을 토대로 하여 적당하다고 생각되는 표본을 추출하는 방법이다. 이러한 유의추출법에 의하여 추출된 표본을 유의표본(purposive sample)이라 한다. 임의추출법은 또한 확률추출법이라고도 부르며 모집단의 모든 원소가 표본으로 뽑힐 확률이 모두 같은 경우로 하여 객관적으로 공정하게 표본을 추출하는 방법이다. 이러한 임의추출법에 의하여 추출된 표본을 임의표본(random sample) 또는 확률표본이라 한다. 대표적인 임의추출법으로는 단순임의추출법, 층화임의추출법, 계통추출법이 있다.

7.1.1 단순임의 추출법

크기 N인 모집단에서 크기 n인 표본을 추출하는 방법의 수는 $\binom{N}{n}$가지 이다. 모집단의 모든 자료들로 부터 $\binom{N}{n}$개의 표본이 같은 확률로 뽑히도록 추출하는 방법을 단순임의추출법(simple random sampling)이라 한다. 이 방법은 가장 기본적인 추출법으로 조사자의 주관적 판단에 의존하지 않고 카드를 뽑거나 난수표를 이용하여 표본을 추출하는 방법이다.

7.1.2 층화임의추출법

층화임의추출법(stratified random sampling)은 모집단을 동질적인 성질을 가진 것끼리 몇 개의 집단이나 층으로 분류한 다음 각 층에서 어떤 규칙에 따라 표본을 단순임의추출하는 방법이다. 층화임의추출법은 단순임의추출법보다 더욱 발전된 추출법으로서 부분 집단별로 정확도가 요구될 때, 간편한 조사가 요구될 때 또한 모집단의 분포가 한쪽으로 치우쳐 있다고 생각될 때 사용하는 방법이다. 모집단을 동질적인 층으로 나눌 수 있을 때 층화임의추출법을 사용하면 추정량의 분산을 줄일 수 있는 장점이 있다. 층을 나누는 기본 원리는 부분집단 내에서의 동질성을 이용하는 것이다. 즉, 층간의 이질성을 크게 하고 층 내부에서의 이질성을 작게 하는 것이다. 따라서 각 층에서는 상대적으로 작은 표본을 갖고도 정확하게 추정할 수 있게 된다. 층화임의추출법은 각 층별로 추정값을 계산할 수도 있고 표본이 모든 층에 분포되어 있어 모집단을 대표하는 표본을 추출할 가능성이 높으나 층을 나누는데 별도의 경비가 발생한다는 단점이 있다.

7.1.3 집락추출법

집락추출법(cluster sampling)은 모집단을 조사단위 또는 집락(cluster)이라 부르는 몇 개의 부분집단으로 분류하고 그 집락들 가운데서 몇 개의 집락을 전수조사하거나 그 집락에서만 표본을 추출하는 방법이다. 집락추출법에서는 층화임의추출법과는 달리 부분집단 즉, 집락 사이에 이질성이 적어야 한다. 그래야만 추출된 집락이 모집단을 잘 대표할 수 있어 올바르게 추정할 수 있다. 집락추출법의 장점은 비용을 절약하고 표본을 쉽게 관리하고자 하는 것이며 층화임의추출법과 병행해서 사용하기도 한다.

7.1.4 계통추출법

계통추출법(systematic sampling)은 표본을 시간적으로나 공간적으로 일정한 간격을 두고 계통적으로 취하는 추출법으로 방법이 쉽고 간편하여 널리 이용된다. 또한 모집단 전체에서 표본들이 균등하게 추출되는 장점이 있다. 모집단과 표본의 크기를 각각 N과 n이라 할 때, $k = \frac{N}{n}$을 추출간격(sampling interval)이라 하면, 계통추출법은 모집단의 처음 k개의 추출단위에서 임의로 하나를 추출하고, 그로부터 k번째마다 자료를 표본으로 추출해 나가는 것이다. 첫 번째 추출단위는 임의로 추출되지만, 첫 번째 추출단위가 선택되면 표본의 나머지는 앞의 과정에 의하여 결정된다. 계통추출법의 주요한 장점은 편리함이지만 모집단의 순서에 주기성이 숨겨져 있을 때 계통추출법을 이용하면 모집단의 특성이 반영되지 않는 표본이 추출될 가능성이 있으므로 주의해야 한다. 계통추출법은 그 밖의 다른 추출법과 병행해서 사용할 수 있다.

7.1.5 다단추출법

집락추출법에 있어서 집락의 크기가 매우 클 때에는 추출된 표본집락에서 다시 표본을 추출하여 조사하는 것이 비용절약의 입장에서 대단히 좋은 방법이다. 이러한 추출법을 2단 추출법(two-stage sampling) 또는 부분추출법(subsampling)이라 한다. 제 1단계의 추출단위를 제 1차 추출단위(primary sampling unit), 제 2단계의 추출단위를 제 2차 추출단위(secondary sampling unit)라 한다. 이상과 같은 방법으로 진행하여 3단

추출법과 4단 추출법을 정의할 수 있으며, 2단 추출법 이상을 다단추출법(multistage sampling)이라 부르고 단순임의추출법, 층화임의추출법, 계통임의추출법을 1단 추출법이라 부른다.

7.2 표본평균의 분포

추론통계학은 모집단의 일부인 표본을 이용하여 모집단의 분포에 관한 정보를 추론한다. 여기에서는 모집단으로부터 추출된 표본을 기초로하여 표본변량의 통계량(statistic) 특히, 표본평균의 분포와 관련된 여러 가지 분포에 대하여 살펴 본다.

모집단의 특성을 나타내는 모수는 그 모집단의 전체를 관찰하여 얻어진 값이므로 변하지 않는 일정한 값이다. 이에 비하여 표본의 특성을 나타내는 통계량은 모집단의 일부인 표본에 근거하여 계산된 값이므로 모집단으로부터 추출된 표본에 따라 일반적으로 그 값이 변한다. 그러므로 통계량은 확률변수로서 통계량의 확률분포를 충분히 파악해야 모집단에 대한 추론이 가능해진다. 이 절에서는 모집단의 크기를 N, 모집단의 평균인 모평균을 μ, 모집단의 분산인 모분산을 σ^2, 모집단의 표준편차인 모표준편차를 σ로 나타내기로 하며, 표본의 크기는 n, 표본의 평균인 표본평균을 $\bar{X}$, 표본의 분산인 표본분산을 S^2, 표본의 표준편차인 표본표준편차를 S로 나타내기로 한다.

표본변량의 함수인 통계량(statistic)은 일반적으로 확률변수이다. 따라서 이 통계량의 확률분포를 파악하는 것은 모집단에 대한 추론을 위해서는 반드시 필요한 과정이다. 이러한 통계량의 확률분포를 일반적으로 표본분포(sampling distribution)라 한다. 표본평균의 분포는 특정한 모집단에서 동일한 크기로 모든 가능한 표본들의 평균을 계산했을 때, 그 평균들의 확률분포를 말한다. 예를 들어, 어떤 하나의 상자에 4, 16, 12, 24라고 쓰여진 4장의 카드가 들어있다고 하자. 이 상자 안의 카드를 모집단 자료라고 가정할 때, 이 모집단으로부터 2장의 카드를 표본으로 추출하는 경우, 이 모집단의 확률분포는 다음과 같다.

X	4	16	12	24
확률	$\frac{1}{4}$	$\frac{1}{4}$	$\frac{1}{4}$	$\frac{1}{4}$

표 7.1

이로부터 모집단의 모평균 μ와 분산 σ^2을 구하면 다음과 같다.

$$\begin{aligned}
\mu &= 4 \times \frac{1}{4} + 16 \times \frac{1}{4} + 12 \times \frac{1}{4} + 24 \times \frac{1}{4} = 14, \\
\sigma^2 &= (4-14)^2 \times \frac{1}{4} + (16-14)^2 \times \frac{1}{4} + (12-14)^2 \times \frac{1}{4} + (24-14)^2 \times \frac{1}{4} \\
&= 100 \times \frac{1}{4} + 4 \times \frac{1}{4} + 4 \times \frac{1}{4} + 100 \times \frac{1}{4} \\
&= 52.
\end{aligned}$$

이제 복원추출과 비복원추출로 모집단으로부터 크기가 2인 표본을 추출하여 보자. 일반적으로 모집단으로부터 표본을 추출하는 방법은 비복원추출방법을 사용하지만, 표본평균의 분포를 설명하기 위하여 먼저 복원추출을, 그 다음 비복원추출을 생각해 본다.

7.2.1 복원 추출의 경우

앞의 4개의 자료를 가진 모집단으로부터 복원추출로 2개의 자료를 추출할 수 있는 방법의 수는 $4^2 = 16$가지로서 표 7.2의 왼쪽과 같다.

가능한 표본	표본평균	확률
4, 4	4	$\frac{1}{16}$
4, 16	10	$\frac{1}{16}$
4, 12	8	$\frac{1}{16}$
4, 24	14	$\frac{1}{16}$
16, 4	10	$\frac{1}{16}$
16, 16	16	$\frac{1}{16}$
16, 12	14	$\frac{1}{16}$
16, 24	20	$\frac{1}{16}$
12, 4	8	$\frac{1}{16}$
12, 16	14	$\frac{1}{16}$
12, 12	12	$\frac{1}{16}$
12, 24	18	$\frac{1}{16}$
24, 4	14	$\frac{1}{16}$
24, 16	20	$\frac{1}{16}$
24, 12	18	$\frac{1}{16}$
24, 24	24	$\frac{1}{16}$

표본평균	확률
4	$\frac{1}{16}$
8	$\frac{2}{16}$
10	$\frac{2}{16}$
12	$\frac{1}{16}$
14	$\frac{4}{16}$
16	$\frac{1}{16}$
18	$\frac{2}{16}$
20	$\frac{2}{16}$
24	$\frac{1}{16}$

표 7.2

표 7.2에서 실제로 추출된 표본은 이들 중 하나가 될 것이다. 이때 확률표본의 의미는 모집단으로부터 추출되는 표본의 확률이 모두 $\frac{1}{16}$로 같다는 것이다. 이제 표 7.2의 왼쪽에서 똑같은 표본평균을 갖는 것끼리 묶으면 표 7.2의 오른쪽과 같다. 이로부터 표본평균 $\bar{X}$의 기댓값 $E(\bar{X})$와 분산 $\mathrm{Var}(\bar{X})$를 구하면 각각 다음과 같다.

$$\begin{aligned} E(\bar{X}) \;&=\; 4\times\frac{1}{16}+8\times\frac{2}{16}+10\times\frac{2}{16}+12\times\frac{1}{16}+14\times\frac{4}{16}+16\times\frac{1}{16} \\ &\quad +18\times\frac{2}{16}+20\times\frac{2}{16}+24\times\frac{1}{16} \;=\; 14, \end{aligned}$$

$$\begin{aligned}\mathrm{Var}(\bar{X}) &= (4-14)^2\times\frac{1}{16}+(8-14)^2\times\frac{2}{16}+(10-14)^2\times\frac{2}{16}+(12-14)^2\times\frac{1}{16}\\&\quad+(14-14)^2\times\frac{4}{16}+(16-14)^2\times\frac{1}{16}+(18-14)^2\times\frac{2}{16}\\&\quad+(20-14)^2\times\frac{2}{16}+(24-14)^2\times\frac{1}{16}\\&= 100\times\frac{1}{16}+36\times\frac{2}{16}+16\times\frac{2}{16}+4\times\frac{1}{16}+0\times\frac{4}{16}+4\times\frac{1}{16}\\&\quad+16\times\frac{2}{16}+36\times\frac{2}{16}+100\times\frac{1}{16} = 26 = \frac{52}{2}.\end{aligned}$$

따라서, 모집단으로부터 크기 n인 표본을 복원추출할 때, 다음이 성립한다.

표본평균 $\bar{X}$의 기댓값과 분산(복원추출의 경우)

모평균 μ와 모분산 σ^2인 모집단으로부터 크기 n인 확률표본을 복원추출할 때 표본평균 $\bar{X}$의 기댓값과 분산은 다음과 같다.

$$E(\bar{X}) = \mu, \qquad \mathrm{Var}(\bar{X}) = \frac{\sigma^2}{n}$$

또한, 표본평균 $\bar{X}$의 표준편차 $\sqrt{\mathrm{Var}(\bar{X})}$를 표준오차(standard error)라 한다.

7.2.2 비복원 추출의 경우

앞의 표 7.1의 모집단으로부터 2개의 표본을 비복원 추출할 때, 가능한 표본과 확률을 구하면 다음과 같다.

가능한 표본	표본평균	확률
4, 16	10	$\frac{1}{12}$
4, 12	8	$\frac{1}{12}$
4, 24	14	$\frac{1}{12}$
16, 12	14	$\frac{1}{12}$
16, 24	20	$\frac{1}{12}$
12, 24	18	$\frac{1}{12}$
24, 12	18	$\frac{1}{12}$
24, 16	20	$\frac{1}{12}$
24, 4	14	$\frac{1}{12}$
12, 16	14	$\frac{1}{12}$
24, 4	8	$\frac{1}{12}$
16, 4	10	$\frac{1}{12}$

표본평균	확률
20	$\frac{2}{12}$
18	$\frac{2}{12}$
14	$\frac{4}{12}$
10	$\frac{2}{12}$
8	$\frac{2}{12}$

표 7.3

이로부터 표본평균 $\bar{X}$의 기댓값 $E(\bar{X})$는

$$
\begin{aligned}
E(\bar{X}) &= 20 \times \frac{2}{12} + 18 \times \frac{2}{12} + 14 \times \frac{4}{12} + 10 \times \frac{2}{12} + 8 \times \frac{2}{12} \\
&= 14
\end{aligned}
$$

이고 분산 $\mathrm{Var}(\bar{X})$는

$$
\begin{aligned}
\mathrm{Var}(\bar{X}) &= (20-14)^2 \times \frac{2}{12} + (18-14)^2 \times \frac{2}{12} + (14-14)^2 \times \frac{4}{12} \\
&\quad + (10-14)^2 \times \frac{2}{12} + (8-14)^2 \times \frac{2}{12} \\
&= 36 \times \frac{1}{6} + 16 \times \frac{1}{6} + 0 \times \frac{1}{3} + 16 \times \frac{1}{6} + 36 \times \frac{1}{6} \\
&= \frac{52}{3}
\end{aligned}
$$

이다. 따라서, 모집단으로부터 크기 n인 표본을 비복원추출할 때, 다음이 성립한다.

표본평균 $\bar{X}$의 기댓값과 분산(비복원추출의 경우)

모평균 μ와 모분산 σ^2인 모집단으로부터 크기 n인 확률표본을 복원추출할 때 표본평균 $\bar{X}$의 기댓값과 분산은 다음과 같다.

$$
E(\bar{X}) = \mu, \qquad \mathrm{Var}(\bar{X}) = \frac{\sigma^2}{n}\left(\frac{N-n}{N-1}\right).
$$

여기서, N은 모집단의 크기(size)이고 $\frac{N-n}{N-1}$을 유한모집단 수정계수(finite population correction coefficient)라 부르며 또한, 표본평균 $\bar{X}$의 표준편차인 $\sqrt{\mathrm{Var}(\bar{X})}$를 표준오차(standard error)라 한다.

위의 비복원추출에서 $\frac{n}{N}$을 추출률(sampling fraction)이라 한다. 만약 모집단이 무한모집단이면 $\mathrm{Var}(\bar{X}) = \frac{\sigma^2}{n}$이 성립하므로 복원추출이나 비복원추출이나 같은 결과를 얻는다. 또한 표본의 추출률 $\frac{n}{N}$도 충분히 작으면 복원추출이나 비복원추출 모두 같은 결과를 얻게 되므로, 표본평균 $\bar{X}$의 분산 역시 근사적으로 $\frac{\sigma^2}{n}$으로 쓸 수 있다.

例題 1 어느 제조공장에서 생산한 전체 제품 500개의 평균수명이 6년, 분산이 1.5년으로 알려져 있다. 70개의 제품을 확률표본으로 추출하였을 때, 표본평균의 분산을 구하라.

解答 복원추출할 경우 : $\mathrm{Var}(\bar{X}) = \dfrac{\sigma^2}{n} = \dfrac{1.5}{70} = 0.021$

비복원추출할 경우 : $\mathrm{Var}(\bar{X}) = \dfrac{\sigma^2}{n}\dfrac{N-n}{N-1} = \dfrac{1.5}{70}\left(\dfrac{500-70}{500-1}\right) = 0.018$ ◀

모집단의 분포가 정규분포 $N(\mu, \sigma^2)$에 따를 때, 표본평균 $\bar{X}$의 분포는 어떤 분포에 따르는지를 살펴보자. 정규분포에 따르는 모집단으로부터 크기 n인 확률표본을 임의로 추출하였을 때, 표본평균 $\bar{X}$의 기댓값과 분산 $\mathrm{Var}(\bar{X})$는

$$E(\bar{X}) = \mu,$$
$$\mathrm{Var}(\bar{X}) = \frac{\sigma^2}{n}$$

이므로 표본평균 $\bar{X}$의 분포는 평균이 μ이고, 분산이 $\frac{\sigma^2}{n}$인 정규분포 즉,

$$\bar{X} \sim N(\mu, \frac{\sigma^2}{n})$$

에 따른다. 이로부터 표준화된 확률변수는 다음과 같이

$$Z = \frac{X - \mu}{\frac{\sigma}{\sqrt{n}}} \sim N(0, 1)$$

에 따른다. 이를 정리하면 다음과 같다.

표본평균 $\bar{X}$의 분포(정규모집단의 경우)

정규분포에 따르는 모집단으로부터 크기 n인 확률표본을 추출하였을 때, 표본평균 $\bar{X}$의 분포는 $\bar{X} \sim N(\mu, \frac{\sigma^2}{n})$에 따르며, 표준화된 확률변수 Z는 다음과 같이 표준정규분포에 따른다.

$$Z = \frac{X - \mu}{\frac{\sigma}{\sqrt{n}}} \sim N(0, 1).$$

例題 2 어떤 공장에서 생산되는 전기제품의 수명은 평균 700시간, 표준편차가 50시간인 정규분포에 따른다고 알려져 있다. 이 공장에서 생산되는 전기제품 중 확률표본으로 $n = 25$개를 추출했을 때, 확률표본으로 뽑힌 전기제품의 평균수명이 690시간 미만일 확률을 구하라.

解答 $n = 25$개인 표본의 표본평균 $\bar{X}$의 기댓값과 분산은 각각 다음과 같다.

$$E(\bar{X}) = 700,$$
$$\mathrm{Var}(\bar{X}) = \frac{50^2}{25} = 100.$$

이때, 표본평균 $\bar{X} \sim N(700, 10^2)$인 정규분포를 따르므로 구하고자 하는 확률은

$$\begin{aligned} P(\bar{X} < 690) &= P\Big(\frac{\bar{X} - 700}{10} < \frac{690 - 700}{10}\Big) \\ &= P(Z < -1) \\ &= 1 - P(Z < 1) \\ &= 1 - 0.8413 \;=\; 0.1587 \end{aligned}$$

이다. ◀

두 정규모집단 $N(\mu_1, \sigma_1^2)$과 $N(\mu_2, \sigma_2^2)$이 독립이고 이 두 모집단으로부터 크기가 각각 n_1과 n_2인 확률표본의 표본평균을 각각 $\bar{X}_1$와 $\bar{X}_2$라 할 때, 이 두 표본평균의 차 $\bar{X}_1 - \bar{X}_2$의 분포에 대하여 알아 보자. $\bar{X}_1$의 분포는 평균이 μ_1, 분산이 $\dfrac{\sigma_1^2}{n_1}$인 정규분포 $N(\mu_1, \frac{\sigma_1^2}{n_1})$에 따르고 또한, $\bar{X}_2$의 분포는 평균이 μ_2, 분산이 $\dfrac{\sigma_2^2}{n_2}$인 정규분포 $N(\mu_2, \frac{\sigma_2^2}{n_2})$에 따른다. 따라서 두 표본평균의 차 $\bar{X}_1 - \bar{X}_2$의 기댓값과 분산을 구하면

$$\begin{aligned} E\big(\bar{X}_1 - \bar{X}_2\big) &= \mu_1 - \mu_2, \\ \mathrm{Var}(\bar{X}_1 - \bar{X}_2) &= \frac{\sigma_1^2}{n_1} + \frac{\sigma_2^2}{n_2} \end{aligned}$$

이고, 독립성질에 의하여 표본평균의 차 $\bar{X}_1 - \bar{X}_2$의 분포는

$$\bar{X}_1 - \bar{X}_2 \;\sim\; N\left(\mu_1 - \mu_2, \frac{\sigma_1^2}{n_1} + \frac{\sigma_2^2}{n_2}\right)$$

임을 알 수 있다. 이를 표준정규화하면,

$$Z \;=\; \frac{(\bar{X}_1 - \bar{X}_2) - (\mu_1 - \mu_2)}{\sqrt{\dfrac{\sigma_1^2}{n_1} + \dfrac{\sigma_2^2}{n_2}}} \;\sim\; N(0, 1)$$

이다.

모집단의 분포가 정규분포를 따르지 않으면, 통상적으로는 표본평균 $\bar{X}$의 분포도 정규분포를 따르지 않는다. 그러나 모집단으로부터 추출되는 표본의 크기가 충분히 크면, 중심극한 정리(central limit theorem)에 의하여 표본평균 $\bar{X}$의 분포는 정규분포에 따르게 된다. 이 중심극한정리는 다음과 같다.

중심극한 정리(central limit theorem)

모평균이 μ이고 모분산이 σ^2인 모집단으로부터 추출한 크기 n인 확률표본 X_1, X_2, $\cdots$, X_n의 표본평균을 $\bar{X}$라 하자. 추출된 표본의 크기 n이 충분히 크면, 표본평균 $\bar{X}$의 분포는 근사적으로 평균이 μ이고 분산이 $\frac{\sigma^2}{n}$인 정규분포 $N(\mu, \frac{\sigma^2}{n})$에 따른다. 이때, 표준정규화된 확률변수 $Z = \frac{\bar{X}-\mu}{\frac{\sigma}{\sqrt{n}}}$는 근사적으로 표준정규분포 $N(0,1)$에 따른다. 즉, 다음이 성립한다.

$$Z = \frac{\bar{X}-\mu}{\frac{\sigma}{\sqrt{n}}} \sim N(0,1).$$

참고로 위의 중심극한정리에서 추출된 확률표본의 크기 n이 충분히 클 때라 함은 보통 $n \geqslant 30$을 의미한다.

例題 3 어떤 공장에서 생산한 전구의 평균수명은 2500시간, 분산이 3600시간이다. 어느 날 생산된 전구 중에서 임의로 100개를 추출하였을 때, 표본평균이 2515시간 미만일 확률을 구하라.

解答 모집단의 분포는 모평균 $\mu = 2500$, 모분산 $\sigma^2 = 3600$인 분포이고 추출한 표본의 크기는 $n = 100$이다. 이 경우 모집단의 분포는 알지 못하나 표본의 크기 $n = 100$은 충분히 크므로 중심극한정리에 의하여 표본평균 $\bar{X}$는 근사적으로 $N(2500, \frac{3600}{100})$에 따른다. 따라서 $\bar{X}$를 표준정규화 하면

$$Z = \frac{\bar{X}-2500}{\frac{60}{10}} \sim N(0,1)$$

이므로 구하는 확률은

$$\begin{aligned} P(\bar{X} < 2565) &= P\Big(\frac{\bar{X}-2500}{6} < \frac{2515-2500}{6}\Big) \\ &= P(Z < 2.5) \\ &= 0.9938 \end{aligned}$$

이다. ◀

例題 4 어떤 모임에 가입되어 있는 남자들의 평균키는 170.5cm, 표준편차가 6cm라고 알려져 있다. 이 모임에서 64명의 남자를 임의로 표본추출하여 이들의 평균키를 측정할 때, 64명의 평균키가 169cm 이상일 확률을 구하라.

解答 이 모임에 속해 있는 분포 즉, 모집단 분포에 대한 가정은 없지만 표본의 크기 $n = 64$는 충분히 크므로 중심극한정리를 적용한다. 따라서 모평균은 $\mu = 170.5$, 모분

산이 $\sigma^2 = 36$인 분포이고 추출한 표본의 크기는 $n = 64$이다. 따라서, 표본의 크기 $n = 64$는 충분히 크므로 중심극한정리에 의하여 표본평균 $\bar{X}$는 근사적으로 $N(170.5, \frac{36}{64})$에 따른다. 이로부터 $\bar{X}$를 표준정규화 하면

$$Z = \frac{\bar{X} - 170.5}{\frac{36}{64}} \sim N(0,1)$$

이므로 구하는 확률은

$$\begin{aligned} P(\bar{X} \geqslant 169) &= P\Big(\frac{\bar{X} - 170.5}{0.75} \geqslant \frac{169 - 170.5}{0.75}\Big) \\ &= P(Z \geqslant -2) \\ &= P(Z \leqslant 2) \\ &= 0.9772 \end{aligned}$$

이다. ◀

7.3 표본비율의 분포

성공확률이 p $(1 < p < 1)$인 이항분포에 따르는 이항모집단으로부터 독립적으로 크기 n인 확률표본을 추출하였다고 하자. 여기서 확률변수 X를 성공이 나타난 횟수라고 할 때, 표본비율(sample proportion) $\hat{p}_n = \frac{S_n}{n}$의 분포에 대하여 알아 보자. 단, $S_n = \sum_{i=1}^{n} X_i$이다. 추출된 표본의 크기 n이 충분히 크면, 드 므와브르-라플라스의 중심극한정리에 의하여 근사적으로 평균이 p이고, 분산이 $\frac{pq}{n}$ $(q = 1 - p)$인 정규분포에 따른다. 즉,

$$\hat{p}_n = \frac{S_n}{n} \sim N\Big(p, \frac{pq}{n}\Big)$$

이다. 이 표본비율을 표준화하면, 다음과 같이 표준정규분포에 따른다.

표본비율 $\hat{p}_n = \frac{S_n}{n}$의 분포

$$Z = \frac{\hat{p}_n - p}{\sqrt{\frac{pq}{n}}} = \frac{S_n - np}{\sqrt{npq}} \sim N(0,1)$$

例題 1 어느 도시에 거주하는 사람들의 55%가 매일 운동을 하고 있다. 이제 이 도시에서 200명을 임의로 추출하였을 때, 매일 운동을 하는 사람들의 비율이 0.62 이하일 확률을 구하라.

解答 표본의 수는 $n = 200$명, 표본비율은 $p = 0.55$이므로 구하고자 하는 확률은 $P(\hat{p}_n < 0.62)$이다. 따라서,

$$\begin{aligned}\sqrt{\frac{pq}{n}} &= \sqrt{\frac{0.248}{200}} \\ &= 0.035\end{aligned}$$

이고 정규분포 근사를 이용하면

$$\begin{aligned}P(\hat{p}_n < 0.62) &\fallingdotseq P\Big(Z < \frac{0.62 - 0.55}{0.035}\Big) \\ &= P(Z < 2) \\ &= 0.9772\end{aligned}$$

이다. ◀

7.4 χ^2-분포

X_1, X_2. $\cdots$, X_n을 모집단에서 추출한 n개의 확률표본이라 하고, X_1, X_2. $\cdots$, X_n의 표본평균을

$$\bar{X} = \frac{1}{n}\sum_{i=1}^{n} X_i$$

로 정의하고, 또한 n개의 확률표본 X_1, X_2. $\cdots$, X_n의 표본분산(sample variance) S^2을 다음과 같이 정의한다.

$$S^2 = \frac{1}{n-1}\sum_{i=1}^{n}(X_i - \bar{X})^2 .$$

이제 모평균이 μ이고 모분산이 σ^2인 정규모집단 $N(\mu, \sigma^2)$으로부터 크기 n인 확률표본을 추출했을 때, 표본분산 S^2의 분포는 모분산 σ^2을 추정하는데 이용한다.

자유도 $n-1$인 χ^2-분포

다음과 같이 정의된 확률변수 V는 자유도(degree of freedom) $n-1$인 χ^2-분포에 따른다.

$$V = \frac{(n-1)S^2}{\sigma^2} .$$

확률변수 V가 자유도 $n-1$인 χ^2-분포에 따를 때, 기호 $V \sim \chi^2(n-1)$로 나타낸다.

χ^2-분포는 다음과 같은 몇 가지 성질이 있다.

(a) $Z \sim N(0,1)$이면, $Z^2 \sim \chi^2(1)$-분포에 따른다.

(b) χ^2-분포는 자유도에 의해 그 분포의 형태가 결정된다.

(c) 확률변수 $X_i \sim \chi^2(n_i)$ $(i = 1, 2, \cdots, k)$이고 확률적으로 독립인 확률변수이면,

$$X_1 + X_2 + \cdots + X_k \;\sim\; \chi^2(n_1 + n_2 + \cdots + n_k)$$

이다.

(d) 확률변수 V가 자유도 n인 χ^2-분포를 따를 때, V의 평균과 분산은 각각 다음과 같다.

$$\begin{aligned} E(V) &= n\,, \\ \mathrm{Var}(V) &= 2n\,. \end{aligned}$$

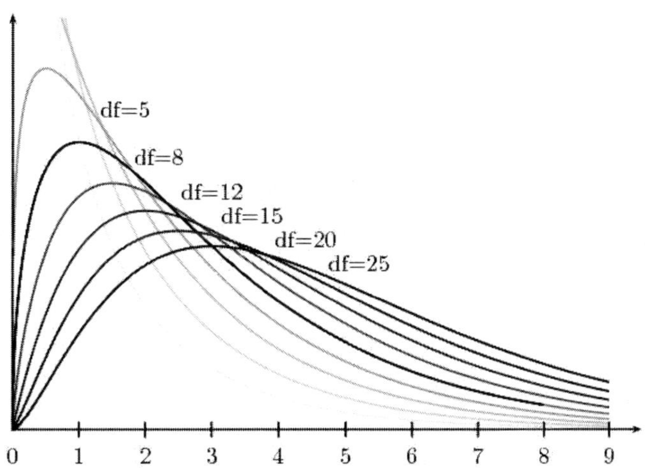

그림 7.1

확률변수 V가 자유도 n인 χ^2-분포에 따를 때, 실수 α $(0 < \alpha < 1)$에 대하여

$$P\big(V \geqslant \chi^2_\alpha(n)\big) \;=\; \alpha$$

를 만족하는 상수 $\chi^2_\alpha(n)$을 자유도 n인 χ^2-분포의 α점 또는 α%점이라 한다. 그림 7.2의 χ^2-분포 곡선의 내부 음영부분의 면적이 α와 같게 되는 χ^2-분포의 값인 $\chi^2_\alpha(n)$가 α점이다.

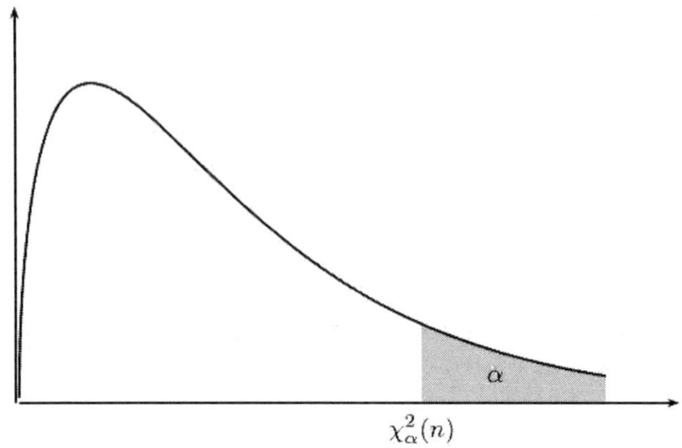

그림 7.2

例題 1 $V \sim \chi^2(5)$일 때, 다음을 만족하는 α점을 구하라.

(a) $P(V \geqslant \chi^2_\alpha(5)) = 0.900$

(b) $P(V \geqslant \chi^2_\alpha(5)) = 0.025$

解答 (a) 1.61
(b) 12.83 ◀

例題 2 확률변수 V가 자유도 17인 χ^2-분포에 따를 때, $P(7.56 \leqslant V \leqslant 33.41)$을 구하라.

解答 0.965 ◀

7.5 t-분포

t-분포는 W.S. Gosset이 처음 도입하였다. 논문을 쓰고 있을 당시 그는 주류회사 연구원으로 재직하고 있었는데 주류회사 규정 상 논문을 투고할 수 없어 Student라는 필명으로 투고하여 세상에 알려지게 되었으며, 그 후 이 분포는 스튜던트 t-분포(Student t-distribution)라 부르게 되었다.

t-분포는 일반적으로 모분산 σ^2이 알려져 있지 않을 때, 표본평균에 대한 분포로서 사용되고 특히, 모평균 μ의 추론에서 많이 사용되는 확률분포이다. t-분포 역시 χ^2-분포와 마찬가지로 분포의 모양은 자유도에 따라 그 형태가 변한다. 또한 표준정규분포와 마찬가지로 원점 0을 중심으로 좌우 대칭인 분포이지만 표준정규분포에 비하여 곡선의 꼬리(tail) 부분이 더 두터운 것이 특징이며, 자유도 n이 커지면 커질수록 표준정규분포에 가까워진다. 자유도 n인 t-분포는 다음과 같다.

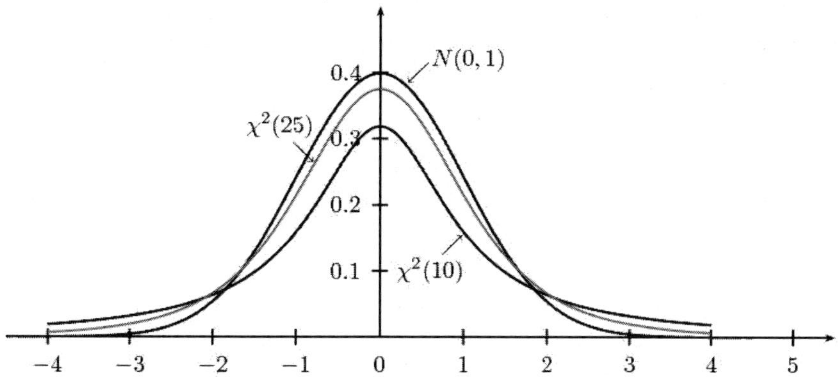

그림 7.3

자유도 n인 t-분포

확률변수 Z가 $Z \sim N(0,1)$이고, 확률변수 V가 $V \sim \chi^2(n)$이라 하자. 두 확률변수 Z와 V가 확률적으로 독립이면, 다음과 같이 정의된 확률변수 T는 자유도 n인 t-분포에 따른다.

$$T = \frac{Z}{\sqrt{\frac{V}{n}}} \sim t(n).$$

t-분포를 다음과 같이 확률표본에 적용하면 표본평균의 분포를 알 수 있다. 모평균이 μ인 정규모집단으로부터 크기 n인 확률표본 $X_1, X_2, \cdots, X_n$을 추출하였을 때, 이 확률표본들의 표본평균을 $\bar{X}$, 표본분산을 S^2이라 하면, 다음과 같이 정의되는 확률변수 T는 자유도 $n-1$인 t-분포에 따른다.

자유도 $n-1$인 t-분포

$$T = \frac{\bar{X} - \mu}{\sqrt{\frac{S}{n}}} \sim t(n-1).$$

확률변수 T가 자유도 n인 t-분포에 따를 때, 실수 α $(0 < \alpha < 1)$에 대하여

$$P\big(T \geqslant t_\alpha(n)\big) = \alpha$$

를 만족하는 상수 $t_\alpha(n)$을 자유도 n인 t-분포의 α점 또는 $\alpha\%$점이라 한다. 그림 7.4의 음영부분의 면적이 α와 같게 되는 t-분포의 값 $t_\alpha(n)$가 α점이다.

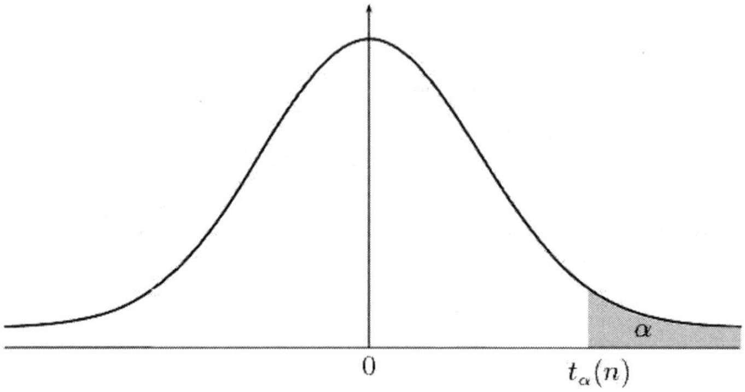

그림 7.4

또한, t-분포의 그래프가 원점 0을 중심으로 좌우 대칭인 것을 이용하면, $P\big(|T| \geqslant t_\alpha(n)\big) = \alpha$를 만족하는 점을 t-분포의 $\frac{\alpha}{2}$점이라 하고, $t_{\frac{\alpha}{2}}(n)$으로 나타낸다.

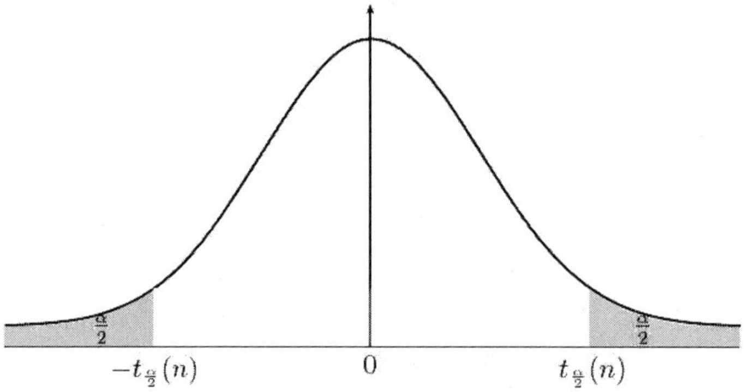

그림 7.5

例題 1 확률변수 T가 다음과 같은 자유도를 가진 t-분포에 따를 때, α점을 구하라.

(a) $P(T \geqslant t_\alpha(12)) = 0.01$

(b) $P(T \geqslant t_\alpha(24)) = 0.100$

(c) $P(T \geqslant t_\alpha(30)) = 0.05$

解答 (a) $t_\alpha(12) = 2.681$ (b) $t_\alpha(24) = 1.318$ (c) $t_\alpha(30) = 1.697$ ◀

7.6 F-분포

F-분포는 스네데커(Snedecor)에 의해서 만들어진 분포로서 흔히 Snedecor의 F-분포라고도 한다. F-분포는 두 모집단으로부터 독립적으로 추출된 표본들을 가지고 만든 두 표본분산 S_1^2과 S_2^2의 비(ratio)에 대한 분포를 정의할 때 사용된다. 특히, 두 정규모집단의 분산의 비에 대한 추론이나 분산분석등에 주로 사용한다. 자유도 m과 n을 가지는 F-분포는 다음과 같다.

자유도가 (m, n)인 F-분포

U와 V가 각각 $U \sim \chi^2(m)$이고 $V \sim \chi^2(n)$이라 하자. 두 확률변수 U와 V가 확률적으로 독립이면, 다음과 같이 정의된 확률변수 F는 자유도가 (m, n)인 F-분포에 따른다.

$$F = \frac{U/m}{V/n} \sim F(m,n).$$

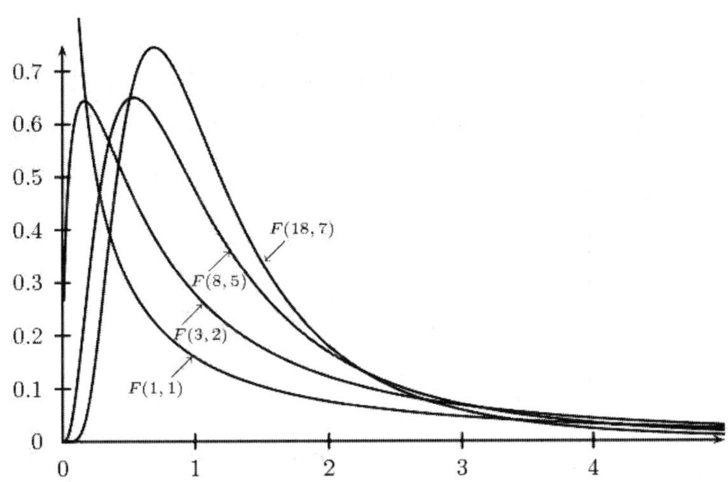

그림 7.6

F-분포는 분산의 비(ratio)를 나타내므로 양수이며 그래프는 원점으로부터 오른쪽에 위치한다. 또한, F-분포는 자유도가 증가함에 따라 대칭분포로 변하게 되며, 이미 언급한 것처럼 모분산 비의 추론에 사용된다. 특히, T가 자유도 n인 t-분포에 따르면 T^2은 자유도 $(1, n)$인 F-분포에 따른다는 것이 알려져 있다.

F-분포는 또한 두 표본분산의 비에 대하여 다음과 같이 유도할 수 있다. 두 정규모집단 $N(\mu_1, \sigma_1^2)$, $N(\mu_2, \sigma_2^2)$으로부터 추출한 크기가 각각 m과 n인 확률표본을 각각

$X_1, X_2, \cdots, X_m$과 $Y_1, Y_2, \cdots, Y_n$이라 하고 이 확률표본들의 표본분산을 각각

$$S_1^2 = \frac{1}{m-1}\sum_{i=1}^{m}(X_i - \bar{X})^2,$$
$$S_2^2 = \frac{1}{n-1}\sum_{i=1}^{n}(Y_i - \bar{Y})^2$$

이라 하면 다음과 같이 정의된 확률변수 F는 자유도가 $(m-1, n-1)$인 F-분포에 따른다. 즉, 다음이 성립한다.

자유도 $(m-1, n-1)$인 F-분포

$$F = \frac{S_1^2/m}{S_2^2/n} \sim F(m-1, n-1).$$

확률변수 F가 자유도 (m, n)인 F-분포에 따를 때, 실수 α $(0 < \alpha < 1)$에 대하여

$$P\big(F \geqslant F_\alpha(m, n)\big) = \alpha$$

를 만족하는 상수 $F_\alpha(m, n)$을 자유도 (m, n)인 F-분포의 α점 또는 α%점이라 한다. 그림 7.7의 음영부분의 면적이 α와 같게 되는 F-분포의 값인 $F_\alpha(m, n)$가 α점이다.

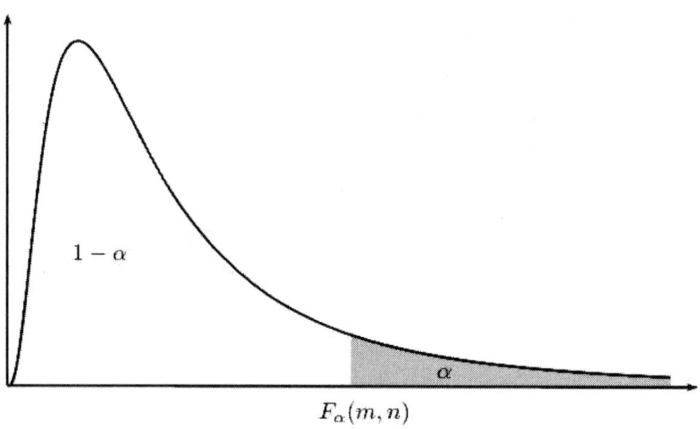

그림 7.7

자유도 (m, n)인 F-분포의 α점을 $F_\alpha(m, n)$라 할 때,

$$F_{1-\alpha}(n, m) = \frac{1}{F_\alpha(m, n)}$$

이 성립한다. 이 관계를 그림으로 나타내면 다음과 같다.

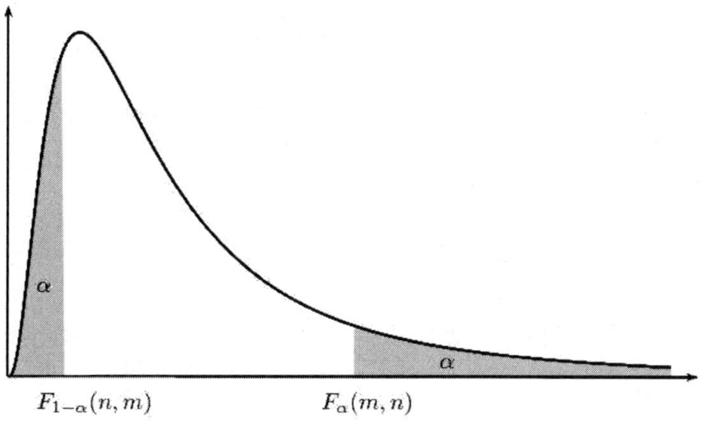

그림 7.8

例題 1 확률변수 F가 자유도 $(9,21)$인 F-분포에 따를 때, $P\big(F \geqslant F_\alpha(9,21)\big) = 0.01$이 되는 α점 $F_\alpha(9,21)$를 구하라. 그리고 $F_{1-\alpha}(21,9)$을 구하라.

解答 $F_\alpha(9,21) = 3.40$이고 $F_{1-\alpha}(21,9) = \frac{1}{F_\alpha(9,21)} = \frac{1}{3.40} = 0.294$이다. ◀

練習問題

1. 모평균이 μ이고 모분산이 σ^2인 모집단에서 복원추출한 크기 n인 확률표본을 X_1, X_2, $\cdots$, X_n이라 하고, $E(X_i) = \mu$, $\text{Var}(X_i) = \sigma^2$ $(i = 1, 2, \cdots, n)$이라 하자.
   (1) $E(\bar{X}) = \mu$임을 증명하라.
   (2) $\text{Var}(X) = \dfrac{\sigma^2}{n}$임을 증명하라.

2. 어느 정밀부품 공장에서 생산된 부품 500개의 평균무게는 80g이고 분산은 3g으로 알려져 있다. 30개의 부품을 표본으로 추출하였을 때, 이 부품의 표본평균과 표본분산을 구하라.

3, 어떤 공장에서 생산되는 전기제품의 수명은 평균 800시간이고 표준편차가 40시간인 정규분포에 따른다. 이 공장에서 생산되는 전기제품 중 확률표본으로 $n = 16$개를 추출했을 때, 확률표본으로 뽑힌 전기제품의 평균수명이 780시간 미만일 확률을 구하라.

4. S전자회사와 L전자회사에서 생산한 LCD TV의 수명은 각각 6.5년과 6년, 표준편차는 0.9년, 0.8년으로 알려져 있다. S전자회사에서 생산한 LCD TV 36대, L전자회사에서 생산한 LCD TV 49대를 표본으로 추출하였을 때, S전자회사의 LCD TV의 수명이 L전자회사의 LCD TV의 평균수명보다 1년 이상일 확률을 구하라.

5. 어느 전자회사의 생산공정에서는 제품의 평균 사용시간이 $\mu = 1200$시간 이상이 되도록 관리를 하고 있다. 이 조건을 만족하는지를 확인하기 위하여 $n = 9$개의 표본을 추출하여 조사한 결과, 평균 $\bar{X} = 1100$시간, 표준편차 $S = 104$시간인 정규분포에 따른다는 것을 알았다. 실제로 이 제품의 평균 사용시간을 $\bar{X} = 1200$시간이라 가경하였을 때, 평균 사용시간 $\bar{X}$가 1100시간 이하로 나올 확률을 구하라.

6. $Z \sim N(0,1)$이라 하고 $V \sim \chi^2(n)$라 하자. 이때, 두 확률변수 Z와 V가 독립이고, 두 확률변수 사이에

$$T = \frac{Z}{\sqrt{\frac{V}{n}}}$$

인 관계가 성립하면, T의 확률밀도함수는

$$f(t;\nu) = \frac{\Gamma\left(\frac{\nu+1}{2}\right)}{\Gamma\left(\frac{n}{2}\right)} \frac{1}{\sqrt{\pi\, n}} \left(1 + \frac{t^2}{n}\right)^{-\frac{(n+1)}{2}}, \quad -\infty < t < \infty$$

이다. 이 확률밀도함수를 유도하라.

제 8 장

통계적 추정

8.1 통계적 추론

통계적 추론(statistical inference)은 모집단으로부터 추출한 표본을 기초로하여 모집단에 대한 정보나 특성을 파악하고자 하는 일련의 과정을 말한다. 즉, 모집단으로부터 추출된 확률표본으로부터 계산한 통계량으로 모집단의 특성값인 모수를 예측 또는 추측하는 것이다. 모집단의 특성을 나타내는 모수(parameter)는 모평균, 모분산, 모비율 등이 있으며, 통상적으로 이러한 모수들의 값은 미지(unknown)의 값이다. 일반적으로 통계적 추론은 추정(estimation)과 검정(test of hypothesis)으로 분류한다. 미지의 모수를 추정하는 방법으로는 점추정(point estimation), 구간추정(interval estimation), 적률법(method of moment), 최소제곱추정법(method of least-square estimation) 등이 있다. 점추정은 모집단으로부터 추출한 표본을 근거로 하여 계산된 통계량으로 정확하게 하나의 모수를 추정하는 방법이며, 구간추정은 모집단으로부터 추출한 표본을 근거로 하여 계산된 통계량으로 모수가 특정구간에 속해 있을 것이라고 확률적으로 추정하는 방법이다. 이 책에서는 점추정과 구간추정에 대해서만 살펴 본다.

8.2 점추정

미지의 모수를 θ라 할 때, θ를 추정하는데 사용되는 적당한 통계량 $\hat{\theta}$을 θ의 추정량(estimator)이라 하며, 추정량 $\hat{\theta}$의 관찰값이나 측정값을 추정치(estimate) 또는 추정값이라 한다. 이때 추정량 $\hat{\theta}$은 확률변수이고, 추정치는 확률변수의 관찰값으로서 실수값이 된다. 추정량은 모집단으로부터 추출된 확률표본에 의해서 변할수 있는 통계량이므로 모집단의 특성값인 모수 θ에 대한 추정량은 여러 가지가 있을 수 있다. 따라서 어떤 추정량 $\hat{\theta}$이 최량(best estimator)인지 아닌지는 추정량의 표본분포가 모수 θ의 주위에 어떠한 형태로 분포하는가에 의존한다고 볼 수 있으며, 좋은 추정량이 되기 위한 기준으로는 비편향성(unbiasedness), 유효성(efficiency), 일치성(consistency), 충분성(sufficiency) 등이 있다.

8.2.1 불편성

주어진 모집단에서 같은 크기로 확률표본을 반복적으로 추출하면, 이론적으로 추정량의 표본분포를 구할 수 있다. 이때, 모수 θ의 모든 값에 대하여

$$E(\hat{\theta}) = \theta$$

가 성립하면, $\hat{\theta}$을 모수 θ의 불편추정량(unbiased estimatior)이라 하고 추정량 $\hat{\theta}$은 불편성(unbiasedness)을 갖는다고 한다. 만약, 추정량 $\hat{\theta}$이 불편성(unbiasedness)을 갖지 않는다면, $E(\hat{\theta}) \neq \theta$가 성립하므로, 이 경우, 추정량 $\hat{\theta}$을 모수 θ의 편의추정량(biased estimator)이라 한다. 이로부터 $\hat{\theta}$이 모수 θ의 편의추정량일 때, 다음 통계량

$$b(\hat{\theta}) = E(\hat{\theta}) - \theta$$

를 편의(bias)라 한다.

앞에서 언급한 표본평균 $\bar{X}$는 모평균 μ의 불편추정량이다. 즉, $E(\bar{X}) = \mu$가 성립하기 때문이다. 또한 표본분산

$$S^2 = \frac{1}{n-1}\sum_{i=1}^{n}(X_i - \bar{X})^2$$

은 모분산 σ^2의 불편추정량이다. 만일 두 추정량 $\hat{\theta}_1$과 $\hat{\theta}_2$이 각각 모수 θ의 불편추정량과 편의추정량일 때, 이 관계를 그림으로 나타내면 다음과 같다.

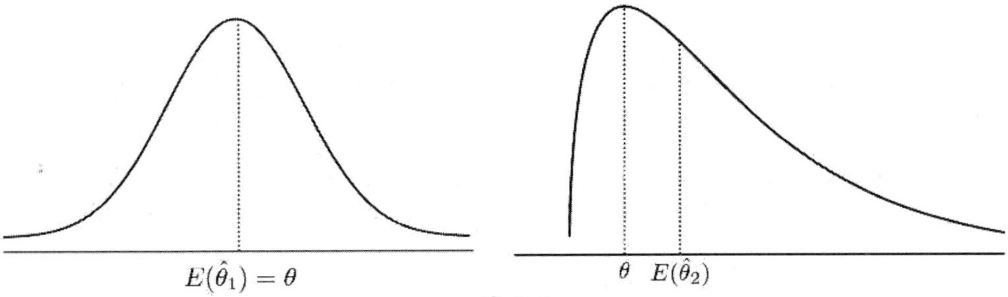

그림 8.1

8.2.2 유효성

모수 θ의 불편추정량이 두 개가 존재한다면, 두 추정량 중에서 분산이 더 작은 추정량을 선택하는 것이 바람직하다. 이 경우, 두 불편추정량 중에서 더 작은 분산을 갖는 추정량을 유효추정량(efficient estimator)이라 한다. 즉, 모수 θ의 두 불편추정량을 $\hat{\theta}_1$과 $\hat{\theta}_2$이라 하고 분산을 각각 $\mathrm{Var}(\hat{\theta}_1)$과 $\mathrm{Var}(\hat{\theta}_2)$이라 할 때,

$$\mathrm{Var}(\hat{\theta}_1) \leqslant \mathrm{Var}(\hat{\theta}_2)$$

가 성립하면, 추정량 $\hat{\theta}_1$은 $\hat{\theta}_2$ 보다 더 유효한 추정량(more efficient estimator)이라 한다. 또한

$$\mathrm{eff}(\hat{\theta}_1, \hat{\theta}_2) = \frac{\mathrm{Var}(\hat{\theta}_1)}{\mathrm{Var}(\hat{\theta}_2)}$$

를 $\hat{\theta}_1$에 대한 $\hat{\theta}_2$의 효율(efficiency)이라 한다. 모수 θ의 불편추정량 $\hat{\theta}_1$과 $\hat{\theta}_2$의 표본분포가 각각 그림 8.2와 같으면, $\hat{\theta}_1$의 분산이 $\hat{\theta}_2$의 분산보다 작으므로 $\hat{\theta}_1$이 모수 θ의 유효추정량이 된다.

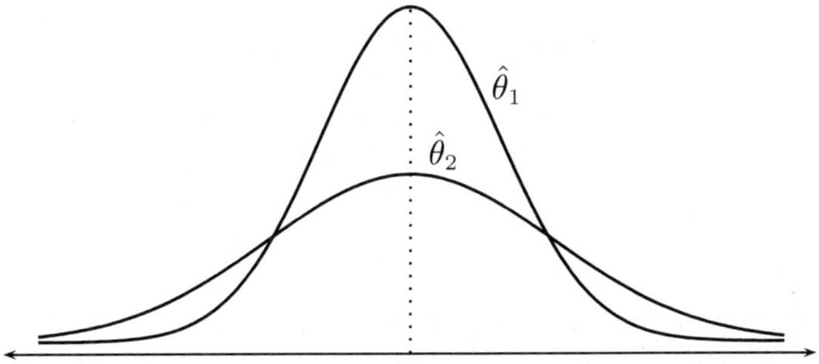

그림 8.2 추정량의 비교

모수 θ의 불편추정량 중 가장 작은 분산을 가지는 추정량이 존재하면, 이 추정량을

최량추정량(best estimator) 또는 최소분산불편추정량(minimim variance unbiased estimator)이라 한다.

8.2.3 일치성

모집단으로부터 추출된 확률표본의 크기가 충분히 클 때, 추정량이 확률 1로서 모수에 가까워지면 좋은 추정량이다. 이러한 성질을 갖는 추정량 $\hat{\theta}$을 모수 θ의 일치추정량(consistent estimator)이라 한다. 즉, 모수 θ의 추정량을 $\hat{\theta}_n$이라 할 때, 임의의 $\epsilon > 0$에 대하여, $\hat{\theta}_n$이 θ로 확률수렴하면 즉,

$$\lim_{n\to\infty} P(|\hat{\theta}_n - \theta| < \epsilon) \ = \ 1$$

또는

$$\lim_{n\to\infty} P(|\hat{\theta}_n - \theta| \geqslant \epsilon) \ = \ 0$$

이 성립하면, $\hat{\theta}_n$을 θ의 일치추정량이라 한다.

추정량의 충분성을 증명할 때 자주 이용하는 식이 체비셰프(Chebyshev)의 부등식이다. 이 부등식은 다음과 같다.

Chebyshev의 부등식

확률변수 X의 평균을 μ, 분산을 σ^2이라 하자. 모든 $\epsilon > 0$에 대하여 다음 확률부등식이 성립한다.

$$P(|X - \mu| < \epsilon) \ \geqslant \ 1 - \frac{\sigma^2}{\epsilon^2}$$

또는

$$P(|X - \mu| \geqslant \epsilon) \ \leqslant \ \frac{\sigma^2}{\epsilon^2}.$$

8.2.4 충분성

어떤 추정량이 모수 θ의 충분추정량이라는 의미는 이 추정량을 이용하면 표본으로 얻을 수 있는 모수 θ에 대한 모든 정보를 얻을 수 있다는 것이다. 즉, 모수 θ의 추정량으로서 충분추정량을 이용하게 되면, 다른 추정량은 모수 θ에 대한 정보를 더 이상 주지 못한다는 의미로서 이 추정량 하나로 충분하게 된다는 뜻이다. 이것을 좀 더 엄밀하게 설명하면 다음과 같다. 모수 θ를 갖는 모집단분포로부터 n개의 확률표본 X_1,

$X_2, \cdots, X_n$을 추출하였을 때, 이 확률표본으로부터 얻은 추정량 $\hat{\theta}$이라 하자. 이제 추정량 $\hat{\theta}$이 주어졌을 때, $X_1, X_2, \cdots, X_n$의 조건부분포

$$f(x_1, x_2, \cdots, x_n \,|\, \hat{\theta}) = \frac{g(x_1, x_2, \cdots, x_n; \hat{\theta})}{h(\hat{\theta})}$$

이 모수 θ와 확률적으로 독립이면, $\hat{\theta}$을 모수 θ의 충분통계량(sufficient staistic)이라 한다.

8.3 구간추정

점추정에서 추정량이 모수와 정확하게 일치한다는 것을 기대하기란 사실상 매우 어려우며, 또한 같은 모집단으로부터 두 종류의 확률표본을 추출했을 경우에도 이 확률표본으로부터 계산된 두 추정치가 정확히 같을 수는 없다. 따라서 점추정 방법은 추정량에 대한 다른 정보가 주어지지 않는 한 계산된 추정치가 얼마나 좋은가를 판단할 수 없다는 문제가 발생한다. 이러한 점추정의 약점을 좀 더 개선한 추정방법이 구간추정이다. 일반적으로 구간추정(interval estimation)은 모집단의 미지(unknown)의 모수를 θ라 할 때, 미지의 모수 θ의 참값이 속할 것으로 기대되는 영역을 구간(interval)으로 추정하는 방법이다. 이때 모수의 참값이 속할 것으로 기대되는 구간을 신뢰구간(confidence interval)이라 하며, 구간추정을 한다는 것은 신뢰구간을 구한다는 것과 같은 의미를 갖는다. 구간추정의 일반적인 원리는 다음과 같다.

구간추정(interval estimation)의 원리와 신뢰구간(confidence interval)

모집단의 미지의 모수 θ의 구간추정을 위해 확률표본으로부터 계산된 두 통계량을 각각 $\hat{\theta}_L$과 $\hat{\theta}_U$이라 하면, 임의의 양수 α $(0 < \alpha < 1)$에 대하여

$$P(\hat{\theta}_L < \theta < \hat{\theta}_U) = 1 - \alpha$$

를 만족할 때, 구간 $(\hat{\theta}_L, \hat{\theta}_U)$을 모수 θ의 신뢰구간(confidence interval)이라 한다. 이 경우, $\hat{\theta}_L$을 모수 θ의 신뢰하한(lower confidence limit), $\hat{\theta}_U$을 모수 θ의 신뢰상한(upper confidence limit)이라 하며, $1-\alpha$를 신뢰수준(confidence level), α는 유의수준(significance level)이라 한다.

8.3.1 모평균 μ에 대한 구간추정

모집단이 하나인 경우, 모평균 μ에 대한 구간추정에 대하여 알아 보자. 이 경우에는 모분산 σ^2을 이미 알고 있을 때와 모를 때, 두 가지로 나눌 수 있으며, 이에 대한 추정방법은 다음과 같다.

(1) 모분산 σ^2을 알 경우

모집단의 분포가 정규모집단 $N(\mu, \sigma^2)$에 따르고 이 정규모집단으로 크기 n인 확률표본을 추출하였을 때, 표본평균 $\bar{X} = \frac{1}{n}\sum_{i=1}^{n} X_i$는 정규분포 $N(\mu, \frac{\sigma^2}{n})$에 따른다. 따라서 표준화된 확률변수 Z는

$$Z = \frac{\bar{X} - \mu}{\frac{\sigma}{\sqrt{n}}} \sim N(0,1)$$

에 따른다. 이로부터 표준정규 확률변수 Z가 $P(|Z| < z_{\frac{\alpha}{2}}) = 1 - \alpha$ 즉,

$$P(-z_{\frac{\alpha}{2}} < Z < z_{\frac{\alpha}{2}}) = 1 - \alpha, \quad (0 < \alpha < 1)$$

가 성립한다. $z_{\frac{\alpha}{2}}$는 표준정규분포 $N(0,1)$에서 $\frac{\alpha}{2}$점이다. 이 관계를 그림으로 나타내면 다음과 같다.

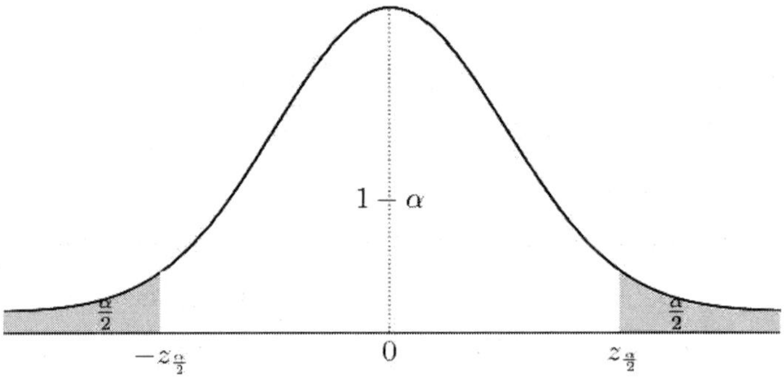

그림 8.3

위의 식으로부터 모평균 μ가 포함될 확률구간을 구하면

$$\begin{aligned} P(-z_{\frac{\alpha}{2}} < Z < z_{\frac{\alpha}{2}}) &= P\Big(-z_{\frac{\alpha}{2}} < \frac{\bar{X} - \mu}{\frac{\sigma}{\sqrt{n}}} < z_{\frac{\alpha}{2}}\Big) \\ &= P\Big(\bar{X} - z_{\frac{\alpha}{2}}\frac{\sigma}{\sqrt{n}} < \mu < \bar{X} + z_{\frac{\alpha}{2}}\frac{\sigma}{\sqrt{n}}\Big) \\ &= 1 - \alpha, \quad (0 < \alpha < 1) \end{aligned}$$

이다. 따라서 정규모집단의 모분산 σ^2을 알고 있을 때, 모평균 μ의 $100 \times (1-\alpha)\%$ 신뢰구간은 다음과 같다.

정규모집단의 모분산 σ^2을 알고 있을 때, 모평균 μ의 $100 \times (1-\alpha)\%$ 신뢰구간

$$\bar{x} - z_{\frac{\alpha}{2}} \frac{\sigma}{\sqrt{n}} < \mu < \bar{x} + z_{\frac{\alpha}{2}} \frac{\sigma}{\sqrt{n}}$$

또는

$$(\bar{x} - z_{\frac{\alpha}{2}} \frac{\sigma}{\sqrt{n}},\ \bar{x} + z_{\frac{\alpha}{2}} \frac{\sigma}{\sqrt{n}}).$$

특히, 구간추정을 할 때 자주 이용하는 모평균 μ에 대한 90%, 95%, 99% 신뢰구간은 다음과 같다.

(a) 모평균 μ의 90% 신뢰구간 : $\bar{x} - 1.64\frac{\sigma}{\sqrt{n}} < \mu < \bar{x} + 1.64\frac{\sigma}{\sqrt{n}}$
또는 $(\bar{x} - 1.64\frac{\sigma}{\sqrt{n}}, \bar{x} + 1.64\frac{\sigma}{\sqrt{n}})$.

(b) 모평균 μ의 95% 신뢰구간 : $\bar{x} - 1.96\frac{\sigma}{\sqrt{n}} < \mu < \bar{x} + 1.96\frac{\sigma}{\sqrt{n}}$
또는 $(\bar{x} - 1.96\frac{\sigma}{\sqrt{n}}, \bar{x} + 1.96\frac{\sigma}{\sqrt{n}})$.

(c) 모평균 μ의 99% 신뢰구간 : $\bar{x} - 2.58\frac{\sigma}{\sqrt{n}} < \mu < \bar{x} + 2.58\frac{\sigma}{\sqrt{n}}$
또는 $(\bar{x} - 2.58\frac{\sigma}{\sqrt{n}}, \bar{x} + 2.58\frac{\sigma}{\sqrt{n}})$.

위의 신뢰구간의 의미를 살펴보자. 예를 들면, 모평균 μ의 99% 신뢰구간을 구함에 있어 신뢰구간의 하한과 상한은 모두 확률변수가 아니므로

$$P(\bar{X} - 2.58\frac{\sigma}{\sqrt{n}} < \mu < \bar{X} + 2.58\frac{\sigma}{\sqrt{n}}) \ = \ 0.99$$

로 해석하는 것은 잘못된 표현이다. 이러한 확률적인 해석보다는 모평균 μ가 구간 $(\bar{x} - 2.58\frac{\sigma}{\sqrt{n}}, \bar{x} + 2.58\frac{\sigma}{\sqrt{n}})$에 포함될 것을 99% 신뢰할 수 있다라고 하는 표현이 좀 더 적절하다고 할 수 있다. 일반적으로 어떤 모수 θ의 신뢰구간을 구할 때, 표본에 따라 표본평균 $\bar{x}$ 또는 표본평균 $\bar{x}$와 표본표준편차 S의 값에 따라 신뢰구간의 값도 변하게 된다. 이와 같은 신뢰구간을 구할 때, 이 신뢰구간 중에는 모수 θ를 포함하는 것과 포함하지 않는 것이 있을 것이다. 따라서, 모수 θ의 99% 신뢰구간의 의미는 전체 신뢰구간 중 약 99% 정도가 모수 θ를 포함하고 있을 것으로 기대할 수 있다는 것이다.

例題 1 어떤 설탕공장에서 생산하는 36개 제품의 중량을 측정한 결과 평균중량은 25kg이었다. 과거 조사에 의하면 똑같은 생산라인에서 생산한 36개 제품의 중량 표준편차는 1.2kg으로 알려져 있다고 할 때, 신뢰계수에 대한 모평균 μ의 95% 신뢰구간을 구하라. 단, 36개 제품의 중량의 분포는 정규분포에 따른다고 한다.

解答 주어진 문제에서 표본평균은 $\bar{x} = 25$kg, 표준편차는 $\sigma = 1.2$kg, 표본의 수는 $n = 36$개이고 정규분포에 따른다. 따라서 95% 신뢰구간의 경우, 신뢰계수는 $1 - \alpha = 0.95$에서 $\alpha = 0.05$이므로 α점은 $z_{0.0025} = 1.96$이다. 이로부터 구하고자 하는 신뢰구간은

$$\bar{x} - z_{\frac{\alpha}{2}} \frac{\sigma}{\sqrt{n}} < \mu < \bar{x} + z_{\frac{\alpha}{2}} \frac{\sigma}{\sqrt{n}}$$

이므로

$$\Longrightarrow \quad 25 - 1.96 \frac{1.2}{\sqrt{36}} < \mu < 25 + 1.96 \frac{1.2}{\sqrt{36}}$$

$$\Longrightarrow \quad 24.608 < \mu < 25.392 \quad \text{또는} \quad (24.608, 25.392)$$

이다. ◀

例題 2 어떤 회사에서 생산하는 공구세트의 무게는 표준편차가 9kg인 정규분포를 한다. 이 회사에서 생산하는 공구세트 중에서 표본으로 64개를 추출하여 평균무게를 측정한 결과 35kg이었다. 공구세트의 실제 평균무게에 대한 99% 신뢰구간을 구하라.

解答 표본평균은 $\bar{x} = 35$kg, 표준편차는 $\sigma = 9$kg, 표본의 수는 $n = 64$개이고 모집단 분포는 정규분포에 따른다. 따라서 99% 신뢰구간의 경우, 신뢰계수는 $1 - \alpha = 0.99$에서 $\alpha = 0.01$이므로 α점은 $z_{0.005} = 2.58$이다. 이로부터 구하고자 하는 신뢰구간은

$$\bar{x} - z_{\frac{\alpha}{2}} \frac{\sigma}{\sqrt{n}} < \mu < \bar{x} + z_{\frac{\alpha}{2}} \frac{\sigma}{\sqrt{n}}$$

이므로

$$\Longrightarrow \quad 35 - 2.58 \frac{9}{\sqrt{64}} < \mu < 35 + 2.58 \frac{9}{\sqrt{64}}$$

$$\Longrightarrow \quad 32.0975 < \mu < 37.9025 \quad \text{또는} \quad (32.0975, 37.9025)$$

이다. ◀

(2) 모분산 σ^2을 모를 경우

모집단의 모분산 σ^2을 모를 경우에는 모분산을 이용할 수 없으므로 표본분산 $S^2 = \frac{1}{n-1}\sum_{i=1}^{n}(X_i - \bar{X})^2$을 이용한다. 먼저 모집단의 분포가 정규분포를 따른다고 가정하자. 그러면, 제 7장에서 이미 소개한 T 통계량을 이용하면, 다음 통계량 T는 자유도 $n-1$인 t-분포에 따른다. 즉,

$$T = \frac{\bar{X} - \mu}{\frac{S}{\sqrt{n}}} \sim t(n-1)$$

이 성립한다. 따라서, 모평균 μ에 대한 구간추정은 다음과 같다.

$$\begin{aligned} & P\Big(-t_{\frac{\alpha}{2}}(n-1) < T < t_{\frac{\alpha}{2}}(n-1)\Big) \\ &= P\Big(-t_{\frac{\alpha}{2}}(n-1) < \frac{\bar{X}-\mu}{\frac{S}{\sqrt{n}}} < t_{\frac{\alpha}{2}}(n-1)\Big) \\ &= P\Big(\bar{X} - t_{\frac{\alpha}{2}}(n-1)\frac{S}{\sqrt{n}} < \mu < \bar{X} + t_{\frac{\alpha}{2}}(n-1)\frac{S}{\sqrt{n}}\Big) \\ &= 1-\alpha, \quad (0 < \alpha < 1) \end{aligned}$$

이 관계식을 분포곡선으로 나타내면 다음과 같다.

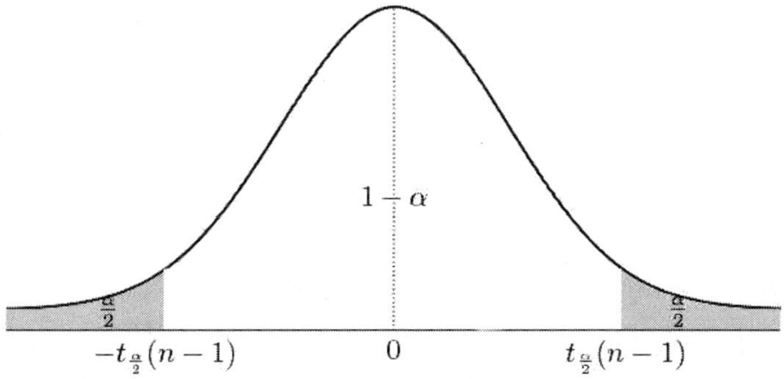

그림 8.4

이상을 정리하면, 모집단이 정규분포에 따르고 모분산 σ^2을 모를 경우, 모평균 μ에 대한 $100 \times (1-\alpha)\%$ 신뢰구간은 다음과 같다.

정규모집단의 모분산 σ^2을 모를 때, 모평균 μ의 $100 \times (1-\alpha)\%$ 신뢰구간

$$\bar{x} - t_{\frac{\alpha}{2}}(n-1)\,\frac{s}{\sqrt{n}} \;<\; \mu \;<\; \bar{x} + t_{\frac{\alpha}{2}}(n-1)\,\frac{s}{\sqrt{n}}$$

또는

$$(\bar{x} - t_{\frac{\alpha}{2}}(n-1)\,\frac{s}{\sqrt{n}},\; \bar{x} + t_{\frac{\alpha}{2}}(n-1)\,\frac{s}{\sqrt{n}}).$$

여기서, $s = \sqrt{\frac{1}{n-1}\sum_{i=1}^{n}(x_i - \bar{x})^2}$ 이다.

例題 3 어느 커피제조회사에서 생산한 20g짜리 스틱커피의 카페인 함량을 알아보기 위하여 25개의 스틱커피를 표본으로 추출하여 이들의 카페인 함량을 측정한 결과, 평균이 12.3mg이고 표준편차가 2.8mg으로 나타났다. 이 커피제조회사에서 생산한 20g짜리 스틱커피의 전체의 평균 카페인 함량 μ에 대한 95% 신뢰구간을 구하라. (단, 스틱커피의 함량은 정규분포에 따른다고 가정한다.)

解答 $\bar{x} = 12.3$, $s = 2.8$, $n = 25$, $\alpha = 0.05$이다. 그런데 모집단의 분산을 모르므로 t-분포를 이용한다. 자유도 $n-1 = 25-1 = 24$일 때 $\frac{\alpha}{2}$점은 $t_{0.025}(24) = 2.064$이다. 따라서 모평균 μ에 대한 95% 신뢰구간은

$$\begin{aligned}
&\bar{x} - t_{\frac{\alpha}{2}}(n-1)\,\frac{s}{\sqrt{n}} \;<\; \mu \;<\; \bar{x} + t_{\frac{\alpha}{2}}(n-1)\,\frac{s}{\sqrt{n}} \\
&\Longrightarrow 12.3 - 2.064\,\frac{2.8}{\sqrt{25}} \;<\; \mu \;<\; 12.3 + 2.064\,\frac{2.8}{\sqrt{25}} \\
&\Longrightarrow 11.14416 < \mu < 13.45584 \quad \text{또는} \quad (11.14416, 13.45584)
\end{aligned}$$

이다. ◀

지금까지 모집단의 분포가 정규모집단에 따른다는 가정하에 모분산 σ^2을 모를 때, 모평균 μ에 대한 신뢰구간을 구할 때에는 t-분포를 이용하였다. 그런데 만약, 표본의 크기 n이 큰 경우 즉, $n \geqslant 30$일 경우에는 중심극한정리에 의하여 t-분포 대신에 근사적으로 표준정규분포를 이용하여도 상관없다. 즉, t-분포의 $\frac{\alpha}{2}$점 대신 표준정규분포의 $\frac{\alpha}{2}$점을 적용하여도 신뢰구간의 길이에는 큰 차이가 없다. 따라서, 모분산 σ^2을 모를 때, 표본의 크기가 크면 모평균 μ에 대한 $100 \times (1-\alpha)\%$ 신뢰구간은 근사적으로 다음과 같다.

표본의 크기가 클 때, 모평균 μ의 $100 \times (1-\alpha)\%$ 신뢰구간

$$\bar{x} - t_{\frac{\alpha}{2}}(n-1)\frac{s}{\sqrt{n}} < \mu < \bar{x} + t_{\frac{\alpha}{2}}(n-1)\frac{s}{\sqrt{n}}$$
$$\approx \bar{x} - z_{\frac{\alpha}{2}}\frac{s}{\sqrt{n}} < \mu < \bar{x} + z_{\frac{\alpha}{2}}\frac{s}{\sqrt{n}}$$
$$\text{또는 } \left(\bar{x} - z_{\frac{\alpha}{2}}\frac{s}{\sqrt{n}},\ \bar{x} + z_{\frac{\alpha}{2}}\frac{s}{\sqrt{n}}\right)$$

임의의 모집단에 대하여 모평균 μ에 대한 $100 \times (1-\alpha)\%$ 신뢰구간 역시 표본의 크기가 충분히 크면, 중심극한정리에 의하여 근사적으로 정규분포를 따르므로, 표준정규분포를 이용하여 신뢰구간을 구하면 된다.

8.3.2 모평균의 차 $\mu_1 - \mu_2$에 대한 구간추정

(1) 두 모집단의 분산 σ_1^2, σ_2^2을 아는 경우

두 정규모집단 $N(\mu_1, \sigma_1^2)$과 $N(\mu_2, \sigma_2^2)$이 서로 독립이고, 이 두 정규모집단으로부터 각각 크기 n_1과 n_2인 확률표본을 추출하여 만든 표본평균을 각각 $\bar{X}_1$와 $\bar{X}_2$라 하자. 이때 두 정규모집단의 표본평균의 차 $\bar{X}_1 - \bar{X}_2$에 대한 분포는

$$\bar{X}_1 - \bar{X}_2 \sim N\left(\mu_1 - \mu_2, \frac{\sigma_1^2}{n_1} + \frac{\sigma_2^2}{n_2}\right)$$

이고 이를 표준정규화 하면,

$$Z = \frac{(\bar{X}_1 - \bar{X}_2) - (\mu_1 - \mu_2)}{\sqrt{\frac{\sigma_1^2}{n_1} + \frac{\sigma_2^2}{n_2}}} \sim N(0,1)$$

이다. 이로부터 두 모평균 차 $\mu_1 - \mu_2$에 대한 확률 $1-\alpha$가 되는 구간은 다음과 같다.

$$\begin{aligned}
&P(-z_{\frac{\alpha}{2}} < Z < z_{\frac{\alpha}{2}}) \\
&= P\left(-z_{\frac{\alpha}{2}} < \frac{(\bar{X}_1 - \bar{X}_2) - (\mu_1 - \mu_2)}{\sqrt{\frac{\sigma_1^2}{n_1} + \frac{\sigma_2^2}{n_2}}} < z_{\frac{\alpha}{2}}\right) \\
&= P\left((\bar{X}_1 - \bar{X}_2) - z_{\frac{\alpha}{2}}\sqrt{\frac{\sigma_1^2}{n_1} + \frac{\sigma_2^2}{n_2}} < \mu_1 - \mu_2 < (\bar{X}_1 - \bar{X}_2) + z_{\frac{\alpha}{2}}\sqrt{\frac{\sigma_1^2}{n_1} + \frac{\sigma_2^2}{n_2}}\right) \\
&= 1 - \alpha, \quad (0 < \alpha < 1)
\end{aligned}$$

따라서 두 모집단의 모평균의 차 $\mu_1 - \mu_2$에 대한 $100 \times (1-\alpha)\%$ 신뢰구간은 다음과 같다.

두 모집단의 모평균의 차 $\mu_1 - \mu_2$에 대한 $100 \times (1-\alpha)\%$ 신뢰구간

$$(\bar{x}_1 - \bar{x}_2) - z_{\frac{\alpha}{2}}\sqrt{\frac{\sigma_1^2}{n_1} + \frac{\sigma_2^2}{n_2}} < \mu_1 - \mu_2 < (\bar{x}_1 - \bar{x}_2) + z_{\frac{\alpha}{2}}\sqrt{\frac{\sigma_1^2}{n_1} + \frac{\sigma_2^2}{n_2}}$$

또는

$$\left((\bar{x}_1 - \bar{x}_2) - z_{\frac{\alpha}{2}}\sqrt{\frac{\sigma_1^2}{n_1} + \frac{\sigma_2^2}{n_2}},\ (\bar{x}_1 - \bar{x}_2) + z_{\frac{\alpha}{2}}\sqrt{\frac{\sigma_1^2}{n_1} + \frac{\sigma_2^2}{n_2}}\ \right).$$

특별한 경우로서, 두 모집단의 분산이 $\sigma^2 = \sigma_1^2 = \sigma_2^2$이면, 위의 두 모집단의 모평균의 차 $\mu_1 - \mu_2$에 대한 $100 \times (1-\alpha)\%$ 신뢰구간은 다음과 같다.

두 모집단의 분산이 $\sigma^2 = \sigma_1^2 = \sigma_2^2$일 때, 모평균의 차 $\mu_1 - \mu_2$에 대한 $100 \times (1-\alpha)\%$ 신뢰구간

$$(\bar{x}_1 - \bar{x}_2) - z_{\frac{\alpha}{2}}\sigma\sqrt{\frac{1}{n_1} + \frac{1}{n_2}} < \mu_1 - \mu_2 < (\bar{x}_1 - \bar{x}_2) + z_{\frac{\alpha}{2}}\sigma\sqrt{\frac{1}{n_1} + \frac{2}{n_2}}$$

또는

$$\left((\bar{x}_1 - \bar{x}_2) - z_{\frac{\alpha}{2}}\sigma\sqrt{\frac{1}{n_1} + \frac{1}{n_2}},\ (\bar{x}_1 - \bar{x}_2) + z_{\frac{\alpha}{2}}\sigma\sqrt{\frac{1}{n_1} + \frac{2}{n_2}}\ \right).$$

(2) 두 모집단의 분산 σ_1^2, σ_2^2는 모르지만 $\sigma^2 = \sigma_1^2 = \sigma_2^2$인 경우

두 정규모집단 $N(\mu_1, \sigma_1^2)$과 $N(\mu_2, \sigma_2^2)$이가 서로 독립이, 이 두 정규모집단으로부터 각각 크기 n_1과 n_2인 확률표본을 추출하여 만든 표본평균을 각각 $\bar{X}_1$과 $\bar{X}_2$라 하자. 이때 두 정규모집단의 표본평균의 차 $\bar{X}_1 - \bar{X}_2$에 대한 분포는

$$\bar{X}_1 - \bar{X}_2 \sim N\left(\mu_1 - \mu_2, \frac{\sigma^2}{n_1} + \frac{\sigma^2}{n_2}\right)$$

이고 이를 표준정규화 하면,

$$Z = \frac{(\bar{X}_1 - \bar{X}_2) - (\mu_1 - \mu_2)}{\sigma\sqrt{\dfrac{1}{n_1} + \dfrac{2}{n_2}}} \sim N(0,1)$$

이다. 그런데 두 모집단의 분산 σ_1^2과 σ_2^2을 모르고 $\sigma^2 = \sigma_1^2 = \sigma_2^2$인 경우에는 σ^2을 추정해야 한다. 가정에 의하여 두 모집단 분산이 모두 σ^2으로 같다고 하였기 때문에 공통인 모분산 σ^2을 추정하기 위해서는 두 표본을 합하여 σ^2의 합동추정량(pooled estimator)인

$$S_p^2 = \frac{(n_1 - 1)S_1^2 + (n_2 - 1)S_2^2}{n_1 + n_2 - 2}$$

으로 추정한다. 여기서 두 표본의 표본분산 S_1^2과 S_2^2은 각각 다음과 같다.

$$S_1^2 = \frac{1}{n_1 - 1}\sum_{i=1}^{n_1}(X_i - \bar{X}_1)^2, \quad S_2^2 = \frac{1}{n_2 - 1}\sum_{i=1}^{n_2}(X_i - \bar{X}_2)^2.$$

이로부터 다음의 통계량 T는 자유도가 $n_1 + n_2 - 2$인 t-분포에 따른다.

$$T = \frac{(\bar{X}_1 - \bar{X}_2) - (\mu_1 - \mu_2)}{S_p\sqrt{\dfrac{1}{n_1} + \dfrac{1}{n_2}}} \sim t(n_1 + n_2 - 2)$$

여기서 s_p는 합동추정량 S_p의 관찰값이다. 이상을 종합하면, 두 모집단의 분산 σ_1^2, σ_2^2은 모르지만 $\sigma^2 = \sigma_1^2 = \sigma_2^2$일 때, 두 모평균 차 $\mu_1 - \mu_2$에 대한 확률 $1 - \alpha$가 되는 구간은 다음과 같다.

$$\begin{aligned}
&P\big(-t_{\frac{\alpha}{2}}(n_1 + n_2 - 2) < Z < -t_{\frac{\alpha}{2}}(n_1 + n_2 - 2)\big) \\
&= P\left(-t_{\frac{\alpha}{2}}(n_1 + n_2 - 2) < \frac{(\bar{X}_1 - \bar{X}_2) - (\mu_1 - \mu_2)}{S_p\sqrt{\dfrac{1}{n_1} + \dfrac{1}{n_2}}} < t(n_1 + n_2 - 2)\right) \\
&= P\left((\bar{X}_1 - \bar{X}_2) - t_{\frac{\alpha}{2}}(n_1 + n_2 - 2)S_p\sqrt{\frac{1}{n_1} + \frac{1}{n_2}} < \mu_1 - \mu_2 < \right. \\
&\qquad \left. (\bar{X}_1 - \bar{X}_2) + t_{\frac{\alpha}{2}}(n_1 + n_2 - 2)S_p\sqrt{\frac{1}{n_1} + \frac{1}{n_2}}\right) \\
&= 1 - \alpha, \quad (0 < \alpha < 1)
\end{aligned}$$

따라서 두 모집단의 분산 σ_1^2, σ_2^2는 모르지만 $\sigma^2 = \sigma_1^2 = \sigma_2^2$일 때, 두 모집단의 모평균의 차 $\mu_1 - \mu_2$에 대한 $100 \times (1 - \alpha)\%$ 신뢰구간은 다음과 같다.

두 모집단의 분산 σ_1^2, σ_2^2는 모르지만 $\sigma^2 = \sigma_1^2 = \sigma_2^2$일 때, 두 모집단의 모평균의 차 $\mu_1 - \mu_2$에 대한 $100 \times (1-\alpha)\%$ 신뢰구간

$$(\bar{x}_1 - \bar{x}_2) - t_{\frac{\alpha}{2}}(n_1 + n_2 - 2)s_p\sqrt{\frac{1}{n_1} + \frac{1}{n_2}} < \mu_1 - \mu_2 < (\bar{x}_1 - \bar{x}_2) + t_{\frac{\alpha}{2}}(n_1 + n_2 - 2)s_p\sqrt{\frac{1}{n_1} + \frac{1}{n_2}}\Bigg)$$

또는

$$\Bigg((\bar{x}_1 - \bar{x}_2) - t_{\frac{\alpha}{2}}(n_1+n_2-2)s_p\sqrt{\frac{1}{n_1}+\frac{1}{n_2}},\ (\bar{x}_1 - \bar{x}_2) + t_{\frac{\alpha}{2}}(n_1+n_2-2)s_p\sqrt{\frac{1}{n_1}+\frac{1}{n_2}}\Bigg).$$

8.3.3 모분산 σ^2에 대한 구간 추정

모집단의 분포가 정규분포 $N(\mu, \sigma^2)$에 따른다고 가정하고 모분산 σ^2의 신뢰구간을 구해 보자. 정규모집단으로부터 추출한 크기 n인 확률표본의 표본평균을 $\bar{X}$, 표본분산을 S^2이라 하면 다음 통계량은 자유도 $n-1$인 χ^2-분포 즉,

$$V = \frac{(n-1)S^2}{\sigma^2} \sim \chi^2(n-1)$$

이다. 따라서, 확률 $1-\alpha$가 되는 χ^2-분포의 구간은

$$P\Big(a < \frac{(n-1)S^2}{\sigma^2} < b\Big) = 1-\alpha, \quad (0 < \alpha < 1)$$

이다.

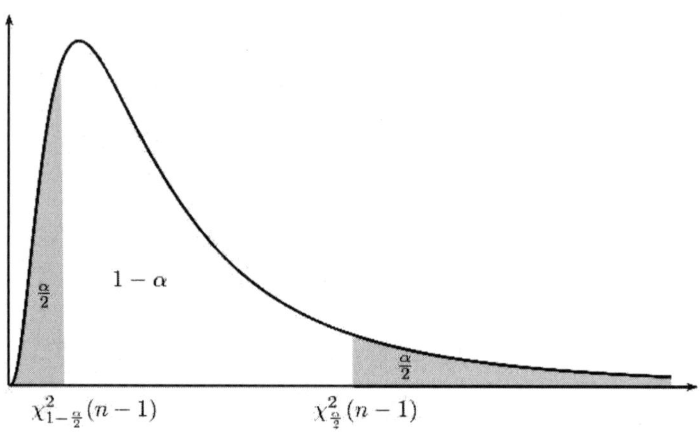

그림 8.5

여기서 상수 a와 b는 χ^2-분포표에서 자유도 $(n-1)$에 대하여 찾으면 $a = \chi^2_{1-\frac{\alpha}{2}}(n-1)$이

고 $b=\chi^2_{\frac{\alpha}{2}}(n-1)$이다. 이 값은 그림 8.5에서 곡선의 양쪽 꼬리부분의 확률이 같도록 상수 a와 b를 선택한 것이다. 이로부터 확률이 $1-\alpha$가 되는 신뢰구간은 다음과 같다.

$$\begin{aligned} P\Big(\chi^2_{1-\frac{\alpha}{2}}(n-1) < \frac{(n-1)S^2}{\sigma^2} < \chi^2_{\frac{\alpha}{2}}(n-1)\Big) &\\ = P\Big(\frac{\chi^2_{1-\frac{\alpha}{2}}(n-1)}{(n-1)S^2} < \frac{1}{\sigma^2} < \frac{\chi^2_{\frac{\alpha}{2}}(n-1)}{(n-1)S^2}\Big) &\\ = P\Big(\frac{(n-1)S^2}{\chi^2_{\frac{\alpha}{2}}(n-1)} < \sigma^2 < \frac{(n-1)S^2}{\chi^2_{1-\frac{\alpha}{2}}(n-1)}\Big) &\\ = 1-\alpha, \quad (0<\alpha<1) & \end{aligned}$$

따라서, 모분산 σ^2에 대한 $100\times(1-\alpha)\%$ 신뢰구간은 다음과 같다.

모분산 σ^2에 대한 $100\times(1-\alpha)\%$ 신뢰구간

$$\frac{(n-1)s^2}{\chi^2_{\frac{\alpha}{2}}(n-1)} < \sigma^2 < \frac{(n-1)s^2}{\chi^2_{1-\frac{\alpha}{2}}(n-1)}$$

또는

$$\Big(\frac{(n-1)s^2}{\chi^2_{\frac{\alpha}{2}}(n-1)}, \frac{(n-1)s^2}{\chi^2_{1-\frac{\alpha}{2}}(n-1)}\Big).$$

단, s는 관찰값의 표본표준편차 $s=\sqrt{\frac{1}{n-1}\sum_{i=1}^{n}(x_i-\bar{x})^2}$이다. 또한, 이 식으로부터 모표준편차 σ에 대한 $100\times(1-\alpha)\%$ 신뢰구간은 다음과 같다.

모표준편차 σ에 대한 $100\times(1-\alpha)\%$ 신뢰구간

$$\sqrt{\frac{(n-1)s^2}{\chi^2_{\frac{\alpha}{2}}(n-1)}} < \sigma < \sqrt{\frac{(n-1)s^2}{\chi^2_{1-\frac{\alpha}{2}}(n-1)}}$$

또는

$$\Big(\sqrt{\frac{(n-1)s^2}{\chi^2_{\frac{\alpha}{2}}(n-1)}}, \sqrt{\frac{(n-1)s^2}{\chi^2_{1-\frac{\alpha}{2}}(n-1)}}\Big).$$

例題 4 어떤 묘목을 심은 후에 기준 길이까지 자라는데 소요되는 날짜수의 분포는 정규분포에 따른다고 한다. 이제 이 묘목 중에서 $n=20$개의 표본을 추출하여 기준

길이까지 자라는데 소요되는 평균 날짜수를 측정하였더니 18.21일 이었고 표본분산은 $s^2 = 12.1$일 이었다고 한다. 모분산 σ^2에 대한 90% 신뢰구간을 구하라.

解答 χ^2 분포표로부터 $\chi^2_{0.05}(19) = 30.14$이고 $\chi^2_{0.95}(19) = 10.12$이므로 모분산 σ^2 에 대한 90% 신뢰구간은

$$\frac{(n-1)s^2}{\chi^2_{\frac{\alpha}{2}}(n-1)} < \sigma^2 < \frac{(n-1)s^2}{\chi^2_{1-\frac{\alpha}{2}}(n-1)}, \qquad \frac{19 \times 12.1}{30.14} < \sigma^2 < \frac{19 \times 12.1}{10.12}$$

이므로 $7.6277 < \sigma^2 < 22.72$ 또는 $(7.6277, 22.72)$이다. ◀

8.3.4 두 모분산 비 $\frac{\sigma_1^2}{\sigma_2^2}$에 대한 구간 추정

두 정규모집단 $N(\mu_1, \sigma_1^2)$과 $N(\mu_2, \sigma_2^2)$이 서로 독립이, 이 두 정규모집단으로부터 각각 크기 m과 n인 확률표본을 추출하여 만든 표본분산을 각각 다음과 같다고 하자.

$$S_1^2 = \frac{1}{n_1 - 1}\sum_{i=1}^{n_1}(X_i - \bar{X}_1)^2, \qquad S_2^2 = \frac{1}{n_2 - 1}\sum_{i=1}^{n_2}(X_i - \bar{X}_2)^2.$$

이때 다음 통계량 F는 자유도가 $m-1$과 $n-1$을 가지는 F-분포에 따른다.

$$F = \frac{S_1^2/\sigma_1^2}{S_2^2/\sigma_2^2} \sim F(m-1, n-1).$$

두 모집단의 모분산의 비 $\frac{\sigma_1^2}{\sigma_2^2}$에 대한 $1-\alpha$가 되는 확률구간을 F 분포곡선으로 나타내면 다음과 같다.

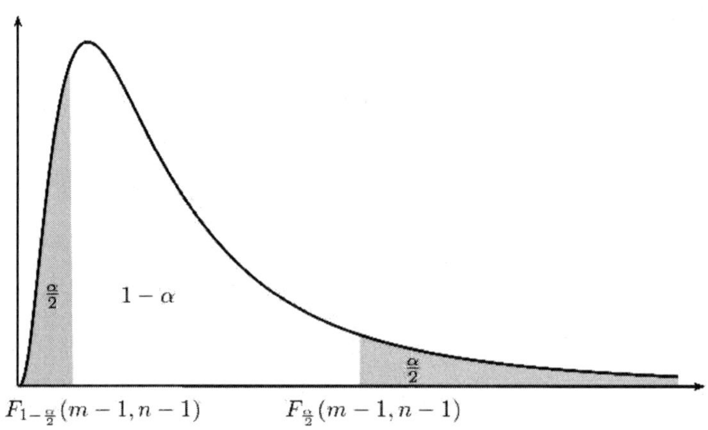

그림 8.6 자유도 $m-1$과 $n-1$을 가지는 F 분포에서의 $\frac{\alpha}{2}$점

F 통계량을 이용하여 두 모집단의 모분산의 비인 $\frac{\sigma_1^2}{\sigma_2^2}$에 대한 $1-\alpha$에 대한 확률구

간은 다음과 같이 구한다.

$$P\left(F_{1-\frac{\alpha}{2}}(m-1,n-1) < \frac{S_1^2/\sigma_1^2}{S_2^2/\sigma_2^2} < F_{\frac{\alpha}{2}}(m-1,n-1)\right)$$
$$= P\left(F_{1-\frac{\alpha}{2}}(m-1,n-1)\frac{S_1^2}{S_2^2} < \frac{\sigma_1^2}{\sigma_2^2} < F_{\frac{\alpha}{2}}(m-1,n-1)\frac{S_1^2}{S_2^2}\right)$$
$$= P\left(\frac{1}{F_{\frac{\alpha}{2}}(n-1,m-1)}\frac{S_1^2}{S_2^2} < \frac{\sigma_1^2}{\sigma_2^2} < F_{\frac{\alpha}{2}}(m-1,n-1)\frac{S_1^2}{S_2^2}\right)$$
$$= 1-\alpha,\ (0<\alpha<1)$$

위의 식에서 자유도 $m-1$과 $n-1$을 가지는 F 분포의 $\frac{\alpha}{2}$과 $1-\frac{\alpha}{2}$점 사이에는

$$F_{1-\frac{\alpha}{2}}(m-1,n-1) = \frac{1}{F_{\frac{\alpha}{2}}(n-1,m-1)}$$

가 성립한다. 이로부터, 두 모집단의 분산 비 $\frac{\sigma_1^2}{\sigma_2^2}$에 대한 $100\times(1-\alpha)\%$ 신뢰구간은

$$\frac{1}{F_{\frac{\alpha}{2}}(n-1,m-1)}\frac{s_1^2}{s_2^2} < \frac{\sigma_1^2}{\sigma_2^2} < F_{\frac{\alpha}{2}}(m-1,n-1)\frac{s_1^2}{s_2^2}$$

또는

$$\left(\frac{1}{F_{\frac{\alpha}{2}}(n-1,m-1)}\frac{s_1^2}{s_2^2},\ F_{\frac{\alpha}{2}}(m-1,n-1)\frac{s_1^2}{s_2^2}\right)$$

이다.

8.3.5 모비율 p에 대한 구간추정

모집단분포에서 어떤 특정한 속성에 대한 비율을 p $(0<p<1)$라고 하자. 이 경우, 모비율 p는 0 또는 1에 가까운 값이 아니다. 이제 모집단에서 추출한 표본의 크기 n도 충분히 크다고 가정하면, 표본비율 $\frac{X}{n}$는 근사적으로 평균이 p이고, 분산이 $\frac{pq}{n}$인 정규분포 즉,

$$\frac{X}{n} \sim N(n, \frac{pq}{n}), \quad (q=1-p)$$

에 따른다. 따라서, 위의 식을 표준정규화 하여 모비율 p의 신뢰구간을 구하면 다음과 같다.

$$\begin{aligned} P(-z_{\frac{\alpha}{2}} < Z < z_{\frac{\alpha}{2}}) &= P\left(-z_{\frac{\alpha}{2}} < \frac{\frac{X}{n} - p}{\sqrt{\frac{pq}{n}}} < z_{\frac{\alpha}{2}}\right) \\ &= P\left(\frac{X}{n} - z_{\frac{\alpha}{2}}\sqrt{\frac{pq}{n}} < p < \frac{X}{n} + z_{\frac{\alpha}{2}}\sqrt{\frac{pq}{n}}\right) \\ &= 1 - \alpha \end{aligned}$$

위의 식에서 모비율 p의 신뢰구간을 구할 때, p는 미지(unknown)의 값이므로 실제로는 모비율 p 대신에 표본비율(sample proportion) $\hat{p} = \frac{x}{n}$의 값을 이용한다. 따라서, 모비율 p에 대한 $100 \times (1 - \alpha)\%$ 신뢰구간은 다음과 같다.

모비율 p에 대한 $100 \times (1 - \alpha)\%$ 신뢰구간

$$\hat{p} - z_{\frac{\alpha}{2}}\sqrt{\frac{\hat{p}\hat{q}}{n}} < p < \hat{p} + z_{\frac{\alpha}{2}}\sqrt{\frac{\hat{p}\hat{q}}{n}}$$

또는

$$(\hat{p} - z_{\frac{\alpha}{2}}\sqrt{\frac{\hat{p}\hat{q}}{n}}, \hat{p} + z_{\frac{\alpha}{2}}\sqrt{\frac{\hat{p}\hat{q}}{n}}).$$

단, $\hat{p} = \frac{x}{n}$, $\hat{q} = 1 - \hat{p}$ 이다.

例題 5 어느 회사에 다니는 300명의 회사원들에게 외식으로 피자의 선호도를 조사한 결과, 130명이 피자를 좋아한다고 응답하였다. 이때 피자를 좋아하는 회사원들의 참비율을 95% 신뢰도로 추정하라.

解答 300명 중 130명이 점심식사로 피자를 선호한다고 했으므로 피자를 선호하는 사원들의 비율은 $\hat{p} = \frac{130}{300}$이다. $\alpha = 0.05$이므로 $z_{\frac{\alpha}{2}} = z_{0.025} = 1.96$이므로 모비율 p에 대한 95% 신뢰구간은

$$\begin{aligned} &\hat{p} - z_{\frac{\alpha}{2}}\sqrt{\frac{\hat{p}\hat{q}}{n}} < p < \hat{p} + z_{\frac{\alpha}{2}}\sqrt{\frac{\hat{p}\hat{q}}{n}} \\ &\Longrightarrow 0.43 - 1.96\sqrt{\frac{0.43 \times 0.57}{300}} < p < 0.43 + 1.96\sqrt{\frac{0.43 \times 0.57}{300}} \\ &\Longrightarrow 0.37 < p < 0.49 \quad \text{또는} \quad (0.37,\ 0.49) \end{aligned}$$

이다. ◀

8.3.6 모비율 차 $p_1 - p_2$에 대한 구간추정

두 모집단의 모비율이 각각 p_1과 p_2일 때, 모비율의 차 $p_1 - p_2$에 대한 신뢰구간을 구하여 보자. 모집단 I으로부터 크기 n_1인 확률표본을 추출하였을 때 나타난 성공횟수를 X_1, 모집단 II부터 크기 n_2인 확률표본을 추출하였을 때 나타난 성공횟수를 X_2라 하고 두 모집단 I과 II는 독립이라고 하자. 이때 두 모집단의 모비율의 차 $p_1 - p_2$에 대한 추론에는 표본비율의 차 $\hat{p}_1 - \hat{p}_2$를 이용할 수 있다. 또한 각각의 모집단으로부터 추출한 확률표본의 크기 n_1과 n_2가 충분히 크면, $\hat{p}_1$과 $\hat{p}_2$의 표본분포는 각각

$$\begin{aligned} \hat{p}_1 &\sim N(p_1, \frac{p_1 q_1}{n_1}), \quad (q_1 = 1 - p_1) \\ \hat{p}_2 &\sim N(p_2, \frac{p_2 q_2}{n_2}), \quad (q_2 = 1 - p_2) \end{aligned}$$

에 따른다. 이로부터 표본비율의 차 $\hat{p}_1 - \hat{p}_2$의 기댓값과 분산을 구하면

$$\begin{aligned} E(\hat{p}_1 - \hat{p}_2) &= p_1 - p_2 \\ \mathrm{Var}(\hat{p}_1 - \hat{p}_2) &= \frac{p_1 q_1}{n_1} + \frac{p_2 q_2}{n_2} \end{aligned}$$

이다. 따라서 $\hat{p}_1 - \hat{p}_2$의 확률분포는 근사적으로

$$\hat{p}_1 - \hat{p}_2 \sim N\left(p_1 - p_2, \frac{p_1 q_1}{n_1} + \frac{p_2 q_2}{n_2}\right)$$

에 따른다. 이로부터 표준화된 확률변수 Z는 다음과 같이 표준정규분포

$$Z = \frac{(\hat{p}_1 - \hat{p}_2) - (p_1 - p_2)}{\sqrt{\dfrac{p_1 q_1}{n_1} + \dfrac{p_2 q_2}{n_2}}} \sim N(0, 1)$$

에 따른다. 이상을 정리하면, 모비율의 차 $p_1 - p_2$에 대한 확률구간은 다음과 같다.

$$\begin{aligned} & P(-z_{\frac{\alpha}{2}} < Z < z_{\frac{\alpha}{2}}) \\ &= P\left(-z_{\frac{\alpha}{2}} < \frac{(\hat{p}_1 - \hat{p}_2) - (p_1 - p_2)}{\sqrt{\dfrac{p_1 q_1}{n_1} + \dfrac{p_2 q_2}{n_2}}} < z_{\frac{\alpha}{2}}\right) \\ &= P\left((\hat{p}_1 - \hat{p}_2) - z_{\frac{\alpha}{2}}\sqrt{\frac{p_1 q_1}{n_1} + \frac{p_2 q_2}{n_2}} < p_1 - p_2 < (\hat{p}_1 - \hat{p}_2) + z_{\frac{\alpha}{2}}\sqrt{\frac{p_1 q_1}{n_1} + \frac{p_2 q_2}{n_2}}\right) \\ &= 1 - \alpha, \quad (0 < \alpha < 1) \end{aligned}$$

그런데 위의 식에는 미지(unknown)의 값인 p_1과 p_2가 포함되어 있으므로 이 값 대신에 표본비율

$$\hat{p}_1 = \frac{x_1}{n_1}$$

과

$$\hat{p}_2 = \frac{x_2}{n_2}$$

를 각각 이용한다. 따라서, 모비율의 차 $p_1 - p_2$의 $100 \times (1-\alpha)\%$ 신뢰구간은 다음과 같다.

모비율의 차 $p_1 - p_2$의 $100 \times (1-\alpha)\%$ 신뢰구간

$$(\hat{p}_1 - \hat{p}_2) - z_{\frac{\alpha}{2}}\sqrt{\frac{\hat{p}_1\hat{q}_1}{n_1} + \frac{\hat{p}_2\hat{q}_2}{n_2}} < p_1 - p_2 < (\hat{p}_1 - \hat{p}_2) + z_{\frac{\alpha}{2}}\sqrt{\frac{\hat{p}_1\hat{q}_1}{n_1} + \frac{\hat{p}_2\hat{q}_2}{n_2}}$$

또는

$$\left((\hat{p}_1 - \hat{p}_2) - z_{\frac{\alpha}{2}}\sqrt{\frac{\hat{p}_1\hat{q}_1}{n_1} + \frac{\hat{p}_2\hat{q}_2}{n_2}},\ (\hat{p}_1 - \hat{p}_2) + z_{\frac{\alpha}{2}}\sqrt{\frac{\hat{p}_1\hat{q}_1}{n_1} + \frac{\hat{p}_2\hat{q}_2}{n_2}}\right)$$

단, $\hat{p} = \frac{x}{n}$, $\hat{q} = 1 - \hat{p}$ 이다.

例題 6 어떤 회사에 똑같은 제품을 생산하는 구형기계와 신형기계 두 대가 있다. 구형기계는 2000개의 제품 중 100개의 불량품을 생산하고, 신형기계는 3000개의 제품 중 120개를 불량품으로 생산한다. 구형기계와 신형기계 사이에 불량률의 차에 대한 90% 신뢰구간을 구하라.

解答 구형기계와 신형기계의 표본비율은 각각

$$\hat{p}_1 = \frac{100}{2000} = 0.05$$

와

$$\hat{p}_2 = \frac{120}{3000} = 0.04$$

이고, 유의수준 $\alpha = 0.1$이므로 $z_{\frac{\alpha}{2}} = z_{0.05} = 1.645$이다. 이로부터 모비율의 차 $p_1 - p_2$에 대한 90% 신뢰구간은

$$(0.05 - 0.04)) - 1.645\sqrt{\frac{0.05 \times 0.95}{2000} + \frac{0.04 \times 0.96}{3000}} < p_1 - p_2$$
$$< (0.05 - 0.04)) + 1.645\sqrt{\frac{0.05 \times 0.95}{2000} + \frac{0.04 \times 0.96}{3000}}$$

이므로

$$-0.002 < p_1 - p_2 < 0.022 \quad \text{또는} \quad (-0.002, 0.022)$$

이다. ◀

8.3.7 신뢰구간의 길이와 표본의 크기 결정

구간추정에 있어서 신뢰구간의 길이는 신뢰계수의 값에 비례한다. 즉, $1-\alpha$의 값이 커지면 신뢰구간의 길이는 길어지며, 반대로 작아지면 신뢰구간의 길이는 짧아진다. 신뢰구간의 길이는 또한 표본의 크기 n에 반비례한다. 즉, 표본의 크기 n이 커질수록 신뢰구간의 길이는 작아지는 경향이 있기 때문에 신뢰구간의 길이는 추정량의 정확도와 밀접한 관계가 있다. 추정량의 정확도를 높히기 위해서는 표본의 크기 n을 크게 하면 되지만, 표본의 수가 증가하게 되면 비용이 많이 들며, 반대로 추정오차를 줄이기 위해 신뢰계수를 크게하면 추정량의 정확도가 떨어지게 된다. 이러한 문제로 인해 적절한 표본수와 적절한 신뢰계수를 갖는 구간추정이 이루어져야 하며, 이를 위해 정규모집단의 가정하에서 $100 \times (1-\alpha)\%$ 신뢰도로서 추정치와 모수간의 차이를 작게하기 위해 표본의 크기를 어떻게 취해야 할지 결정하는 문제를 생각할 수 있다.

추정치를 $\bar{x}$라 하고 모수를 μ라 할 때, $\bar{x}-\mu$를 추정오차라 하고 d를 최대허용오차라 하면, 다음 식이 성립한다.

$$d = z_{\frac{\alpha}{2}} \frac{\sigma}{\sqrt{n}}.$$

여기서 σ는 표준편차, n은 표본의 개수이다. 이 식을 n에 대하여 정리하면

$$n = \left(\frac{z_{\frac{\alpha}{2}}\sigma}{d}\right)^2$$

이다. 따라서 정규모집단의 가정하에 주어진 허용오차의 범위안에서 신뢰도 $100\times(1-\alpha)\%$를 유지하려면 표본의 크기 n을 얼마만큼 취해야 하는지를 알 수 있다. 이때, 모분산 σ^2은 모르지만, 관찰값이나 예비조사 등을 통해 얻은 추정치를 이용할 수 있다.

例題 7 어떤 자동자 부품회사에서 생산한 신형 발전기의 평균무게를 측정하려고 한다. 신형 발전기의 무게에 대한 표준편차는 $\sigma = 9$kg으로 알려져 있고 분포는 정규분포에 따른다고 한다. 이때, 95%의 신뢰도로 허용오차를 2kg으로 할 때, 무게를 측정해야 할 발전기는 몇 개인가를 결정하라.

解答 $z_{\frac{\alpha}{2}} = 1.96,\ d = 2,\ \sigma = 9$이므로 구하고자 하는 발전기의 개수는

$$\begin{aligned} n &= \left(\frac{z_{\frac{\alpha}{2}}\sigma}{d}\right)^2 \\ &= \left(\frac{1.96 \times 9}{2}\right)^2 \\ &= 77.79 \\ &\approx 78 \end{aligned}$$

이므로 78개의 신형 발전기가 필요하다. ◀

이제 표본의 개수를 결정하는 문제를 이항모집단의 경우로 생각해 보자. 모비율 p의 추정치로 $\hat{p}$을 이용한다. 신뢰도 $100 \times (1-\alpha)\%$로 오차의 한계를 허용오차 d보다 작게하려고 할 때, 필요한 표본의 개수 n은 다음과 같다.

$$n = \left(\frac{z_{\frac{\alpha}{2}}\sqrt{\hat{p}\hat{q}}}{d}\right)^2, \quad (\hat{q} = 1 - \hat{p})$$

만약, 표본비율 $\hat{p}$이 주어지지 않을 경우에는 $\hat{p} = \frac{1}{2}$로 하여 다음과 같이 표본의 개수를 결정할 수 있다.

$$n = \left(\frac{z_{\frac{\alpha}{2}}}{2d}\right)^2$$

例題 8 흡연율 조사하기 위하여 어느 대학교 학생 150명을 랜덤하게 뽑아 조사하였더니 35명이 흡연자였다.

(a) 모비율 p를 추정하기 위해 95%의 신뢰도로 오차의 한계를 3%로 하려면, 표본으로 몇 명을 뽑아야 하는가?

(b) 표본비율 $\hat{p}$을 모를 때, 오차의 한계를 3%로 하려면, 표본으로 몇 명을 뽑아야 하는가?

解答 (a) $\hat{p} = 0.23,\ z_{\frac{\alpha}{2}} = 1.96,\ d = 0.03$이므로 구하고자 하는 표본의 크기 n은

$$\begin{aligned} n &= \left(\frac{z_{\frac{\alpha}{2}}\sqrt{\hat{p}\hat{q}}}{d}\right)^2 \\ &= \left(\frac{1.96 \times \sqrt{0.23 \times 0.77}}{0.03}\right)^2 \\ &= 755.9415 \end{aligned}$$

이므로 756명이 필요하다.

(b) 표본비율 $\hat{p}$이 미지(unknown)이므로 $\hat{p} = \frac{1}{2}$로 두고 표본의 크기를 구하면

$$
\begin{aligned}
n &= \left(\frac{z_{\frac{\alpha}{2}}}{2d}\right)^2 \\
&= \left(\frac{1.96}{4 \times 0.03}\right)^2 \\
&= 266.78
\end{aligned}
$$

이므로 267명이 필요하다.. ◀

練習問題

1. 어느 제철공장에서 생산되는 강선의 평균 인장강도를 추정하기 위하여 임의로 30개의 표본을 추출하여 인장강도를 측정한 결과 표본평균이 $\bar{x} = 62.50\text{kg/cm}^2$, 표본표준편차가 $S = 3.75\text{kg/cm}^2$이었다. 강선의 평균 인장강도에 대한 95% 신뢰구간을 구하라.

2. 저녁 시간대의 TV 광고의 평균 광고시간을 알아보기 위하여 9편에 대한 광고시간을 측정한 결과, 표본평균이 $\bar{x} = 29.5$초, 표본분산이 $S^2 = 6.39$초 이었다. 평균 광고시간에 대한 90% 신뢰구간을 구하라. 단, TV 광고시간은 정규분포에 따른다고 한다.

3. 대기 중의 수은의 농도를 측정하기 위하여 9개의 지역을 표본으로 하여 측정한 결과, 표본평균이 $\bar{x} = 0.72\mu\text{g/cm}^2$, 표본표준편차가 $S = 0.052\mu\text{g/cm}^2$ 이었다. 평균 수은의 농도에 대한 95% 신뢰구간을 구하라. 단, 대기 중의 수은의 농도는 정규분포에 따른다고 한다.

4. 어느 비누공장에서 생산하는 비누의 평균무게를 알아보기 위하여 10개의 표본을 추출하여 무게를 측정한 결과 다음과 같았다. (단위: g)

94	96	97	85	86	79	93	89	92	78

   실제 평균 비누무게 μ에 대한 95% 신뢰구간을 구하라. 단, 비누무게는 청규분포에 따른다고 한다.

5. 스마트폰의 교체율을 조사하기 위하여 스마트폰 사용자 중에서 랜덤하게 600명을 조사한 결과, 2년마다 스마트폰을 교체하는 사람들이 420명이었다. 2년마다 스마트폰을 교체하는 사람들의 비율에 대한 99% 신뢰구간을 구하라.

6. 어떤 정당에서 출마한 후보자 A에 대한 지지율을 알아보기 위하여 1000명을 대상으로 여론조사를 실시한 결과, 후보자 A는 620명의 지지를 받고 있었다. 후보자 A에 대한 지지율의 99% 신뢰구간을 구하라.

7. 어떤 공장에서 생산된 정밀부품의 한 개의 무게의 모표준편차는 5g이다. 모평균 μ를 신뢰도 95%로 추정할 때, 정밀부품의 추정값 $\bar{x}$와 모평균 μ와의 차가 0.3g보다 작게 하기 위한 표본의 크기를 구하라.

8. 어느 대학에서는 작년도 신입생의 40%가 흡연 경험이 있다고 한다. 올해 신입생의 흡연 경험 비율을 추정할 때, 90% 오차한계가 2% 이내가 되기 위한 표본의 크기를 구하라.

제 9 장

통계적 가설검정

9.1 가설검정의 원리

모집단의 미지의 모수에 대한 통계적 추론에 관한 중요한 이론은 추정론과 가설검정이다. 가설(hypothesis)은 모집단에 대한 어떤 가정이며, 이러한 가설의 참과 거짓을 판정하는 방법을 통계적 가설검정(test of statistical hypothesis)이라 한다. 또한 모집단에 대한 가설을 설정하고, 모집단으로부터 추출한 표본을 이용하여 모집단에 관한 의사결정을 내리는 것을 통계적 결정(statistical decision)이라 한다. 그러나 이렇게 설정된 가설은 참(truth) 또는 거짓(falsity)일 수 있으며, 설정된 가설을 받아들이지 않는 것을 기각(reject)한다고 말하며, 설정된 가설을 받아들이는 것을 채택(accept)한다고 말한다. 일반적으로 가설은 반증적인 방법으로 증명하기 위하여 기각될 것을 바라면서 가설을 설정하게 되는데, 이러한 가설을 귀무가설(null hypothesis)이라 하며, H_0로 나타낸다. 귀무가설과 대립되거나 이를 부정하는 가설을 대립가설(alternative hypothesis)이라 하며, H_1으로 나타낸다. 따라서, 자신이 입증하고자 하는 가설을 대립가설로 설정하고 기각되기를 바라는 가설을 귀무가설로 설정한다.

하나의 대립가설과 귀무가설을 설정하여 놓고 참 또는 거짓을 판단하려고 할 때, 그 판단의 기준으로 임의의 표본으로부터 추출한 표본통계량을 이용한다. 이때 주의해야 할 것은 귀무가설을 기각했을 때, 설정된 귀무가설이 거짓이라는 것을 의미하는 게 아니라, 단지 모집단으로부터 추출된 표본이 귀무가설을 받아들일 만한 충분한 증거를 가지고 있지 못함으로 인해 귀무가설을 채택하지 못한다는 뜻이다.

가설의 채택여부를 판정하는 기준이 되는 통계량을 검정통계량(test statistic)이라 하며, 이 검정통계량은 귀무가설이 옳다는 가정하에서 계산되고, 만일 검정통계량의 값이 특정한 기준값의 범위에 들지 않으면, 귀무가설을 받아들이지 못하게 된다. 즉, 기각하게 된다. 이때 특정한 기준값을 기각치(critical value)또는 임계치라고 하고, c로 나타낸다. 또한 검정통계량의 값에 따라 귀무가설 또는 대립가설의 채택여부가 결정되며, 귀무가설 H_0가 기각되는 검정통계량의 값의 영역을 기각역(rejection region)또는 임계영역(critical region)이라 하며, 반대로 채택하게 되는 검정통계량 값의 영역을 채택역(acceptance region)이라 한다. 이러한 가설의 기각역 또는 채택역은 유의수준을 어떻게 정하느냐에 따라 다르게 나타난다.

9.2 제 1종의 오류와 제 2종의 오류

가설검정에서는 귀무가설을 채택하면 대립가설을 기각하고, 반대로 귀무가설을 기각하면 대립가설을 채택한다. 이때, 귀무가설이 참임에도 불구하고 귀무가설을 기각하여 대립가설을 채택하는 오류를 범할 가능성이 있으며, 반대로 대립가설이 참임에도 불구하고 대립가설을 기각하여 귀무가설을 채택하는 오류를 범할 가능성이 있다. 이와 같이 가설검정에서 발생 가능한 오류를 각각 가설검정의 제 1종의 오류(type I error)와 제 2종의 오류(type II error)라 하며, 각각 α와 β로 나타내고, 특히 제 1종의 오류를 유의수준(significance level)이라 한다.

	H_0를 채택	H_0를 기각
H_0가 참일 때	올바른 결정$(1-\alpha)$	제 1종의 오류(α)
H_0가 거짓일 때	제 2종의 오류(β)	올바른 결정$(1-\beta)$

표 9.1 제 1종의 오류와 제 2종의 오류

가설검정에서 나타나는 두 가지 오류에 대하여 바람직한 검정방법은 제 1종의 오류와 제 2종의 오류를 모두 작게 하는 것이다. 그러나 고정된 표본의 크기에 대하여 제 1종의 오류를 작게 하면, 제 2종의 오류가 커지는 경향이 있다. 그러므로 두 가지 오류를 모두 줄이기 위해서는 표본의 크기를 크게 하면 되지만, 이는 조사비용의 증가를 초래하게 된다. 따라서 통상적으로 가설검정을 할 때에는 표본의 크기를 고정하여 제 1종의 오류를 정해놓고, 제 2종의 오류를 줄이는 방법을 사용한다. 그림 9.1은 제 1종의 오류와 제 2종의 오류 사이의 관계를 설명해 준다.

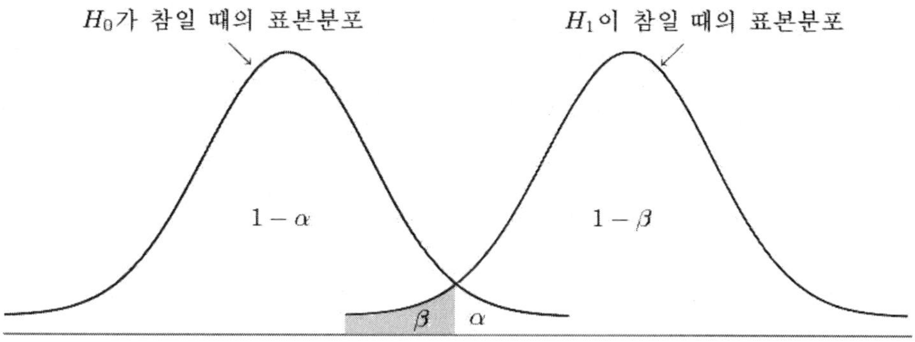

그림 9.1 제 1종의 오류와 제 2종의 오류 사이의 관계

대립가설 H_1이 참일 때, 귀무가설 H_0를 채택할 확률인 제 2종의 오류 β를 구하는 대신에 귀무가설 H_0를 기각하는 확률 K를 계산할 수 있다. 이 경우, β와 $K=1-\beta$는 모두 같은 정보를 제공해 준다. 이때, K를 검정력함수(power function)이라 하며, 특정한 값에 대해 검정력 함수의 값을 그 점에서의 검정력(power)이라 한다. 검정력 함수 K를 다음과 같이 정의한다.

$$K(\theta) \;=\; P(\hat{\theta} \geqslant c) \quad (c\text{는 임계값})$$

따라서 바람직한 검정력함수는 귀무가설 H_0가 참일 때, 작은 값을 취하며 반대의 경우에는 큰 값을 가진다.

例題 1 모집단의 표준편차가 80일 때, 다음의 가설을 검정하라.

$$H_0 : \mu = 500\,, \quad H_1 : \mu = 550$$

(a) $n=16$이고 유의수준 $\alpha=0.05$로 검정할 때, 제 2종의 오류 β를 구하라.

(b) $n=36$일 때, 제 1종의 오류 α와 제 2종의 오류 β를 구하라.

解答 (a) 제 1종의 오류 α는 귀무가설 H_0가 참일 때, H_0를 기각할 확률이므로, 귀

무가설 하에서

$$\begin{aligned} P(\bar{X} \geqslant c) &= P\left(\frac{\bar{X}-500}{\frac{80}{\sqrt{16}}} \geqslant \frac{c-500}{\frac{80}{\sqrt{16}}}\right) \\ &= P\left(Z \geqslant \frac{c-500}{20}\right) \\ &= 0.05 \end{aligned}$$

이다. 이로부터 기준값인 임계값은 $\frac{c-500}{20} = 1.65$로부터 $c = 533$이다. 따라서, 표본으로부터 구한 표본평균 $\bar{x} \geqslant 533$이면, 귀무가설 H_0를 기각하고, $\bar{x} < 533$이면 귀무가설 H_0를 채택한다. 다음에 귀무가설 H_0가 거짓일 때, H_0를 채택할 확률인 제 2종의 오류 β를 구하면

$$\begin{aligned} \beta = P(\bar{X} < 533) &= P\left(\frac{\bar{X}-550}{\frac{80}{\sqrt{16}}} < \frac{533-550}{\frac{80}{\sqrt{16}}}\right) \\ &= P\left(Z < \frac{533-550}{20}\right) \\ &= P(Z < -0.85) \\ &= 0.1977 \end{aligned}$$

이다.

(b) (a)에서 $n = 16$대신에 $n = 36$를 대입하여 제 1종의 오류 α와 제 2종의 오류β 를 구하면 각각 다음과 같다. 제 1종의 오류 α는 귀무가설 H_0가 참일 때, H_0를 기각할 확률이므로, 귀무가설 하에서

$$\begin{aligned} P(\bar{X} \geqslant c) &= P\left(\frac{\bar{X}-500}{\frac{80}{\sqrt{36}}} \geqslant \frac{533-500}{\frac{80}{\sqrt{36}}}\right) \\ &= P\left(Z \geqslant \frac{533-500}{13.33}\right) \\ &= P(Z \geqslant 2.48) \\ &= 0.0066 \end{aligned}$$

이고

$$\begin{aligned} \beta = P(\bar{X} < 533) &= P\left(\frac{\bar{X}-550}{\frac{80}{\sqrt{36}}} < \frac{533-550}{\frac{80}{\sqrt{36}}}\right) \\ &= P\left(Z < \frac{533-550}{13.33}\right) \\ &= P(Z < -1.28) \\ &= 0.1003 \end{aligned}$$

이다. 이로부터 표본의 수가 증가하면, 제 1종의 오류 α와 제 2종의 오류 β가 동시에 감소한다는 것을 알 수 있다. ◀

例題 2 모집단의 표준편차가 15, 유의수준 $\alpha = 0.05$, 표본의 수가 $n = 36$일 때, 다음 가설을 검정하려고 한다.

$$H_0 : \mu = 70, \quad H_1 : \mu < 70$$

(a) $n = 36$이고 유의수준 $\alpha = 0.05$로 검정할 때, 검정력함수 K를 구하라.

(b) (a)에서 $\mu = 75$일 때, 검정력함수 $K(75)$를 구하라.

解答 (a) 임계치 c를 먼저 구하면

$$\begin{aligned} P(\bar{X} \geqslant c) &= P\left(\frac{\bar{X} - 70}{\frac{15}{\sqrt{36}}} \geqslant \frac{c - 70}{\frac{15}{\sqrt{36}}}\right) \\ &= P\left(Z \geqslant \frac{c - 70}{2.5}\right) \\ &= 0.05 \end{aligned}$$

이다. 이로부터 기준값인 임계값은 $\frac{c-70}{2.5} = 1.65$로부터 $c = 74.1$이다. 따라서, 표본으로부터 구한 표본평균 $\bar{x} \geqslant 74.1$이면, 귀무가설 H_0를 기각하고, $\bar{x} < 74.1$이면 귀무가설 H_0를 채택한다. 이로부터 검정력함수 $K(\mu)$는

$$\begin{aligned} K(\mu) &= P\left(\frac{\bar{X} - \mu}{2.5} \geqslant \frac{74.1 - \mu}{2.5}\right) \\ &= P\left(Z \geqslant \frac{74.1 - \mu}{2.5}\right) \\ &= 1 - \Phi\left(\frac{74.1 - \mu}{2.5}\right), \qquad (\text{단, } \Phi\text{는 표준정규분포함수}) \end{aligned}$$

이다.

(b) (a)에서 $\mu = 75$일 때, 검정력함수 $K(75)$는

$$\begin{aligned} K(75) &= 1 - \Phi\left(\frac{74.1 - 75}{2.5}\right) \\ &= 1 - \Phi(-0.36) \\ &= 0.641 \end{aligned}$$

이다. ◀

9.3 가설검정법

가설검정을 하기 위한 절차는 다음과 같다.

가설검정의 방법

(a) 검정하고자 하는 귀무가설 H_0와 대립가설 H_1을 설정한다.
(b) 유의수준 α를 정한다.
(c) 귀무가설이 참이라는 가정 하에서 검정통계량 $\hat{\theta}$의 값을 구한다.
(d) 유의수준하에서의 임계값과 검정통계량의 값을 서로 비교하여 귀무가설의 기각여부를 판정한다.

단측검정과 양측검정

미지의 모수 θ에 대한 가설은 다음과 같이 설정할 수 있다.

(a) $H_0 : \theta = \theta_0$, $H_1 : \theta > \theta_0$
(b) $H_0 : \theta = \theta_0$, $H_1 : \theta < \theta_0$
(c) $H_0 : \theta = \theta_0$, $H_1 : \theta \neq \theta_0$

대립가설이 $H_1 : \theta > \theta_0$ 또는 $H_1 : \theta < \theta_0$이면, 단측검정(one-tailed test)을 하고, 대립가설이 $H_1 : \theta > \theta_0$인 경우에는 우단측검정(right-tailed test)을, $H_1 : \theta < \theta_0$ 일 때에는 좌단측검정(left-tailed test)을 한다. 또한 대립가설이 $H_1 : \theta \neq \theta_0$인 경우 양측검정(two-tailed test)을 한다.

대립가설의 형태에 따라 기각역도 비슷한 형태를 취하게 되는데 우단측검정일 경우에는 검정통계량의 우측에, 좌단측검정일 경우에는 좌측에, 양측검정일 경우에는 좌우측에 기각역이 설정된다. 이제 유의수준을 α라 하고 $\hat{\theta}$을 가설의 검정통계량이라고 하면 각 기각역은 다음과 같다.

단측검정과 양측검정

(a) 우단측검정일 때의 기각역 : $\hat{\theta} \geqslant c$
(b) 좌단측검정일 때의 기각역 : $\hat{\theta} \leqslant c$
(c) 양측검정일 때의 기각역 : $\hat{\theta} \geqslant c$ 또는 $\hat{\theta} \leqslant c$

여기서 주의해야 할 점은 우단측검정 또는 좌단측검정에서의 기각치 c는 검정통계량 $\hat{\theta}$이 귀무가설 하에서 우측확률과 좌측확률이 각각 α인 기각치이다. 반면, 양측검정에서의 기각치 c는 검정통계량 $\hat{\theta}$이 귀무가설 하에서 우측확률과 좌측확률이 모두

$\frac{\alpha}{2}$인 기각치이다. 지금까지 설명한 가설에 대한 검정을 그림으로 요약하면 다음과 같다.

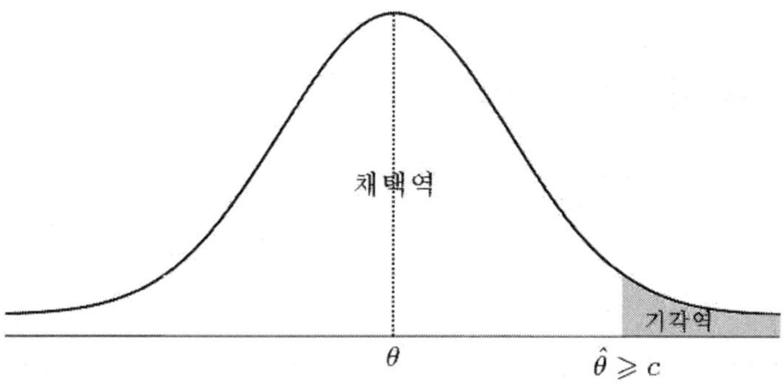

그림 9.2 우단측검정

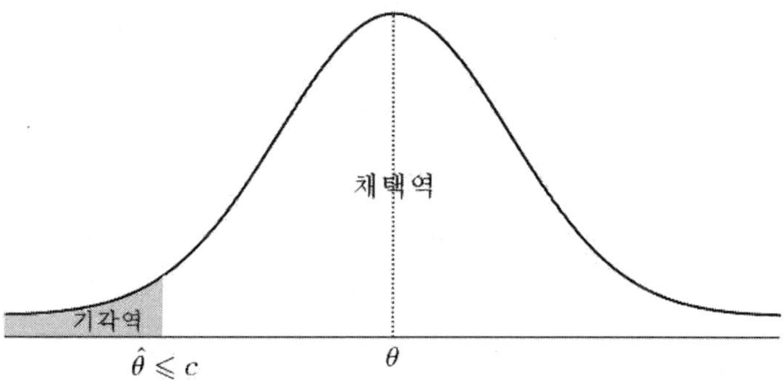

그림 9.3 좌단측검정

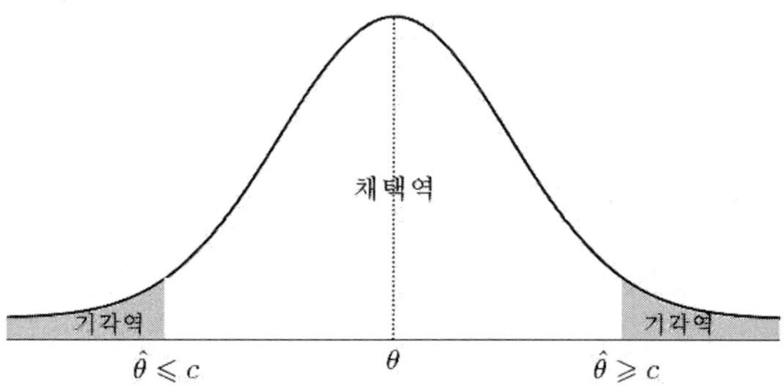

그림 9.4 양측검정

9.4 모평균 μ에 대한 가설검정

모집단이 정규분포 $N(\mu, \sigma^2)$에 따른다는 가정하에서 모평균 μ에 대한 가설검정에 대하여 알아 보자. 이 때에는 모분산 σ^2을 아는 경우와 모분산 σ^2을 모르는 경우, 두 가지 유형이 있다.

9.4.1 모분산 σ^2을 알고 있는 경우

정규모집단 $N(\mu, \sigma^2)$으로부터 추출한 크기 n인 확률표본을 $X_1, X_2, \cdots, X_n$이라 할 때, 유의수준 α에서 검정할 가설이

$$H_0 : \mu = \mu_0$$

라고 하자. 이 경우, 검정통계량으로는 모평균 μ의 추정량인 표본평균 $\bar{X}$의 분포를 이용하며, 표본평균의 분포는

$$\bar{X} \sim N(\mu, \frac{\sigma^2}{n})$$

이므로 귀무가설 H_0가 참이라는 가정하에서 다음과 같은 검정통계량을 이용한다.

$$Z_0 = \frac{\bar{X} - \mu}{\frac{\sigma}{\sqrt{n}}}.$$

따라서 귀무가설 $H_0 : \mu = \mu_0$에 대한 검정기준은 대립가설에 대하여 다음과 같이 요약할 수 있다.

대립가설	기각역
좌단측검정 $H_1 : \mu < \mu_0$	$Z_0 < -z_\alpha$이면 H_0를 기각
우측검정 $H_1 : \mu > \mu_0$	$Z_0 > z_\alpha$이면 H_0를 기각
양측검정 $H_1 : \mu \neq \mu$	$Z_0 > z_{\frac{\alpha}{2}}$ 또는 $Z_0 < -z_{\frac{\alpha}{2}}$이면 H_0를 기각

표 9.2

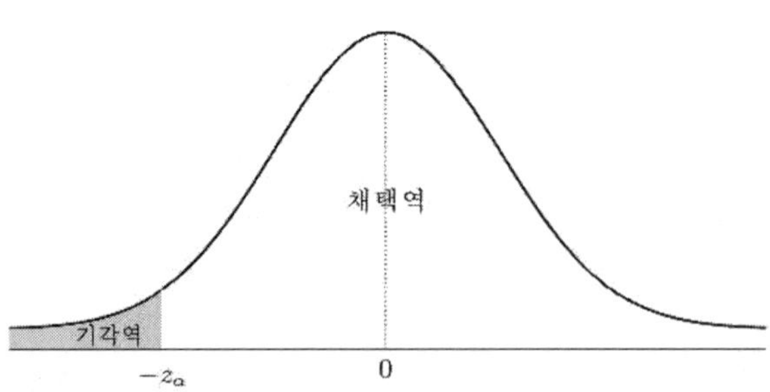

그림 9.5 $H_1 : \mu_1 < \mu_0$에 대한 기각역

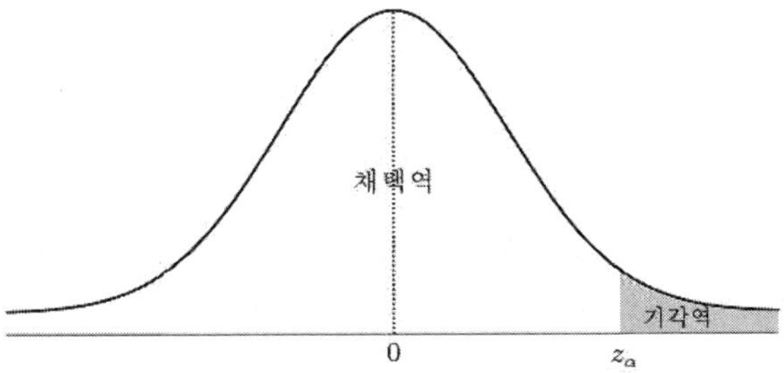

그림 9.6 $H_1 : \mu_1 > \mu_0$에 대한 기각역

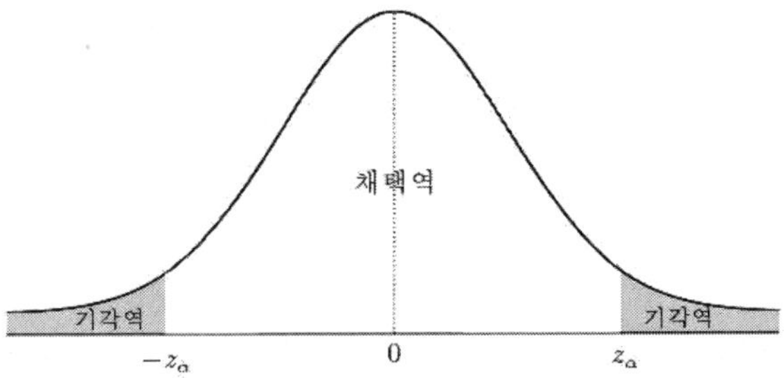

그림 9.7 $H_1 : \mu_1 \neq \mu_0$에 대한 기각역

例題 1 어떤 자동차 회사의 영업사원들의 세일즈 교육 후, 임의로 선택한 16일 동안의 평균 매출액이 1500만원이었다. 이 영업사원들의 평균 매출액이 1300만원을 초과하면, 세일즈 교육의 효과가 있는 것으로 간주할 때, 세일즈 교육의 효과가 있었는지를 유의수준 $\alpha = 0.05$로 검정하라. 단, 이 영업사원들의 전체 매출액에 대한 표준편차가 $\sigma = 200$만원으로 알려져 있다고 가정한다.

解答 가설검정의 절차에 따라 검정하고자하는 가설은

$$H_0 : \mu = 1300\,, \qquad H_1 : \mu > 1300$$

이고 유의수준은 $\alpha = 0.05$이다. 검정통계량은

$$Z_0 \;=\; \frac{\bar{X} - \mu_0}{\frac{\sigma}{\sqrt{n}}} \;=\; \frac{1500 - 1300}{\frac{200}{\sqrt{16}}} \;=\; 4$$

이다. 유의수준 $\alpha = 0.05$하에서 우단측검정의 경우이므로 $z_\alpha = z_{0.05} = 1.64$이고 검정통계량의 값 $Z_0 = 3$이 기각치인 $z_{0.05} = 1.64$보다 크므로, 기각역 안에 있다. 따라서 귀무가설을 기각한다. 즉, 가설검정의 결과 영업사원은 세일즈 교육 후에 매출액이 증가했다고 볼 수 있으며, 세일즈 교육의 효과가 있다고 할 수 있다. ◀

例題 2 어느 제과회사에서 새로 개발한 비스킷을 생산하여 판매하는데, 비스킷 한 상자의 중량은 30g이며, 비스킷 상자의 중량은 정규분포에 따른다고 한다. 그런데 판매 후, 소비자들로부터 비스킷 한 상자의 중량이 30g이 안된다는 항의가 들어오고 있었다. 회사에서는 이를 확인하기 위해 생산된 비스킷 상자 중에서 25개를 랜덤하게 추출하여 평균중량을 조사한 결과 29.5g이었다. 생산된 전체 비스킷 상자 중량의 표준편차가 2g이라고 알려져 있다면, 유의수준 $\alpha = 0.05$로 비스킷 상자의 중량이 30g이라고 할 수 있는지를 검정하라.

解答 가설검정의 절차에따라 검정하여 보자. 먼저 검정하고자 하는 가설은

$$H_0 : \mu = 30\,, \qquad H_1 : \mu \neq 30$$

이고 유의수준은 $\alpha = 0.05$이다. 이때 검정통계량은

$$Z_0 \;=\; \frac{\bar{X} - \mu_0}{\frac{\sigma}{\sqrt{n}}} \;=\; \frac{29.5 - 30}{\frac{2}{\sqrt{25}}} \;=\; -1.25$$

이다. 유의수준 $\alpha = 0.05$하에서 양측검정의 경우이므로 $z_{\frac{\alpha}{2}} = z_{0.025} = 1.96$이고 $-z_{\frac{\alpha}{2}} = -z_{0.025} = -1.96$이다. 따라서, 검정통계량의 값이 $z_{0.025} = 1.96$보다 크거나 $-z_{0.025} = -1.96$ 보다 작으면 귀무가설을 기각한다. 검정통계량의 값 $Z_0 = -1.25$이 기각치인 $z_{0.05} = -1.96$보다 크므로, 채택역 안에 있다. 따라서 귀무가설을 채택한다. 이로부터 비스킷 한 상자의 평균중량이 30g이라는 주장을 받아들여 회사측의 주장이 옳다고 할 수 있다. ◀

9.4.2 모분산 σ^2을 모를 경우

정규모집단 $N(\mu, \sigma^2)$으로부터 추출한 크기 n인 확률표본을 X_1, X_2, $\cdots$, X_n이라 할 때, 유의수준 α에서 검정할 가설이

$$H_0 : \mu \;=\; \mu_0$$

라고 하자. 이 경우, 검정통계량으로는 모평균 μ의 추정량인 표본평균 $\bar{X}$의 분포를 이용하며, 표본평균의 분포는

$$\bar{X} \;\sim\; N(\mu, \frac{\sigma^2}{n})$$

이다. 귀무가설 H_0가 참이라는 가정하에서 모분산 σ^2의 분포를 모르기 때문에 t-분포를 이용하여 다음과 같은 검정통계량을 이용한다.

$$t_0 \;=\; \frac{\bar{X} - \mu}{\frac{S}{\sqrt{n}}}, \qquad \text{(단, } S\text{는 표본표준편차)}$$

이로부터 귀무가설 $H_0 : \mu = \mu_0$에 대한 검정기준은 대립가설에 대하여 다음과 같이 요약할 수 있다.

대립가설	기각역
좌단측검정 $H_1 : \mu < \mu_0$	$t_0 < -t_\alpha(n-1)$이면 H_0를 기각
우측검정 $H_1 : \mu > \mu_0$	$t_0 > t_\alpha(n-1)$이면 H_0를 기각
양측검정 $H_1 : \mu \neq \mu_0$	$t_0 > t_{\frac{\alpha}{2}}(n-1)$ 또는 $t_0 < -t_{\frac{\alpha}{2}}(n-1)$이면 H_0를 기각

표 9.3

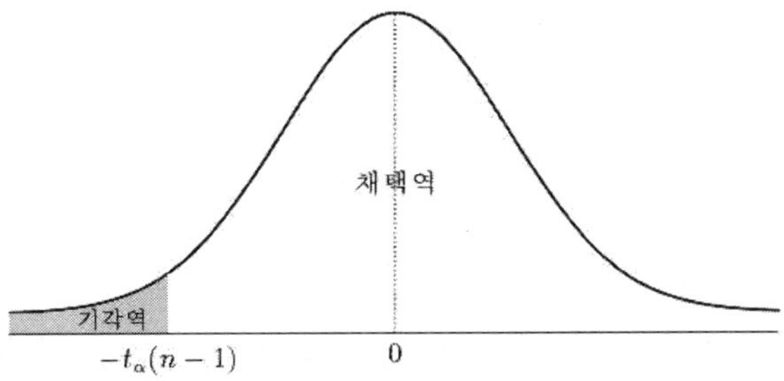

그림 9.8 $H_1 : \mu_1 < \mu_0$에 대한 기각역

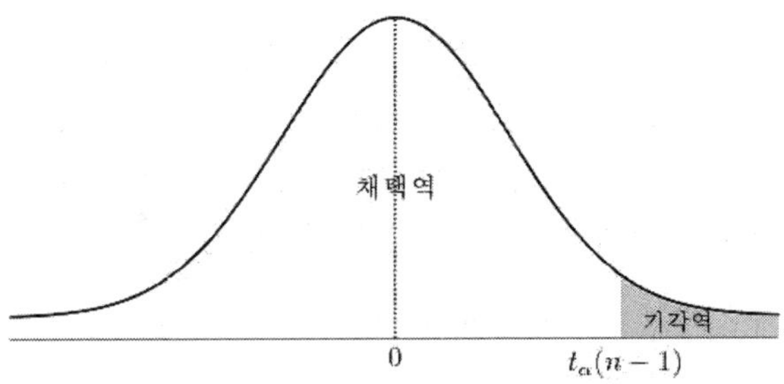

그림 9.9 $H_1 : \mu_1 > \mu_0$에 대한 기각역

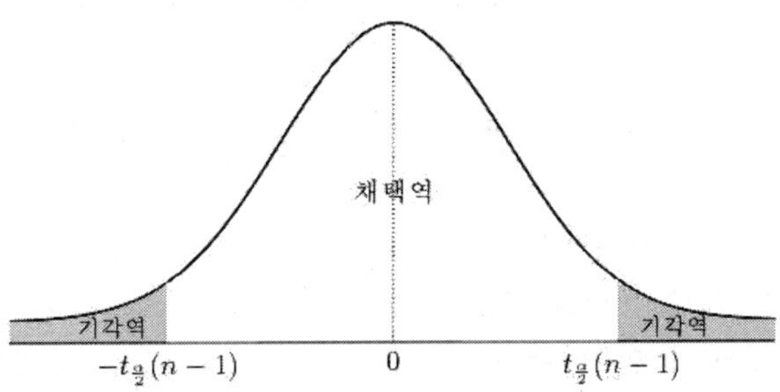

그림 9.10 $H_1 : \mu_1 \neq \mu_0$에 대한 기각역

例題 3 어떤 공장에서 생산되는 종래의 실의 인장강도는 평균 7.8kg인 정규분포를 따른다고 한다. 제조공정을 신공법으로 교체한 후 임의로 16개의 실 묶음을 표본으로 추출하여 인장강도를 측정한 결과, 평균이 7.2kg, 표준편차가 1.5kg으로 나타났다. 이러한 사실로부터 신공법으로 제조공정을 교체한 것이 제품의 인장강도를 떨어뜨렸는지를 유의수준 $\alpha = 0.05$로 검정하라.

解答 검정하고자 하는 가설은

$$H_0 : \mu = 7.8\,, \qquad H_1 : \mu < 7.8$$

이고 유의수준은 $\alpha = 0.05$이다. 이때 검정통계량은 자유도 $16-1=15$인 t-분포를 이용하면

$$t_0 = \frac{\bar{X} - \mu_0}{\frac{S}{\sqrt{n}}} = \frac{7.2 - 7.8}{\frac{1.5}{\sqrt{16}}} = -1.6$$

이다. 유의수준 $\alpha = 0.05$하에서 좌단측검정의 경우이므로 $-t_\alpha(n-1) = -t_{0.05}(15) = -1.753$이고 검정통계량의 값은 $t_0 = -1.6$이므로 기각치인 $-t_{0.05}(15) = -1.753$ 보다 크다. 따라서 검정통계량의 값이 채택역 안에 놓이게 되므로 귀무가설을 채택한다. 결과적으로 신공법으로 교체한 제조공정이 실의강도를 떨어뜨린다는 주장을 받아들이지 못한다. ◀

例題 4 어떤 알약의 마그네슘 함유량이 10mg으로 알려져 있다. 이제 병속에서 9개의 알약을 랜덤하게 추출하여 마그네슘 함유량을 측정한 결과, 평균이 10.5mg, 표준편차가 1.7mg인 정규분포에 따른다는 것을 알았다. 이 알약은 기존의 알약과 마그네슘 성분이 다르다고 할 수 있는지를 유의수준 0.05로 검정하라.

解答 가설검정의 절차에 따라 검정하고자 하는 가설은

$$H_0 : \mu = 10\,, \qquad H_1 : \mu \neq 10$$

이고 유의수준은 $\alpha = 0.05$이다. 이때 검정통계량은 자유도 $9-1=8$인 t-분포를 이용하면

$$t_0 = \frac{\bar{X} - \mu_0}{\frac{S}{\sqrt{n}}} = \frac{10.5 - 10}{\frac{1.7}{\sqrt{9}}} = 0.882$$

이다. 유의수준 $\alpha = 0.05$하에서 양측검정의 경우이므로 $t_{\frac{\alpha}{2}}(9-1) = t_{0.025}(8) = 2.306$이고 검정통계량의 값은 $t_0 = 0.882$이므로 기각치인 $t_{0.025}(8) = 2.306$ 보다 작다. 따라서 검정통계량의 값이 채택역 안에 놓이게 되므로 귀무가설을 채택한다. 이 알약은 기존의 알약과 마그네슘 성분이 다르다고 할 수 없다. ◀

9.5 모평균의 차 $\mu_1 - \mu_2$에 대한 가설검정

9.5.1 두 모집단 분산 σ_1^2과 σ_2^2을 아는 경우

두 정규모집단 $N(\mu_1, \sigma_1^2)$과 $N(\mu_2, \sigma_2^2)$이 독립이라 하자. 정규모집단 $N(\mu_1, \sigma_1^2)$으로부터 n_1개의 확률표본과, 다른 정규모집단 $N(\mu_2, \sigma_2^2)$으로부터 n_2개의 확률표본을 추출했을 때, 두 표본평균의 차 $\bar{X}_1 - \bar{X}_2$에 대한 분포는

$$\bar{X}_1 - \bar{X}_2 \ \sim \ N\Big(\mu_1 - \mu_2, \frac{\sigma_1^2}{n_1} + \frac{\sigma_2^2}{n_2}\Big)$$

이므로, 이를 표준정규화하면,

$$Z \ = \ \frac{(\bar{X}_1 - \bar{X}_2) - (\mu_1 - \mu_2)}{\sqrt{\dfrac{\sigma_1^2}{n_1} + \dfrac{\sigma_2^2}{n_2}}} \ \sim \ N(0, 1)$$

이다. 이로부터 검정할 가설은

$$H_0 : \mu_1 = \mu_2$$

이다. 이제 위에서 정의한 통계량으로 귀무가설이 참이라는 가정하에서 검정통계량은 다음과 같다.

$$Z_0 \ = \ \frac{\bar{X}_1 - \bar{X}_2}{\sqrt{\dfrac{\sigma_1^2}{n_1} + \dfrac{\sigma_2^2}{n_2}}}.$$

귀무가설 $H_0 : \mu_1 = \mu_2$ 또는 $H_0 : \mu_1 - \mu_2 = 0$에 대한 검정은 다음과 같은 대립가설로 요약할 수 있다.

대립가설	기각역
좌단측검정 $H_1 : \mu - \mu_0 < 0$	$Z_0 < -z_\alpha$이면 H_0를 기각
우측검정 $H_1 : \mu - \mu_0 > 0$	$Z_0 > z_\alpha$이면 H_0를 기각
양측검정 $H_1 : \mu - \mu_0 \neq 0$	$Z_0 > z_{\frac{\alpha}{2}}$ 또는 $z_0 < -z_{\frac{\alpha}{2}}$이면 H_0를 기각

표 9.4

例題 5 어느 자동차 회사 조립라인에서 신입인턴 13명에게 부품조립 실습을 시켰다. 이들 신입인턴들이 실습을 한 후, 부품모듈 A를 생산하는데 평균 10시간이 소요되었으며, 다른 실습을 하지 않은 신입인턴 20명을 대상으로 부품모듈 A를 생산하는데 걸리는 시간을 측정한 결과 12.2시간이 소요되었다. 이로부터 부품조립을 실습한 효과가 있다고 할 수 있는지를 유의수준 0.05하에서 검정하라. 단, 신입인턴 두 집단의 표준편차는 모두 3시간이다.

[解答] 가설검정의 절차에 따라 검정하고자 하는 가설은

$$H_0 : \mu_1 - \mu_2 = 0\,, \qquad H_1 : \mu_1 - \mu_2 \neq 0$$

이고 유의수준은 $\alpha = 0.05$이다. 이때 귀무가설이 참이라는 가정하에서 검정통계량은

$$Z_0 \;=\; \frac{\bar{X}_1 - \bar{X}_2}{\sqrt{\dfrac{\sigma_1^2}{n_1} + \dfrac{\sigma_2^2}{n_2}}} \;=\; \frac{10 - 12.2}{\sqrt{\dfrac{3^2}{13} + \dfrac{3^2}{20}}} \;=\; -2.058$$

이다. 유의수준 $\alpha = 0.05$하에서 양측검정의 경우이므로 $z_{\frac{\alpha}{2}} = 1.96$이므로 검정통계량의 값이 $-z_{0.025} = -1.96$보다 작거나 $z_{0.025} = 1.96$보다 크면, 귀무가설을 기각한다. 따라서, $Z_0 = -2.058 < -z_{0.025} = -1.96$이므로 검정통계량의 값이 기각역 안에 놓이게 되므로 귀무가설을 기각한다. 따라서 결과적으로 신입인턴들의 부품조립 실습효과가 있다고 볼 수 있다. ◀

9.5.2 두 정규모집단의 분산 σ_1^2과 σ_2^2은 모르지만 $\sigma^2 = \sigma_1^2 = \sigma_2^2$인 경우

두 정규모집단 $N(\mu_1, \sigma^2)$과 $N(\mu_2, \sigma^2)$이 독립이라 하자. 정규모집단 $N(\mu_1, \sigma^2)$으로부터 n_1개의 확률표본과, 다른 정규모집단 $N(\mu_2, \sigma^2)$으로부터 n_2개의 확률표본을 추출했을 때, 두 표본평균의 차 $\bar{X}_1 - \bar{X}_2$에 대한 분포는

$$\bar{X}_1 - \bar{X}_2 \;\sim\; N\Big(\mu_1 - \mu_2, \frac{\sigma^2}{n_1} + \frac{\sigma^2}{n_2}\Big)$$

이므로, 이를 표준정규화하면,

$$Z \;=\; \frac{(\bar{X}_1 - \bar{X}_2) - (\mu_1 - \mu_2)}{\sigma\sqrt{\dfrac{1}{n_1} + \dfrac{1}{n_2}}} \;\sim\; N(0, 1)$$

이다. 그런데 두 정규모집단의 모분산이 모두 σ^2으로 같으나 미지(unknown)이므로 모분산 σ^2을 추정하기 위하여 σ^2의 합동추정량

$$S_p^2 \;=\; \frac{(n_1 - 1)S_1^2 + (n_2 - 1)S_2^2}{n_1 + n_2 - 2}$$

을 이용한다. 단, 각 정규모집단의 표본분산은 각각

$$S_1^2 \;=\; \frac{1}{n_1 - 1}\sum_{i=1}^{n_1}(X_i - \bar{X}_1)^2\,, \quad S_2^2 \;=\; \frac{1}{n_2 - 1}\sum_{i=1}^{n_2}(X_i - \bar{X}_2)^2$$

이다. 따라서 검정통계량은 다음과 같은 자유도 $n_1 + n_2 - 2$인 t-분포에 따른다.

$$\frac{(\bar{X}_1 - \bar{X}_2) - (\mu_1 - \mu_2)}{S_p\sqrt{\dfrac{1}{n_1} + \dfrac{1}{n_2}}} \;\sim\; t(n_1 + n_2 - 2)\,.$$

이로부터 검정할 가설은

$$H_0 : \mu_1 = \mu_2$$

이고 위에서 정의한 통계량으로 귀무가설이 참이라는 가정하에서 검정통계량은

$$t_0 = \frac{\bar{X}_1 - \bar{X}_2}{S_p\sqrt{\frac{1}{n_1} + \frac{1}{n_2}}}$$

이다. 그러므로 귀무가설 $H_0 : \mu = \mu_0$에 대한 검정은 다음과 같은 대립가설로 요약할 수 있다.

대립가설	기각역
좌단측검정 $H_1 : \mu_1 - \mu_2 < 0$	$t_0 < -t_\alpha(n_1 + n_2 - 2)$이면 H_0를 기각
우측검정 $H_1 : \mu_1 - \mu_2 > 0$	$t_0 > t_\alpha(n_1 + n_2 - 2)$이면 H_0를 기각
양측검정 $H_1 : \mu - \mu_0 \neq 0$	$t_0 > t_{\frac{\alpha}{2}}(n_1 + n_2 - 2)$ 또는 $t_0 < -t_{\frac{\alpha}{2}}(n_1 + n_2 - 2)$이면 H_0를 기각

표 9.5

例題 6 어느 통계학과 교수는 통계학 기말시험 성적을 학과학생별로 구분하여 성적을 비교하려고 한다. 채점 결과, 통계학과 10명의 통계학 기말시험 성적평균은 80점, 표준편차는 5점이고, 컴퓨터공학과 13명의 통계학 기말시험 성적평균은 76점, 표준편차가 7점이라 할 때, 통계학과 학생들의 기말시험 성적이 컴퓨터공학과 학생들에 비하여 더 우수하다고 말할 수 있는지 유의수준 0.05하에서 검정하라. 단, 통계학 기말시험 성적은 정규분포에 따른다고 한다.

解答 가설검정의 절차에 따라 검정하고자 하는 가설은

$$H_0 : \mu_1 - \mu_2 = 0\,, \qquad H_1 : \mu_1 - \mu_2 > 0$$

이고 유의수준은 $\alpha = 0.05$이다. 또한, 검정통계량의 값은 다음과 같이 합동분산을 구한다.

$$\begin{aligned} S_p^2 &= \frac{(n_1 - 1)S_1^2 + (n_2 - 1)S_2^2}{n_1 + n_2 - 2} \\ &= \frac{9 \times 5^2 + 12 \times 7^2}{10 + 13 - 2} \\ &= 38.71 \\ &= (6.22)^2\,. \end{aligned}$$

이제, 귀무가설이 참이라는 가정하에서 검정통계량은

$$t_0 = \frac{\bar{X}_1 - \bar{X}_2}{S_p\sqrt{\frac{1}{n_1}+\frac{1}{n_2}}} = \frac{80-76}{6.22\sqrt{\frac{1}{10}+\frac{1}{13}}} = 1.529$$

이고 유의수준 $\alpha = 0.05$하에서 우단측검정의 경우이므로 $t_\alpha(n_1+n_2-2) = t_{0.05}(21) = 1.721$이므로 검정통계량의 값이 $t_{0.05}(21) = 1.721$보다 크면, 귀무가설을 기각한다. 따라서, $t_0 = 1.529 < t_{0.05} = 1.721$이므로 검정통계량의 값이 채택역 안에 놓이게 되므로 귀무가설을 기각할 수 없다. 따라서 통계학과와 컴퓨터공학과 학생들의 통계학 기말시험성적은 차이가 없다. ◀

9.6 모분산 σ^2에 대한 가설검정

모집단의 분포가 정규분포에 따른다고 가정하고, 모분산 σ^2에 대한 가설검정을 하여보자. 이 경우, 다음 통계량은

$$V = \frac{(n-1)S^2}{\sigma^2} \sim \chi^2(n-1)$$

이고 분산에 대한 가설검정 역시 표본분산 S^2을 기초로 한다. 이로부터 검정할 귀무가설은 다음과 같다.

$$H_0 : \sigma^2 = \sigma_0^2.$$

이때, 귀무가설이 참이라는 가정하에서 검정통계량은

$$V_0 = \frac{(n-1)S^2}{\sigma_0^2}$$

이다. 따라서, 모분산 σ^2에 대한 검정기준은 다음과 같이 대립가설에 대하여 요약할 수 있다.

대립가설	기각역
좌단측검정 $H_1 : \sigma^2 < \sigma_0^2$	$V_0 < \chi^2_{1-\alpha}(n-1)$이면 H_0를 기각
우측검정 $H_1 : \sigma^2 > \sigma_0^2$	$V_0 > \chi^2_{\alpha}(n-1)$이면 H_0를 기각
양측검정 $H_1 : \sigma^2 \neq \sigma_0^2$	$V_0 > \chi^2_{\frac{\alpha}{2}}(n-1)$ 또는 $V_0 < \chi^2_{1-\frac{\alpha}{2}}(n-1)$이면 H_0를 기각

표 9.6

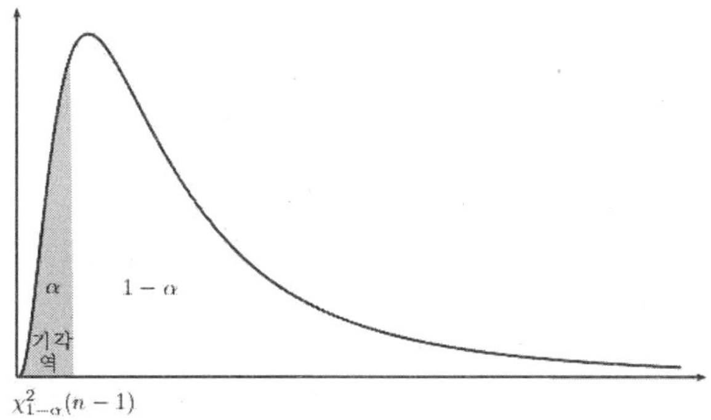

그림 9.11 $H_1 : \sigma^2 < \sigma_0^2$에 대한 기각역

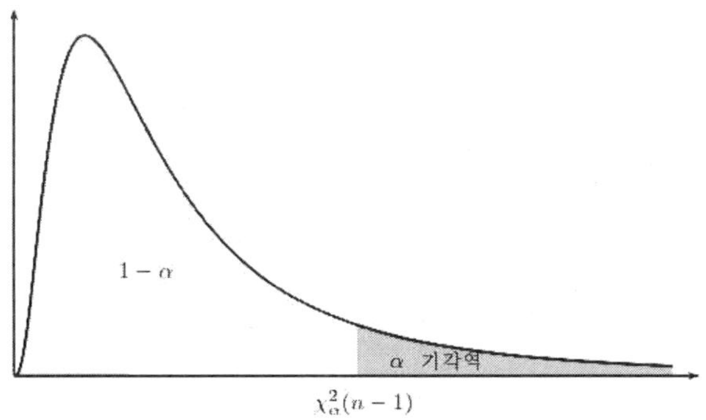

그림 9.12 $H_1 : \sigma^2 > \sigma_0^2$에 대한 기각역

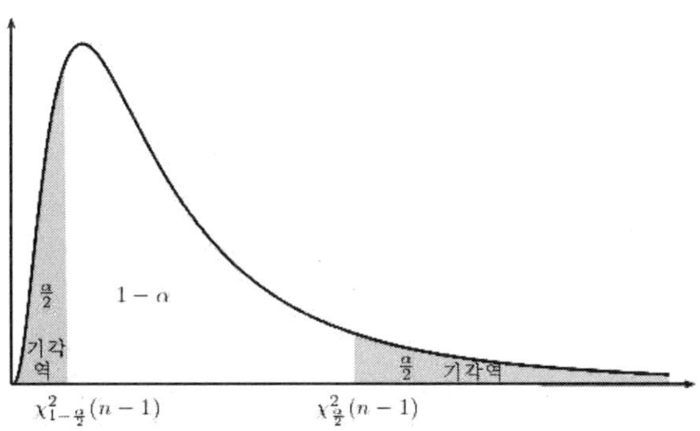

그림 9.13 $H_1 : \sigma^2 \neq \sigma_0^2$에 대한 기각역

例題 1 어느 대학교 입학한 신입생들의 모집단으로부터 15명을 랜덤하게 선택하여 키(height)의 표본분산을 구한 결과 14.23으로 나타났다. 그런데 전국 전체 1학년 신입생들의 모집단의 분산은 $\sigma^2 = 5^2$이라고 한다. 그러면, 이 대학교 신입생들의 키에 대한 분산을 $\sigma^2 = 5^2$라고 할 수 있는지를 유의수준 5%로 검정하라. (단위: cm)

解答 가설검정의 절차에 따라 검정하고자 하는 가설은

$$H_0 : \sigma^2 = 25, \qquad H_1 : \sigma^2 \neq 25$$

이고 유의수준은 $\alpha = 0.05$, 검정통계량은

$$V_0 = \frac{(n-1)S^2}{\sigma_0^2} = \frac{(15-1)\times 14.23}{25} = 7.97$$

이다. 검정은 유의수준 $\alpha = 0.05$하에서 양측검정의 경우이므로 임계치는 $\chi^2_{1-\frac{\alpha}{2}}(14) = \chi^2_{0.975}(14) = 5.63$, $\chi^2_{\frac{\alpha}{2}}(14) = \chi^2_{0.025}(14) = 26.12$이므로 검정통계량의 값이 $\chi^2_{1-\frac{\alpha}{2}}(14) = \chi^2_{0.975}(14) = 5.63$보다 작거나 $\chi^2_{\frac{\alpha}{2}}(14) = \chi^2_{0.025}(14) = 26.12$보다 크면, 귀무가설을 기각한다. 이로부터, $V_0 = 7.97 > \chi^2_{0.975}(14) = 5.63$이고 $V_0 = 7.97 < \chi^2_{0.0.025}(14) = 26.12$이므로 검정통계량의 값이 채택역 안에 놓이게 되어 귀무가설을 기각할 수 없다. 즉, 이 학교 신입생들의 키의 분산은 전국 대학생 신입생들의 키의 분산으로 볼 수 있다. ◀

9.7 모분산의 비 σ_1^2/σ_2^2에 대한 가설검정

두 모집단이 각각 정규분포 $N(\mu_1, \sigma_1^2)$과 $N(\mu_2, \sigma_2^2)$에 따르고 이 정규모집단으로부터 각각 크기가 m과 n인 확률표본을 독립적으로 추출하였다고 하자. 또한, 두 정규모집단의 표본분산을 각각 S_1^2과 S_2^2이라 하면,

$$F = \frac{S_1^2/\sigma_1^2}{S_2^2/\sigma_2^2} \sim F(m-1, n-1)$$

이다. 이 경우, 이로부터 검정할 가설은

$$H_0 : \sigma_1^2 = \sigma_2^2 \qquad \text{또는} \qquad H_0 : \frac{\sigma_1^2}{\sigma_2^2} = 1$$

이다. 따라서 귀무가설 H_0가 참이라는 가정하에서 검정통계량은

$$F_0 = \frac{S_1^2}{S_2^2}$$

이다. 이로부터 귀무가설 $H_0 : \sigma_1^2 = \sigma_2^2$에 대한 검정기준은 다음과 같이 대립가설에 대하여 요약할 수 있다.

대립가설	기각역
좌단측검정 $H_1 : \sigma_1^2 < \sigma_2^2$	$F_0 < F_{1-\alpha}(m-1, n-1)$이면 H_0를 기각
우측검정 $H_1 : \sigma_1^2 > \sigma_2^2$	$F_0 > F_{\alpha}(m-1, n-1)$이면 H_0를 기각
양측검정 $H_1 : \sigma_1^2 \neq \sigma_2^2$	$F_0 > F_{\frac{\alpha}{2}}(m-1, n-1)$ 또는 $F_0 < F_{1-\frac{\alpha}{2}}(m-1, n-1)$이면 H_0를 기각

표 9.7

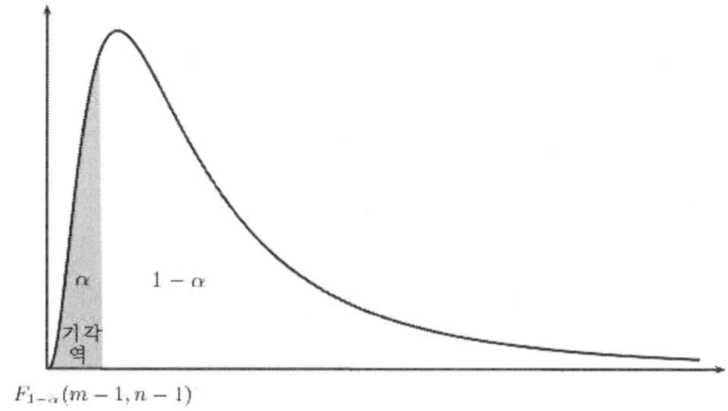

그림 9.14 $H_1 : \sigma_1^2 < \sigma_2^2$에 대한 기각역

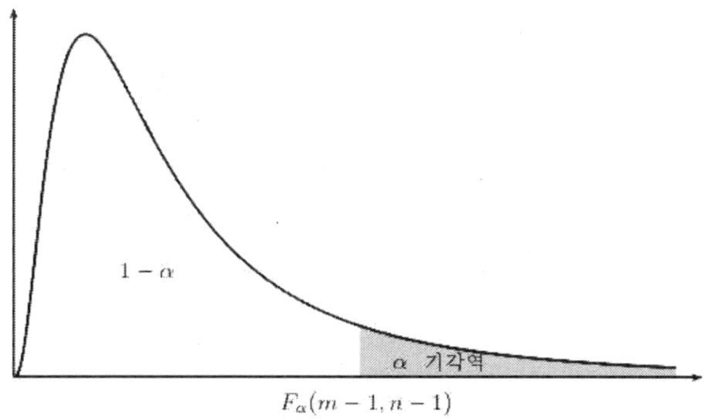

그림 9.15 $H_1 : \sigma_1^2 > \sigma_2^2$에 대한 기각역

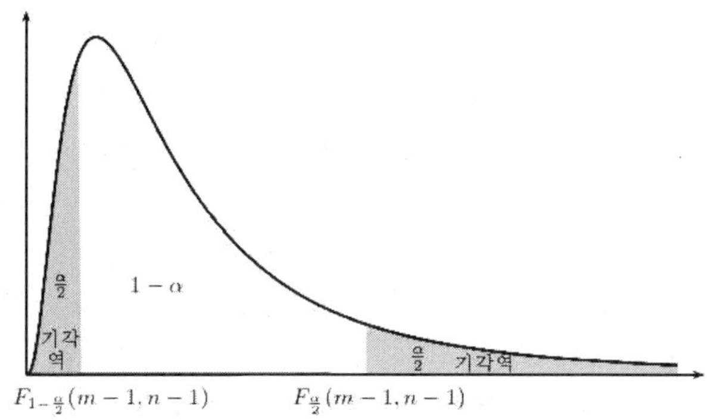

그림 9.16 $H_1 : \sigma_1^2 \neq \sigma_2^2$에 대한 기각역

例題 1 형과 동생이 집에서 기르는 애완견에게 각각 7회에 걸쳐 먹이를 주고 애완견의 몸무게를 측정한 결과 표본분산이 각각 $S_1^2 = 0.894$ $S_2^2 = 0.483$이었다. 애완견에게 먹이를 줄 때, 형과 동생중 한 사람의 먹이량의 변동에 차이가 있다고 할 수 있는지를 유의수준 0.05하에서 검정하라.

解答 가설검정의 절차에 따라 검정하고자 하는 가설은

$$H_0 : \sigma_1^2 = \sigma_2^2, \qquad H_1 : \sigma^2 \neq \sigma_2^2$$

이고 유의수준은 $\alpha = 0.05$, 검정통계량은 귀무가설이 참이라는 가정하에

$$F_0 \ = \ \frac{S_1^2}{S_2^2} \ = \ \frac{0.894}{0.483} \ = \ 1.850$$

이다. 검정의 유의수준 $\alpha = 0.05$하에서 양측검정이므로 임계치는 $F_{\frac{\alpha}{2}}(m-1, n-1) = F_{0.025}(6,6) = 5.820$, $F_{1-\frac{\alpha}{2}}(m-1, n-1) = F_{0.975}(6,6) = \frac{1}{5.82} = 0.172$이므로 검정통계량의 값이 $F_{0.975}(6,6) = 0.172$보다 작거나 $F_{0.025}(6,6) = 5.820$보다 크면, 귀무가설을 기각한다. 이로부터, $F_0 = 1.850 > F_{0.975}(6,6) = 0.172$이고 $F_0 = 1.850 < F_{0.025}(14) = 5.820$이므로 검정통계량의 값이 채택역 안에 놓이게 되어 귀무가설을 기각할 수 없다. 즉, 형과 동생이 애완견에게 주는 먹이량의 변동에 차이가 있다고 말할 수 없다. ◀

9.8 모비율 p에 대한 가설검정

p $(0 < p < 1)$를 모집단에서의 어떤 특정한 속성에 대한 비율 즉, 모비율이라 하자. 단, 모비율 p는 0 또는 1에 충분히 가까운 값이 아니다. 이때 모집단에서 추출한 표본의 크기 n도 충분히 크다고 가정하면, 표본비율 $\frac{X}{n}$는 근사적으로 평균이 p이고 분산이 pq/n, $(q = 1-p)$인 정규분포에 따른다. 이제 모비율 p의 가설검정을 하기 위하여 다음과 같은 가설을 설정한다.

$$H_0 : p \ = \ p_0 \, .$$

이때, 검정통계량으로는 귀무가설 H_0가 참이라는 가정하에서 근사적으로 표준정규분포를 따르는 통계량

$$Z_0 \ = \ \frac{\dfrac{X}{n} - p_0}{\sqrt{\dfrac{p_0 q_0}{n}}} \ \sim \ N(0,1)\,, \quad (q_0 = 1 - p_0)$$

을 이용할 수 있다. 따라서 귀무가설 $H_0 : p = p_0$에 대한 검정기준은 다음과 같은 대립가설에 대하여 요약할 수 있다. 이다. 이로부터 귀무가설 $H_0 : \sigma_1^2 = \sigma_2^2$에 대한 검정기준은 다음과 같이 대립가설에 대하여 요약할 수 있다.

대립가설	기각역
좌단측검정 $H_1 : p < p_0$	$Z_0 < -z_\alpha$이면 H_0를 기각
우측검정 $H_1 : p > p_0$	$Z_0 > z_\alpha$이면 H_0를 기각
양측검정 $H_1 : p \neq p_0$	$Z_0 > z_{\frac{\alpha}{2}}$ 또는 $Z_0 < -z_{\frac{\alpha}{2}}$이면 H_0를 기각

표 9.8

例題 1 어느 스마트폰 제조회사에서 생산되는 부품의 불량률이 4%라고 한다. 어느 특정한 날, 특정 시간대에 생산된 부품을 조사한 결과 정상품이 136개, 불량품이 11개로 조사되었다. 이때, 검사 당일, 특정 시간대의 생산공정이 이상이 없다고 할 수 있는지를 유의수준 0.05하에서 검정하라.

解答 가설검정의 절차에 따라 검정할 가설은

$$H_0 : p = 0.04\,, \quad H_1 : p \neq 0.04$$

이고 유의수준은 $\alpha = 0.05$이다. 또한 검정통계량의 값은

$$Z_0 = \frac{\frac{X}{n} - p_0}{\sqrt{\frac{p_0 q_0}{n}}} = \frac{\frac{11}{147} - 0.04}{\sqrt{\frac{0.04 \times (1 - 0.04)}{147}}} = 2.155$$

이고 유의수준 $\alpha = 0.05$하에서 $z_{\frac{\alpha}{2}} = z_{0.025} = 1.96$이다. 또한 양측검정의 경우이므로 검정통계량의 값 $Z_0 = 2.155$이 기각치인 $z_{0.025} = 1.96$보다 크거나 $-z_{\frac{\alpha}{2}} = -z_{0.025} = -1.96$보다 작으면, 기각역 안에 놓이게 된다. 따라서 $Z_0 = 2.155$는 1.96보다 크므로 기각역 안에 놓이게 되므로 귀무가설을 기각한다. 즉, 검사 당일의 불량률은 4%라고 할 수 없으며, 특정 시간대의 생산공정에는 이상이 있다. ◀

例題 2 어떤 동전을 300번 던졌을 때, 앞면이 167번 나타났다. 그러면, 이 동전은 앞면이 뒷면보다 더 잘 나온다고 할 수 있는가? 유의수준 0.05로 검정하라.

解答 가설검정의 절차에 따라 검정할 가설은

$$H_0 : p = \frac{1}{2}\,, \quad H_1 : p > \frac{1}{2}$$

이고 유의수준은 $\alpha = 0.05$이다. 또한 검정통계량의 값은

$$Z_0 = \frac{\frac{X}{n} - p_0}{\sqrt{\frac{p_0 q_0}{n}}} = \frac{\frac{167}{300} - \frac{1}{2}}{\sqrt{\frac{\frac{1}{2} \times (1 - \frac{1}{2})}{300}}} = 1.963$$

이고 유의수준 $\alpha = 0.05$하에서 $z_\alpha = z_{0.05} = 1.64$이다. 또한 우단측검정의 경우이므로 검정통계량의 값 $Z_0 = 1.963$이 기각치인 $z_\alpha = z_{0.05} = 1.64$보다 크면 기각역 안에 놓이게 된다. 따라서 $Z_0 = 1.963$는 1.94보다 크므로 기각역역 안에 놓이게 되므로 귀무가설을 기각한다. 실험에 사용한 동전은 앞면이 더 잘나온다고 할 수 있다. ◀

9.9 모비율의 차 $p_1 - p_2$에 대한 가설검정

독립인 두 모집단 I과 II가 있다. 먼저 모집단 I으로부터 크기 m인 확률표본을 추출하였을 때 나타난 성공횟수를 X라 하고, 모집단 II로부터 크기 n인 확률표본을 추출하였을 때 나타난 성공횟수를 Y라 하자. 이 경우, 각각의 모집단의 모비율에 대해 각각의 표본비율이 대응되므로 두 모집단의 모비율의 차 $p_1 - p_2$에 대하여 표본비율의 차 $\hat{p}_1 - \hat{p}_2$의 분포는 근사적으로 다음과 같이 정규분포에 따른다. 즉,

$$\hat{p}_1 - \hat{p}_2 \sim N\Big(p_1 - p_2, \frac{p_1 q_1}{m} + \frac{p_2 q_2}{n}\Big), \quad (q_1 = 1 - p_1,\, q_2 = 1 - p_2)$$

이다. 이로부터 표준화된 확률변수 Z는 표준정규분포

$$Z = \frac{(\hat{p}_1 - \hat{p}_2) - (p_1 - p_2)}{\sqrt{\dfrac{p_1 q_1}{m} + \dfrac{p_2 q_2}{n}}} \sim N(0, 1)$$

에 따른다. 따라서 검정할 가설은

$$H_0 : p_1 = p_2 \quad \text{또는} \quad H_0 : p_1 - p_2 = 0$$

이다. 위에서 정의한 통계량으로부터 귀무가설 H_0이 참이면, 두 모집단이 공통 모비율 $p = p_1 = p_2$를 가지고 있다는 뜻이므로 귀무가설 H_0하에서 검정통계량은 다음과 같다.

$$Z_0 = \frac{\hat{p}_1 - \hat{p}_2}{\sqrt{pq\Big(\dfrac{1}{m} + \dfrac{1}{n}\Big)}}, \quad (q = 1 - p)$$

그런데, 공통 모비율 p는 미지(unknown)의 값이므로 p의 합동추정치 $\hat{p} = \dfrac{x_1 + x_2}{m + n}$를 이용한다. 여기서, x_1과 x_2는 각각 확률표본 X_1과 X_2의 관찰값이다. 이로부터 합동추정치를 검정통계량의 식에 대입하여 검정통계량

$$Z_0 = \frac{\hat{p}_1 - \hat{p}_2}{\sqrt{\hat{p}\hat{q}\Big(\dfrac{1}{m} + \dfrac{1}{n}\Big)}}, \quad (\hat{q} = 1 - \hat{p})$$

을 이용한다. 그러므로 귀무가설 H_0에 대한 검정기준은 다음과 같은 대립가설에 대하여 요약할 수 있다.

대립가설	기각역
좌단측검정 $H_1 : p_1 - p_2 < 0$	$Z_0 < -z_\alpha$이면 H_0를 기각
우측검정 $H_1 : p_1 - p_2 > 0$	$Z_0 > z_\alpha$이면 H_0를 기각
양측검정 $H_1 : p_1 - p_2 \neq 0$	$Z_0 > z_{\frac{\alpha}{2}}$ 또는 $Z_0 < -z_{\frac{\alpha}{2}}$이면 H_0를 기각

표 9.9

例題 1 어떤 농촌의 A지역과 B지역에서 각각 90가구와 70가구를 표본조사하여 디지틀 TV 보유를 조사하였더니 A지역은 13가구, B지역은 7가구가 각각 디지틀 TV를 보유하고 있었다. A지역과 B지역과의 디지틀 TV 보유율에 차이가 있는지 유의수준 5%에서 검정하라.

解答 가설검정의 절차에 따라 검정할 가설은

$$H_0 : p_1 = p_2 \,, \quad H_1 : p_1 \neq p_2$$

이고 유의수준은 $\alpha = 0.05$이다. 또한 각각의 표본비율과 합동비율을 구하면

$$\hat{p}_1 = \frac{x_1}{n_1} = \frac{13}{90} = 0.14 \,, \quad \hat{p}_2 = \frac{x_2}{n_2} = \frac{7}{70} = 0.10 \,, \quad \hat{p} = \frac{x_1 + x_2}{n_1 + n_2} = \frac{13+7}{90+70} = 0.125$$

이고 검정통계량은

$$Z_0 = \frac{\hat{p}_1 - \hat{p}_2}{\sqrt{\hat{p}\hat{q}\left(\frac{1}{m} + \frac{1}{n}\right)}} = \frac{0.14 - 0.10}{\sqrt{0.125 \times 0.875 \times \left(\frac{1}{90} + \frac{1}{70}\right)}} = 0.759$$

이다. 유의수준 $\alpha = 0.05$하에서 양측검정의 경우이므로 $z_{\frac{\alpha}{2}} = z_{0.025} = 1.96$이다. 검정통계량의 값 $Z_0 = 0.759$이 기각치인 $z_{\frac{\alpha}{2}} = z_{0.025} = 1.96$보다 크거나 $-z_{\frac{\alpha}{2}} = -z_{0.025} = -1.96$보다 작으면 기각역 안에 놓이게 된다. 따라서 $Z_0 = 0.759$는 1.96보다 작으므로 채택역 안에 놓이게 되어 귀무가설을 채택한다. 즉, 유의수준 5%하에서는 두 지역의 디지틀 TV 보유율에 차이가 있다고 할 수 없다. ◀

練習問題

1. 어떤 회사에서 생산하는 특수강은 공정온도 100°에서 제조되며, 이 온도에서 제품의 강도(단위:kg)는 정규분포 $N(60, 4)$에 따른다고 한다. 공정온도를 변화시키면서 특수강을 생산한 결과, 표준편차는 변동이 없고 평균강도는 차이가 발생하여서 공정온도를 변화시켜 생산한 특수강 중에서 20개를 임의로 표본추출하였다. 추출한 특수강의 강도를 측정하였더니 표본평균이 62kg이었다. 공정온도가 변화함에 따라 생산한 특수강의 강도가 달라진다고 할 수 있는지를 유의수준 5%에서 검정하라.

2. 어느 회사에서 생산한 차량용 디스크를 구입하려고 한다. 납품서에 의하면 디스크의 평균지름이 12.5cm로 표기되어 있다. 이제 이 디스크의 지름이 납품서에 표기되어 있는 수치와 동일한지를 검사하기 위하여 10개의 디스크를 임의로 추출하여 디스크의 지름을 측정한 결과 다음과 같았다.

12.6	12.7	12.8	12.6	12.3	12.8	12.6	12.5	12.4	12.7

디스크의 지름이 정규분포 $N(\mu, \sigma^2)$에 따른다고 가정할 때, 디스크의 지름이 납품서에 기재되어 있는 수치와 동일하다고 할 수 있는지를 유의수준 $\alpha = 0.05$로 검정하라.

3. 기존 공정에서 생산된 제품의 불량율은 0.05%이었다. 신공정을 도입하여 생산된 제품 중에서 100개의 제품을 임의로 추출하여 불량품을 조사한 결과 3개가 발견되었다. 신공정을 도입함으로서 불량율이 개선되었다고 할 수 있는지를 유의수준 5%로 검정하라.

4. 어느 방직공장의 생산시설에 A와 B의 두 가지 제조공정이 있다. 공정 A에서는 직물 1000m에 대하여 결점의 수가 35개, 공정 B에서는 1000m에 대하여 43개가 발견되었다. 공정 B의 결점율이 공정 A의 결점율보다 높다고 할 수 있는지를 유의수준 $\alpha = 0.05$로 검정하라.

5. 다음 자료는 어떤 곡물에 두 가지 원료 A와 B를 각각 사용하여 제조한 비료를 주어 수확한 것이다.(단위 : 톤)

원료	A	B
$\bar{x}$	25.0	20.0
S	3.50	2.25

두 원료를 사용하여 제조한 비료를 주어 수확한 곡물의 양의 차이가 있는지를 유의수준 $\alpha = 0.05$에서 검정하라. 단, 원료의 두 모집단은 서로 독립이고 같은 분산을 가지는 정규분포에 따른다고 가정한다.

부록 A

연습문제 해답

제 1장

1. (1) 도수분포표

선호도	도수
피자	6
햄버거	8
돈까스	4
스파게티	2
합	20

(2) 상대도수분포표

선호도	상대도수
피자	0.3
햄버거	0.4
돈까스	0.2
스파게티	0.1
합	1.0

(3) 상대도수막대그래프

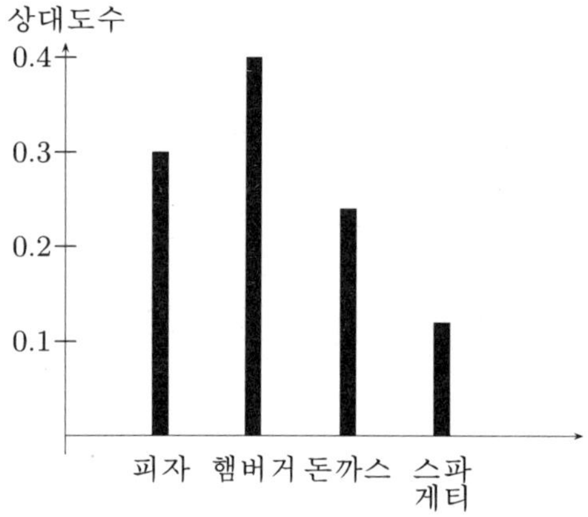

(4) 원그래프

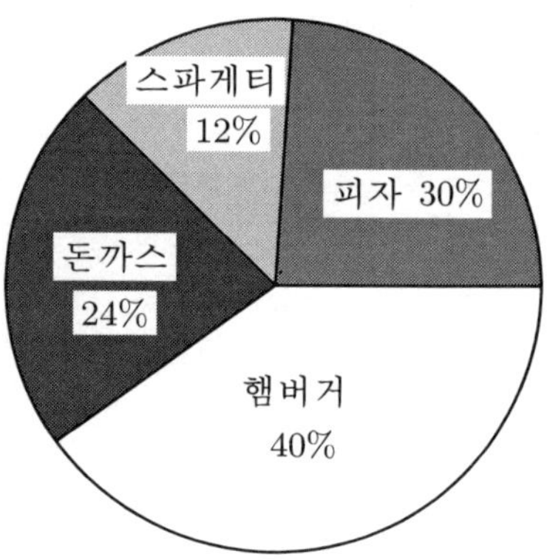

2. 줄기로 십자리, 잎으로 일자리를 택하여 줄기-잎 그림을 그리면 다음과 같다.

줄기	잎		줄기	잎
2	5		2	5
3	7 4		3	4 7
4	0 1 7 8		4	0 1 7 8
5	3 2 6 8 9	$\Longrightarrow$	5	2 3 6 8 9
6	3 1 5		6	1 3 5
7	0 3 9		7	0 3 9
8	1 9		8	1 9

3. 줄기로 백십자리와 천자리, 잎으로 일자리와 십자리를 택하여 줄기-잎 그림을 그리면 다음과 같다.

10	10		10	10
11	09		11	09
12	20 12		12	12 20
13	11 49 22 75 53		13	11 22 49 53 75
14	72 11		14	11 72
15	31		15	31
16	62 90 70 42	$\Longrightarrow$	16	42 62 70 90
17	72 31 12 16 67 49 02		17	02 12 16 31 49 67 72
18	94 82 20		18	20 82 94
19	85		19	85
20			20	
21	01		21	01

4. (1) 도수분포표

계급번호	계급구간	도수
1	33.5 ~ 41.5	4
2	41.5 ~ 49.5	1
3	49.5 ~ 57.5	8
4	57.5 ~ 65.5	14
5	65.5 ~ 73.5	15
6	73.5 ~ 81.5	36
7	81.5 ~ 89.5	93
8	89.5 ~ 97.5	100

상대도수분포표

계급번호	계급구간	상대도수
1	33.5 ~ 41.5	0.04
2	41.5 ~ 49.5	0.01
3	49.5 ~ 57.5	0.08
4	57.5 ~ 65.5	0.14
5	65.5 ~ 73.5	0.15
6	73.5 ~ 81.5	0.36
7	81.5 ~ 89.5	0.15
8	89.5 ~ 97.5	0.07
합		1.00

(2) 누적도수분포표

계급번호	계급구간	누적도수
1	33.5 ~ 41.5	4
2	41.5 ~ 49.5	5
3	49.5 ~ 57.5	13
4	57.5 ~ 65.5	27
5	65.5 ~ 73.5	42
6	73.5 ~ 81.5	78
7	81.5 ~ 89.5	93
8	89.5 ~ 97.5	100

상대도수분포표

계급번호	계급구간	상대누적도수
1	33.5 ~ 41.5	0.04
2	41.5 ~ 49.5	0.05
3	49.5 ~ 57.5	0.13
4	57.5 ~ 65.5	0.27
5	65.5 ~ 73.5	0.42
6	73.5 ~ 81.5	0.78
7	81.5 ~ 89.5	0.93
8	89.5 ~ 97.5	1.00

(3) 상대도수히스토그램

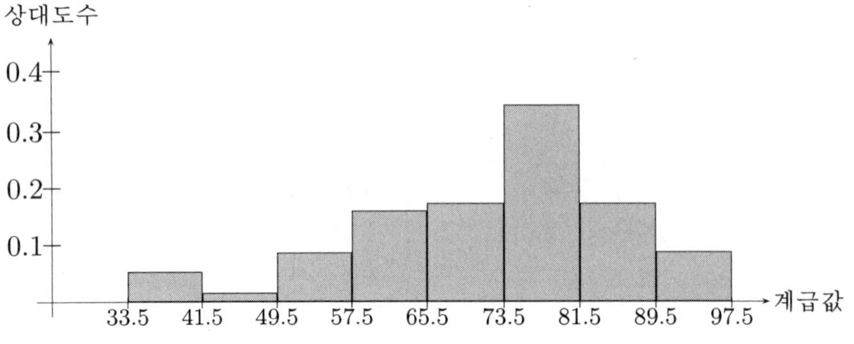

(4) 상대도수다각형

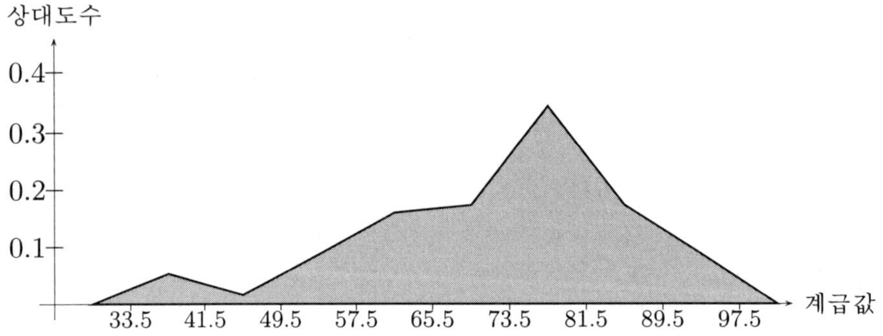

제 2장

1. 평균 : 3, 분산: 1.582

2. 제 1 사분위수는 162, 제 3사분위수는 168이므로 사분위편차는

$$x_{\mathrm{QD}} = \frac{Q_3 - Q_1}{2} = \frac{168 - 162}{2} = 3$$

3. 최빈값 : $x_{\mathrm{mod}} = 40 + \left(\frac{10}{7+10}\right) \times 10 = 40$

제 1사분위수 : $Q_1 = 30 + \left(\frac{40}{4} - 3\right) \times \frac{10}{7} = 40$

제 2사분위수(중앙값) : $Q_2 = 40 + \left(\frac{40}{2} - 10\right) \times \frac{10}{15} = 46.67$

제 3사분위수 : $Q_3 = 50 + \left(\frac{120}{4} - 25\right) \times \frac{10}{10} = 55$

4. 두 집단의 측정단위가 다른 형태의 산포를 비교해야 하므로 변동계수를 이용한다.
   자료 A의 변동계수 : $x_{cv} = \frac{25}{280} \times 100 = 10.87$,
   자료 B의 변동계수 : $x_{cv} = \frac{35}{115} \times 100 = 30.43$ 이므로
   자료 A의 변동계수가 더 작으므로 자료 A의 자료들이 평균에 더 가까이 분포되어 있다.

5. (1) 1차 적률은 산술평균이므로 2
   (2) 평균에 관한 1차 적률은 0, 2차 적률은 1.4
   (3) 왜도 0 (4) 첨도 3.8 (5) Pearson의 왜도 0

제 3장

1. $\frac{63}{64}$
2. $\frac{31}{35}$
3. $\frac{15}{28}$
4. (1) $\frac{2}{7}$ (2) $\frac{4}{7}$
5. $\frac{7}{30}$
6. (1) 독립 (2) 독립 (3) 독립 (4) 종속(독립아님)
7. $\frac{2}{5}$

제 4장

1. $c = \frac{1}{9}$
2. X의 확률분포

x	0	1	2
$p(x)$	$\frac{3}{28}$	$\frac{15}{28}$	$\frac{5}{14}$

3. (1) $F(x)$의 확률밀도함수는 $F'(x) = f(x)$이므로

$$f(x) = \begin{cases} 2e^{-2x}, & 0 < x < +\infty \\ 0, & -\infty < x \leqslant 0) \end{cases}$$

이다. 이로부터

$$P(X > 2) = \int_2^{+\infty} 2e^{-2x}\,dx = \Big[-e^{2x}\Big]_2^{+\infty} = e^{-4}$$

이고

$$P(-3 < X \leqslant 4) = \int_{-3}^{4} 2e^{-2x}\,dx = \int_0^4 2e^{-2x}\,dx = \Big[-e^{2x}\Big]_0^4 = 1 - e^{-8}$$

이다.
(2) $E(X) = \dfrac{1}{2}$, $\quad E(X^2) = \dfrac{1}{2}$
(3) $\text{Var}(X) = \dfrac{1}{4}$

4. 확률변수 X와 Y가 취하는 값을 구하면 다음과 같다.

표본공간	HH	HT	TH	TT
X	2	1	0	0
Y	0	1	0	1

(1) 확률변수 X와 Y의 결합확률분포

$y \setminus x$	0	1	2
0	0	$\frac{1}{4}$	$\frac{1}{4}$
1	$\frac{1}{4}$	$\frac{1}{4}$	0

(2) X의 주변확률분포, $\quad Y$의 주변확률분포

x	0	1	2
$p_1(x)$	$\frac{1}{4}$	$\frac{1}{2}$	$\frac{1}{4}$

y	0	1
$p_2(y)$	$\frac{1}{2}$	$\frac{1}{2}$

(3) X의 기댓값 $E(X) = 1$, $\quad Y$의 기댓값 $E(Y) = \frac{1}{2}$
(4) X의 분산 $\text{Var}(X) = \frac{1}{2}$, $\quad Y$의 분산 $\text{Var}(Y) = \frac{1}{4}$
(5) X와 Y의 공분산 $\text{Cov}(X, Y) = -\frac{1}{4}$, $\quad X$와 Y의 상관계수 $\rho_{X,Y} = -\frac{1}{\sqrt{2}}$

5. (1) $E(X) = \frac{7}{10}$, $\quad E(Y) = \frac{6}{5}$
(2) $E(X + Y) = \frac{19}{10}$, $\quad E(XY) = \frac{5}{6}$

6. X의 주변확률밀도함수는 $f_1(x) = 4x\int_0^1 y\,dy = 2x\ (0 < x < 1)$이고 Y의 주변확률밀도함수는 $f_2(y) = 4y\int_0^1 x\,dx = 2y\ (0 < y < 1)$이다. 따라서,

$$\begin{aligned} f(x,y) &= 4xy \\ &= 2x \cdot 2y \\ &= f_1(x)f_2(y) \end{aligned}$$

가 성립하므로 두 확률변수 X와 Y는 확률적으로 독립이다.

제 5장

1. X의 평균 $E(X)$는 다음과 같다.

$$\begin{aligned} E(X) &= \sum_{x=0}^{n} x\binom{n}{x}p^x q^{n-x} = \sum_{x=0}^{n} x\frac{n!}{x!(n-x)!}p^x q^{n-x} \\ &= \sum_{x=1}^{n} \frac{n!}{(x-1)!(n-x)!}\,p^x q^{n-x} \\ &= np\sum_{x=1}^{n} \frac{(n-1)!}{(x-1)!((n-1)-(x-1))!}\,p^{x-1}q^{(n-1)-(x-1)} \\ &= np\sum_{y=0}^{n-1} \frac{(n-1)!}{y!((n-1)-y)!}\,p^y q^{(n-1)-y} \qquad (y = x-1\text{로 치환}) \\ &= np\sum_{y=0}^{n-1} \binom{n-1}{y}\,p^y q^{(n-1)-y} \\ &= np\,(p+q)^{n-1} \\ &= np \end{aligned}$$

분산을 계산하기 위하여 먼저 $E(X^2)$를 구하면,

$$\begin{aligned} E(X^2) &= \sum_{x=0}^{n} x^2\binom{n}{x}p^x q^{n-x} = \sum_{x=0}^{n}\{(x-1)+1\}x\binom{n}{x}p^x q^{n-x} \\ &= \sum_{x=0}^{n}(x-1)x\binom{n}{x}p^x q^{n-x} + \sum_{x=0}^{n} x\binom{n}{x}p^x q^{n-x} \\ &= \sum_{x=2}^{n} \frac{n!}{(x-2)!(n-x)!}\,p^x q^{n-x} + E(X) \end{aligned}$$

이고

$$\begin{aligned}E(X^2) &= n(n-1)p^2 \sum_{x=2}^{n} \frac{(n-2)!}{(x-2)!((n-2)-(x-2))!}\, p^{x-2} q^{(n-2)-(x-2)} + np \\ &= n(n-1)p^2 \sum_{y=0}^{n-2} \frac{(n-2)!}{y!((n-2)-y)!}\, p^{y} q^{(n-2)-y} + np \\ &\qquad\qquad\qquad\qquad\qquad\qquad (y = x-2\text{로 치환}) \\ &= n(n-1)p^2\,(p+q)^{n-2} + np \\ &= n^2p^2 - np^2 + np\end{aligned}$$

이므로 $\mathrm{Var}(X) = E(X^2) - (E(X))^2 = n^2p^2 - np^2 + np - (np)^2 = npq$

2. 평균 $E(X)$는

$$\begin{aligned}E(X) &= \sum_{x=0}^{n} x\, \frac{\binom{M}{x}\binom{N-M}{n-x}}{\binom{N}{n}} = \sum_{x=0}^{n} x\, \frac{\frac{M!}{x!(M-x)!}}{\frac{N!}{n!(N-n)!}} \binom{N-M}{n-x} \\ &= \sum_{x=1}^{n} \frac{\frac{M(M-1)!}{(x-1)!((M-1)-(x-1))!}}{\frac{N}{n}\frac{(N-1)!}{(n-1)!((N-1)-(n-1))!}} \binom{(N-1)-(M-1)}{(n-1)-(x-1)} \\ &= \frac{nM}{N} \sum_{y=0}^{n-1} \frac{\binom{M-1}{y}\binom{(N-1)-(M-1)}{(n-1)-y}}{\binom{N-1}{n-1}} = \frac{nM}{N} \frac{\binom{(M-1)+(N-1)-(M-1)}{y+(n-1)-y}}{\binom{N-1}{n-1}} \\ &= \frac{nM}{N} \frac{\binom{N-1}{n-1}}{\binom{N-1}{n-1}} = \frac{nM}{N}\end{aligned}$$

이고 분산은 다음과 같다.

$$\begin{aligned}\mathrm{Var}(X) &= E\big(X - E(X)\big)^2 = E(X^2) - (E(X))^2 \\ &= E(X(X-1+1)) - (E(X))^2 \\ &= E[X(X-1)] + E(X) - (E(X))^2 \\ &= \frac{nM}{N}\frac{(n-1)(M-1)}{N-1} + \frac{nM}{N} - \left(\frac{nM}{N}\right)^2 \\ &= \frac{nM}{N}\left[\frac{(n-1)(M-1)}{N-1} + 1 - \frac{nM}{N}\right] \\ &= \frac{nM}{N}\,\frac{N(N-n) - M(N-n)}{N(N-1)} \\ &= \frac{nM}{N}\,\frac{N-n}{N(N-1)}\,(N-M) \\ &= \frac{nM}{N}\,\frac{N-n}{N-1}\left(1 - \frac{M}{N}\right)\end{aligned}$$

3. 평균 $E(X)$는 다음과 같다.

$$\begin{aligned} E(X) &= \sum_{x=1}^{\infty} x\,pq^{x-1} = p\,\frac{1}{(1-q)^2} \\ &= \frac{p}{p^2} = \frac{1}{p} \end{aligned}$$

분산을 계산하기 위하여 먼저 $E(X^2)$을 구하면,

$$\begin{aligned} E(X^2) &= \sum_{x=1}^{\infty}(x-1+1)x\,pq^{x-1} = \sum_{x=1}^{\infty}(x-1)x\,pq^{x-1} + \sum_{x=1}^{\infty} x\,pq^{x-1} \\ &= p\frac{2q}{(1-q)^3} + \frac{1}{p} = \frac{2q}{p^2} + \frac{1}{p} \end{aligned}$$

이므로 분산은 다음과 같다.

$$\begin{aligned} \mathrm{Var}(X) &= E(X^2) - (E(X))^2 \\ &= \frac{2q}{p^2} + \frac{1}{p} - \left(\frac{1}{p}\right)^2 = \frac{q}{p^2} \end{aligned}$$

4. 평균 $E(X)$는

$$E(X) = \sum_{x=0}^{\infty} x\frac{e^{-m}m^x}{x!} = \sum_{x=1}^{\infty}\frac{e^{-m}m^x}{(x-1)!} = e^{-m}\sum_{y=0}^{\infty}\frac{m^{y+1}}{y!} \qquad (y = x-1\text{로 치환})$$

$$= me^{-m}\sum_{y=0}^{\infty}\frac{m^y}{y!} = m\,e^{-m}\,e^m = m$$

분산을 구하기 전에 다음 식 $E(X^2)$을 먼저 계산하면,

$$\begin{aligned} E(X^2) &= \sum_{x=0}^{\infty} x^2\frac{e^{-m}m^x}{x!} = \sum_{x=0}^{\infty}(x-1+1)x\,\frac{e^{-m}m^x}{x!} \\ &= \sum_{x=0}^{\infty}(x-1)x\,\frac{e^{-m}m^x}{x!} + \sum_{x=0}^{\infty} x\frac{m^x}{x!}\,e^{-m} \\ &= \sum_{x=2}^{\infty}\frac{e^{-m}m^x}{(x-2)!} + E(X) = e^{-m}\sum_{y=0}^{\infty}\frac{m^{y+2}}{y!} + m \qquad (y = x-2\text{로 치환}) \\ &= m^2e^{-m}\sum_{y=0}^{\infty}\frac{m^y}{y!} + m = m^2e^{-m}e^m + m = m^2 + m \end{aligned}$$

이다. 따라서, 분산은

$$\begin{aligned} \mathrm{Var}(X) &= E(X^2) - (E(X))^2 \\ &= m^2 + m - m^2 = m \end{aligned}$$

5. $m = np$ 라고 하면,

$$\begin{aligned}
&\binom{n}{x} p^x (1-p)^{n-x} \\
&= \frac{n!}{x!(n-x)!} \left(\frac{m}{n}\right)^x \left(1 - \frac{m}{n}\right)^{n-x} \\
&= \frac{m^x}{x!} \left(\frac{n}{n}\right) \left(\frac{n-1}{n}\right) \cdots \left(\frac{n-x+1}{n}\right) \left(1 - \frac{m}{n}\right)^n \left(1 - \frac{m}{n}\right)^{-x} \\
&\xrightarrow{n \to \infty \text{이면}} \frac{m^x}{x!} \cdot 1 \cdot 1 \cdots 1 \cdot e^{-m} \cdot 1^{-x} = e^{-m} \frac{m^x}{x!}
\end{aligned}$$

6. 사고를 낸 건수를 확률변수 X라 하면, $P(X = 0)$는

$$P(X = 0) = \frac{e^{-0.35}\, 0.35^0}{0!} = e^{-0.35} = 0.705$$

제 6장

1. 부분적분법을 이용하여 평균을 구하면,

$$\begin{aligned}
E(X) &= \int_0^{+\infty} x\lambda e^{-\lambda x}\, dx \\
&= \left[-x\, e^{-\lambda x}\right]_0^{+\infty} - \int_0^{+\infty} (-e^{-\lambda x})\, dx \\
&= \int_0^{+\infty} e^{-\lambda x}\, dx = \frac{1}{\lambda}
\end{aligned}$$

이고 분산은 다음과 같다.

$$\begin{aligned}
\text{Var}(X) &= E(X^2) - (E(X))^2 \\
&= \int_0^{+\infty} x^2\, \lambda\, e^{-\lambda x}\, dx - \left(\frac{1}{\lambda}\right)^2 \\
&= \left[-x^2\, e^{-\lambda x}\right]_0^{+\infty} + \int_0^{+\infty} 2xe^{-\lambda x}\, dx - \frac{1}{\lambda^2} \\
&= \frac{2}{\lambda} \int_0^{+\infty} x\lambda e^{-\lambda x}\, dx - \frac{1}{\lambda^2} = \frac{1}{\lambda^2}
\end{aligned}$$

2. 타이어의 지름을 X라 하면 $X \sim N(91.44, 0.0625)$이므로

$$P(X \geqslant 91.88) = P\left(\frac{X-\mu}{\sigma} \geqslant \frac{91.88 - 91.44}{0.25}\right) = P(Z \geqslant 1.76) = 0.0392$$

3. $X \sim N(49.5, 2^2)$에서
   (1) $P(X \leqslant 48.4) = P(Z \leqslant -0.55) = 0.2902$이므로 29.02%
   (2) $P(X \leqslant 50) = P(Z \geqslant 0.25) = 0.5987$이므로 59.87%

4. $X \sim N(71, 11^2)$에서
   (1) $P(X \geqslant 50) = P(Z \geqslant -1.91) = P(Z \leqslant 1.91) = 0.9719$이므로 97.19%
   (2) $P(X \geqslant x) = P(Z \geqslant \frac{x-71}{11}) = 0.80$, $\frac{x-71}{11} = -0.84$에서 $x = 61.76$
   (3) $P(X \geqslant x) = P(Z \geqslant \frac{x-71}{11}) = 0.1$, $\frac{x-71}{11} = 1.28$에서 $x = 84.75$

5. $X \sim N(70, 10^2)$이므로 $P(60 \leqslant X < 80) = P(-1 \leqslant Z < 1) = 0.6826$에서 $300 \times 0.6826 = 205$(명)

6. 부품 100개 중에서 발견된 불량품의 수를 확률변수 X라 하면, $X \sim B(100, 0.1)$이다. 그런데 시행횟수 $n = 100$이 충분히 크므로 확률변수 X는 근사적으로 정규분포에 따른다. 이때 평균은 $\mu = np = 100 \times 0.1 = 10$, 분산은 $\sigma^2 = npq = 100 \times 0.1 \times 0.9 = 9$이다. 이제 X를 표준정규화 하면 $Z = \frac{X-10}{3} \sim N(0,1)$이다. 따라서, 확률의 연속성 수정공식에 의하여

$$\begin{aligned} P(X \geqslant 13) \ &\fallingdotseq\ P(X \geqslant 13 - \frac{1}{2}) = P\Big(Z \geqslant \frac{12.5 - 10}{3}\Big) \\ &= P(Z \geqslant 0.83) \ = \ 0.2033 \end{aligned}$$

7. 부화되지 않을 수정란의 수를 X라 하면 X는 이항확률변수이고, 부화되지 않을 확률을 $p = 0.1$이라 하자. X는 평균이 40, 표준편차가 $\sqrt{400 \times 0.1 \times 0.9} = 6$이다. 그런데 시행횟수가 충분히 크므로 연속성 수정공식을 이용하면,

$$P(X \leqslant 30.5) \ = \ P(\frac{X-\mu}{\sigma} \leqslant \frac{30.5 - 40}{6}) \ = \ P(Z \leqslant -1.58) \ = \ 0.0571\,.$$

   따라서 30개 이하의 수정란이 부화되지 않을 확률은 5.71%이다.

제 7장

1. (1) $E(\bar{X}) = E(\frac{1}{n}\sum_{i=1}^{n} X_i) = \frac{1}{n}E(X_1 + X_2 + \cdots + X_n)$
   $= \frac{1}{n}\big(E(X_1) + E(X_2) + \cdots + E(X_n)\big) = \frac{1}{n}(n\mu) = \mu$
   (2) $\mathrm{Var}(\bar{X}) = \mathrm{Var}(\frac{1}{n}\sum_{i=1}^{n} X_i) = \frac{1}{n^2}\big(\mathrm{Var}(X_1) + \mathrm{Var}(X_2) + \cdots \mathrm{Var}(X_n)\big)$
   $= \frac{1}{n^2}(n\sigma^2) = \frac{\sigma^2}{n}$

2. 비복원추출일 경우 : $E(\bar{X})=80\text{g}, \quad \text{Var}(\bar{X})=\frac{500-30}{500-1}\frac{3}{30}=0.094\text{g}$

복원추출일 경우 : $E(\bar{X})=80\text{g}, \quad \text{Var}(\bar{X})=\frac{3}{30}=0.1\text{g}$

3. $n=16$개인 표본의 평균 $\bar{X}$의 기댓값과 분산은 각각 다음과 같다.

$$E(\bar{X}) \;=\; 800\,, \qquad \text{Var}(\bar{X}) \;=\; \frac{40^2}{16} \;=\; 100\,.$$

이때, 표본평균 $\bar{X}\sim N(800,10^2)$인 정규분포를 따르므로 구하고자 하는 확률은

$$\begin{aligned} P(\bar{X}<780) \;&=\; P\Big(\frac{\bar{X}-800}{10}<\frac{780-700}{10}\Big) \\ &=\; P(Z<-2) \;=\; 0.0228 \end{aligned}$$

4. 두 표본평균의 차 $\bar{X}_1-\bar{X}_2$의 기댓값과 분산을 구하면

$$\begin{aligned} E\big(\bar{X}_1-\bar{X}_2\big) \;&=\; \mu_1-\;\mu_2 \;=\; 6.5-6 \;=\; 0.5\,, \\ \text{Var}(\bar{X}_1-\bar{X}_2) \;&=\; \frac{\sigma_1^2}{n_1}+\frac{\sigma_2^2}{n_2} \;=\; \frac{0.9^2}{36}+\frac{0.8^2}{49} \;=\; 0.189^2 \end{aligned}$$

이므로 $\bar{X}_1-\bar{X}_2\sim N(0.5,0.189^2)$이다. 따라서

$$\begin{aligned} P(\bar{X}_1-\bar{X}_2 \;\geqslant\; 1.0) \;&=\; P\Big(Z\geqslant\frac{1.0-0.5}{0.189}\Big) \\ &=\; P(Z\geqslant 2.646) \;=\; 0.0041 \end{aligned}$$

이다.

5. 제품의 평균 사용시간이 평균 1200시간인 정규분포에 따를 때

$$T \;=\; \frac{\bar{X}-\mu}{S/\sqrt{n}} \;=\; \frac{\bar{X}-1200}{104/\sqrt{9}}$$

는 자유도가 8인 t-분포에 따르므로 구하고자 확률은

$$\begin{aligned} P(\bar{X}\leqslant 1100) \;&=\; P\Big(\tfrac{\bar{X}-1200}{100/\sqrt{9}}\leqslant\tfrac{1100-1200}{104/\sqrt{9}}\Big) \\ &=\; P(X<-2.885) \end{aligned}$$

이다. t-분포표로부터 $t_{0.01}(8)=2.986,\ t_{0.025}(8)=2.306$이므로
$P(\bar{X}\leqslant 1100)=0.02$

6. 두 확률변수 Z와 V의 결합확률밀도함수는

$$f_{Z,V}(z,v)=\frac{1}{\sqrt{2\pi}}e^{-\frac{z^2}{2}}\cdot\frac{1}{\varGamma(\frac{n}{2})\,2^{\frac{n}{2}}}v^{\frac{n}{2}-1}e^{-\frac{v}{2}},\quad -\infty<z<+\infty, 0<v<+\infty$$

이고 변수변환 $t = \frac{z}{\sqrt{\frac{v}{n}}}$, $w = v$을 이용하면, 역변환은 $z = t\sqrt{\frac{w}{n}}$, $v = w$이다. 또한 함수행렬식 J는

$$J = \sqrt{\frac{w}{n}}$$

이므로 확률변수 T와 W의 결합확률밀도함수는

$$f_{T,W}(t,w) = \frac{1}{\sqrt{2\pi}} e^{-\frac{wt^2}{2n}} \cdot \frac{1}{\Gamma(\frac{n}{2})\, 2^{\frac{n}{2}}} w^{\frac{n}{2}-1} e^{-\frac{w}{2}} \cdot |J|$$

이다. 이로부터

$$f_{T,W}(t,w) = \frac{1}{\sqrt{2\pi}} e^{-\frac{wt^2}{2n}} \cdot \frac{1}{\Gamma(\frac{n}{2})\, 2^{\frac{n}{2}}} w^{\frac{n}{2}-1} e^{-\frac{w}{2}} \sqrt{\frac{w}{n}},$$
$$(-\infty < t < +\infty,\ 0 < w < +\infty)$$

이다. 이 결합확률밀도함수를 w에 관하여 적분하면, t에 관한 주변확률밀도함수는 t-분포이다. 따라서,

$$\begin{aligned} f(t;\nu) &= \int_0^{+\infty} f_{T,W}(t,w)\,dw \\ &= \frac{1}{\sqrt{2\pi n}} \frac{1}{2^{\frac{n}{2}}\Gamma(\frac{n}{2})} \int_0^{+\infty} w^{\frac{n}{2}-\frac{1}{2}} e^{-\frac{1}{2}\{w(1+\frac{t^2}{n})\}}\,dw \end{aligned}$$

이다. 여기서, $x = \frac{1}{2}w(1+\frac{t^2}{n})$이라 하면,

$$\begin{aligned} f(t;\nu) &= \frac{1}{\sqrt{2\pi n}} \frac{1}{2^{\frac{n}{2}}\Gamma(\frac{n}{2})} \int_0^{+\infty} \frac{(2x)^{\frac{n-1}{2}}}{(1+\frac{t^2}{n})^{\frac{n-1}{2}}} e^{-x} \frac{2}{(1+\frac{t^2}{n})}\,dx \\ &= \frac{(1+\frac{t^2}{n})^{-\frac{n+1}{2}}}{\sqrt{\pi n}\,\Gamma(\frac{n}{2})} \int_0^{+\infty} x^{\frac{n+1}{2}-1} e^{-x}\,dx \\ &= \frac{\Gamma(\frac{n+1}{2})}{\Gamma(\frac{n}{2})\sqrt{\pi n}} \left(1+\frac{t^2}{n}\right)^{-\frac{n+1}{2}}, \quad -\infty < t < +\infty \end{aligned}$$

제 8장

1. $\alpha = 0.05$이면 $z_{\alpha/2} = z_{0.025} = 1.96$이다. 따라서 평균 인장강도 μ에 대한 95% 신뢰구간은

$$\bar{x} \pm z_{\alpha/2} \times \frac{S}{\sqrt{n}} = 62.50 \pm 1.96 \times \frac{3.75}{\sqrt{30}} = 62.50 \pm 1.34$$

에서 $(61.16, 63.84)$.

2. t-분포표에서 $t_{0.05}(8) = 1.860$이다. 따라서 TV 광고시간에 대한 90% 신뢰구간은

$$\bar{x} \pm t_{\alpha/2}(n-1) \times \frac{S}{\sqrt{n}} = 29.5 \pm 1.860 \times \sqrt{\frac{6.39}{9}} = 29.5 \pm 1.6$$

에서 $(27.9, 31.1)$.

3. t-분포표에서 $t_{0.025}(8) = 2.306$이다. 따라서 평균 수은의 농도에 대한 95% 신뢰구간은

$$\bar{x} \pm t_{\alpha/2}(n-1) \times \frac{S}{\sqrt{n}} = 0.72 \pm 2.306 \times \sqrt{\frac{0.052}{9}}$$

에서 $(0.680, 0.760)$.

4. t-분포표에서 $t_{0.025}(9) = 2.262$이다. 따라서 실제 평균 비누무게 μ에 대한 95% 신뢰구간은

$$\bar{x} \pm t_{\alpha/2}(n-1) \times \frac{S}{\sqrt{n}} = 88.9 \pm 2.262 \times \frac{6.74}{\sqrt{10}} = 88.9 \pm 4.822$$

에서 $(84.078, 93.722)$.

5. 2년마다 스마트폰을 교체하는 사람들의 비율은 $[\hat{p} = \frac{420}{600} = 0.7$이고 $z_{0.005} = 2.575$이다. 2년마다 스마트폰을 교체하는 사람들의 비율에 대한 99% 신뢰구간은

$$(0.7 \pm 2.575 \times \sqrt{\frac{0.7 \times 0.3}{600}}$$

에서 $(0.652, 0.748)$.

6. 표본의 수 $n = 1000$이 크므로 모비율 p에 대한 추정에 $\hat{p}$를 사용할 수 있다. 표본비율은 $\hat{p} = \frac{620}{1000} = 0.62$, $1 - \alpha = 0.99$이므로 $\alpha/2 = 0.005$이고 $z_{0.005} = 2.576$이다. 따라서 후보자 A의 지지율 p의 99% 신뢰구간은

$$\hat{p} \pm z_{\alpha/2}\sqrt{\frac{\hat{p} \times \hat{q}}{n}} = 0.62 \pm 2.576\sqrt{\frac{0.62 \times 0.38}{1000}} = 0.62 \pm 0.015$$

에서 $(0.605, 0.635)$.

7. $\alpha = 0.05$, $\sigma = 0.3$, $4d = 0.3$이고 $z_{\alpha/2} = z_{0.025} = 1.96$이므로 표본의 수 n은 다음과 같다.

$$n = \left(\frac{1.96 \times 5}{0.3}\right)^2 = 1067.11 \approx 1068$$

8. 표본의 크기 n은 다음과 같다.

$$n \;=\; 0.4 \times -.6 \times \left(\frac{1.645}{0.02}\right)^2 \;=\; 1623.615 \approx 1624$$

제 9장

1. $H_0 : \mu = 60 \;\; H_1 : \mu \neq 60$이고 검정통계량은 $|Z_0| = \left|\frac{62-60}{2/\sqrt{20}}\right| = 4.472$, $\alpha = 0.05$이므로 $z_{0.025} = 1.96$. $|Z_0| = 4.472 > z_{0.025} = 1.96$이므로 귀무가설 H_0를 기각한다. 그러므로 특수강의 강도는 공정온도의 변화에 따라 평균강도가 달라진다고 할 수 있다.

2. $H_0 : \mu = 12.5 \;\; H_1 : \mu \neq 12.5$이다. 표본의 평균은 $\bar{x} = 1.26$, 표본분산은 $S^2 = 0.0267$이고 검정통계량은 $|t_0| = \left|\frac{12.6-12.5}{0.613/\sqrt{10}}\right| = 1.94$, $\alpha = 0.05$이고 자유도는 9이므로 $|t_0| = 1.49 < t_{0.025}(9) = 2.262$이므로 귀무가설 H_0를 기각하지 못한다. 그러므로 디스크의 지름이 납품서와 다르다고 할 수 없다.

3. $H_0 : p = 0.05 \;\; H_1 : p < 0.05$이다. 표본율은 $\hat{p} = \frac{3}{100} = 0.03$이고 검정통계량은 $Z_0 = \frac{0.03-0.05}{\sqrt{\frac{0.05\times0.95}{100}}} = -0.918$이다. 또한 $\alpha = 0.05$이므로 $-z_\alpha = -z_{0.05} = -1.645$이다. 이로부터 $Z_0 = -0.918 > -z_{0.05} = -1.645$이므로 귀무가설 H_0를 기각하지 못한다. 그러므로 신공정을 도입함으로서 불량율이 개선되었다고 할 수 없다.

4. $H_0 : p_1 = p_2 \;\; H_1 : p_1 < p_2$. 표본율은 $\hat{p}_1 = \frac{35}{1000} = 0.035$, $\hat{p}_2 = \frac{43}{1000} = 0.043$, $\hat{p} = \frac{35+43}{1000+1000} = 0.039$이다. 검정통계량은

$$Z_0 = \frac{0.035 - 0.043}{\sqrt{0.039 \times (1 - 0.039) \times \left(\frac{1}{1000} + \frac{1}{1000}\right)}} = -0.924$$

이다. 또한 $\alpha = 0.05$이므로 $-z_\alpha = -z_{0.05} = -1.645$이다. 이로부터 $Z_0 = -0.924 > -z_{0.05} = -1.645$이므로 귀무가설 H_0를 기각하지 못한다. 그러므로 공정 B의 결점율이 공정 A의 결점율보다 높다고 할 수 없다.

5. $H_0 : \mu_1 = \mu_2 \;\; H_1 : \mu_1 \neq \mu_2$. 합동추정량은

$$S_p^2 \;=\; \frac{(9-1)\times 3.50^2 + (16-1)\times 2.25^2}{9+16-2} \;=\; 7.5625$$

이다. 검정통계량은

$$t_0 = \left|\frac{9-16}{\sqrt{7.5625}\sqrt{\frac{1}{9}+\frac{1}{16}}}\right| = 6.109$$

이다. 또한 $\alpha = 0.05$이므로 $t_{0.025}(23) = 2.0695$이다. 이로부터 $|t_0| 6.109 > t_{0.025}(23) = 2.069$이므로 귀무가설 H_0를 기각한다. 그러므로 두 원료를 사용하여 제조한 비료를 주어 수확한 곡물의 양의 차이가 있다고 할 수 있다.

부록 B

통계표(Statistical Tables)

분포표

[표 1] 이항누적분포함수

$$B(x\,;n,\,p)=\sum_{k=0}^{x}\binom{n}{k}p^k(1-p)^{n-k}$$

		p								
n	x	0.05	0.10	0.15	0.20	0.25	0.30	0.35	0.40	0.45
1	0	0.9500	0.9000	0.8500	0.8000	0.7500	0.7000	0.6500	0.6000	0.5500
2	0	0.9025	0.8100	0.7225	0.6400	0.5625	0.4900	0.4225	0.3600	0.3025
	1	0.9975	0.9900	0.9775	0.9600	0.9375	0.9100	0.8775	0.8400	0.7975
3	0	0.8574	0.7290	0.6141	0.5120	0.4219	0.3430	0.2746	0.2160	0.1664
	1	0.9928	0.9720	0.9393	0.8960	0.8438	0.7840	0.7182	0.6480	0.5748
	2	0.9999	0.9990	0.9967	0.9920	0.9844	0.9730	0.9571	0.9360	0.9089

		p									
n	x	0.50	0.55	0.60	0.65	0.70	0.75	0.80	0.85	0.90	0.95
1	0	0.5000	0.4500	0.4000	0.3500	0.3000	0.2500	0.2000	0.1500	0.1000	0.0500
2	0	0.2500	0.2025	0.1600	0.1225	0.0900	0.0625	0.0400	0.0225	0.0100	0.0025
	1	0.7500	0.6975	0.6400	0.5775	0.5100	0.4375	0.3600	0.2775	0.1900	0.0975
3	0	0.1250	0.0911	0.0640	0.0429	0.0270	0.0156	0.0080	0.0034	0.0010	0.0001
	1	0.5000	0.4252	0.3520	0.2818	0.2160	0.1406	0.1040	0.0608	0.0280	0.0072
	2	0.8750	0.8336	0.7840	0.7254	0.6570	0.5625	0.4880	0.3859	0.2710	0.1426

[표 1] 이항누적분포함수(계속)

		p								
n	x	0.05	0.10	0.15	0.20	0.25	0.30	0.35	0.40	0.45
4	0	0.8145	0.6561	0.5220	0.4096	0.3164	0.2401	0.1785	0.1296	0.0915
	1	0.9860	0.9477	0.8905	0.8192	0.7383	0.6517	0.5630	0.4752	0.3910
	2	0.9995	0.9963	0.9880	0.9728	0.9492	0.9163	0.8735	0.8208	0.7585
	3	1.0000	0.9999	0.9995	0.9984	0.9961	0.9919	0.9850	0.9744	0.9590
5	0	0.7738	0.5905	0.4437	0.3277	0.2373	0.1681	0.1160	0.0778	0.0503
	1	0.9774	0.9185	0.8352	0.7373	0.6328	0.5282	0.4284	0.3370	0.2562
	2	0.9988	0.9914	0.9734	0.9421	0.8965	0.8369	0.7648	0.6826	0.5931
	3	1.0000	0.9995	0.9978	0.9933	0.9844	0.9692	0.9460	0.9130	0.8688
	4	1.0000	1.0000	0.9999	0.9997	0.9990	0.9976	0.9947	0.9898	0.9815
6	0	0.7351	0.5314	0.3771	0.2621	0.1780	0.1176	0.0754	0.0467	0.0277
	1	0.9672	0.8857	0.7765	0.6554	0.5339	0.4202	0.3191	0.2333	0.1636
	2	0.9978	0.9842	0.9527	0.9011	0.8306	0.7443	0.6471	0.5443	0.4415
	3	0.9999	0.9987	0.9941	0.9830	0.9624	0.9295	0.8826	0.8208	0.7447
	4	1.0000	0.9999	0.9996	0.9984	0.9954	0.9891	0.9777	0.9590	0.9308
	5	1.0000	1.0000	1.0000	0.9999	0.9998	0.9993	0.9982	0.9959	0.9917
7	0	0.6983	0.4783	0.3206	0.2097	0.1335	0.0824	0.0490	0.0280	0.0152
	1	0.9556	0.8503	0.7166	0.5767	0.4449	0.3294	0.2338	0.1586	0.1024
	2	0.9962	0.9743	0.9262	0.8520	0.7564	0.6471	0.5323	0.4199	0.3164
	3	0.9998	0.9973	0.9879	0.9667	0.9294	0.8740	0.8002	0.7102	0.6083
	4	1.0000	0.9998	0.9988	0.9953	0.9871	0.9712	0.9444	0.9037	0.8471
	5	1.0000	1.0000	0.9999	0.9996	0.9987	0.9962	0.9910	0.9812	0.9643
	6	1.0000	1.0000	1.0000	1.0000	0.9999	0.9998	0.9994	0.9984	0.9963

[표 1] 이항누적분포함수(계속)

		p									
n	x	0.50	0.55	0.60	0.65	0.70	0.75	0.80	0.85	0.90	0.95
4	0	0.0625	0.0410	0.0256	0.0150	0.0081	0.0039	0.0016	0.0005	0.0001	0.0000
	1	0.3125	0.2415	0.1792	0.1265	0.0837	0.0508	0.0272	0.0120	0.0037	0.0005
	2	0.6875	0.6090	0.5248	0.4370	0.3483	0.2617	0.1808	0.1095	0.0523	0.0140
	3	0.9375	0.9085	0.8704	0.8215	0.7599	0.6836	0.5904	0.4780	0.3439	0.1855
5	0	0.0312	0.0185	0.0102	0.0053	0.0024	0.0010	0.0003	0.0001	0.0000	0.0000
	1	0.1875	0.1312	0.0870	0.0540	0.0308	0.0156	0.0067	0.0022	0.0005	0.0000
	2	0.5000	0.4069	0.3174	0.2352	0.1631	0.1035	0.0579	0.0266	0.0086	0.0012
	3	0.8125	0.7438	0.6630	0.5716	0.4718	0.3672	0.2627	0.1648	0.0815	0.0226
	4	0.9688	0.9497	0.9222	0.8840	0.8319	0.7627	0.6723	0.5563	0.4095	0.2262
6	0	0.0156	0.0083	0.0041	0.0018	0.0007	0.0002	0.0001	0.0000	0.0000	0.0000
	1	0.1094	0.0692	0.0410	0.0223	0.0109	0.0046	0.0016	0.0004	0.0001	0.0000
	2	0.3438	0.2553	0.1792	0.1174	0.0705	0.0376	0.0170	0.0059	0.0013	0.0001
	3	0.6562	0.5585	0.4557	0.3529	0.2557	0.1694	0.0989	0.0473	0.0158	0.0022
	4	0.8906	0.8364	0.7667	0.6809	0.5798	0.4661	0.3446	0.2235	0.1143	0.0328
	5	0.9844	0.9723	0.9533	0.9246	0.8824	0.8220	0.7379	0.6229	0.4686	0.2649
7	0	0.0078	0.0037	0.0016	0.0006	0.0002	0.0001	0.0000	0.0000	0.0000	0.0000
	1	0.0625	0.0357	0.0188	0.0090	0.0038	0.0013	0.0004	0.0001	0.0000	0.0000
	2	0.2266	0.1529	0.0963	0.0556	0.0288	0.0129	0.0047	0.0012	0.0002	0.0000
	3	0.5000	0.3917	0.2898	0.1998	0.1260	0.0706	0.0333	0.0121	0.0027	0.0002
	4	0.7734	0.6836	0.5801	0.4677	0.3529	0.2436	0.1480	0.0738	0.0257	0.0038
	5	0.9375	0.8976	0.8414	0.7662	0.6706	0.5551	0.4233	0.2834	0.1497	0.0444
	6	0.9922	0.9848	0.9720	0.9510	0.9176	0.8665	0.7903	0.6794	0.5217	0.3017

[표 1] 이항누적분포함수(계속)

n	x	0.05	0.10	0.15	0.20	0.25	0.30	0.35	0.40	0.45
8	0	0.6634	0.4305	0.2725	0.1678	0.1001	0.0576	0.0319	0.0168	0.0084
	1	0.9428	0.8131	0.6572	0.5033	0.3671	0.2553	0.1691	0.1064	0.0632
	2	0.9942	0.9619	0.8948	0.7969	0.6785	0.5518	0.4278	0.3154	0.2201
	3	0.9996	0.9950	0.9786	0.9437	0.8862	0.8059	0.7064	0.5941	0.4770
	4	1.0000	0.9996	0.9971	0.9896	0.9727	0.9420	0.8939	0.8263	0.7396
	5	1.0000	1.0000	0.9998	0.9988	0.9958	0.9887	0.9747	0.9502	0.9115
	6	1.0000	1.0000	1.0000	0.9999	0.9996	0.9987	0.9964	0.9915	0.9819
	7	1.0000	1.0000	1.0000	1.0000	1.0000	0.9999	0.9998	0.9993	0.9983
9	0	0.6302	0.3874	0.2316	0.1342	0.0751	0.0404	0.0207	0.0101	0.0046
	1	0.9288	0.7748	0.5995	0.4362	0.3003	0.1960	0.1211	0.0705	0.0385
	2	0.9916	0.9470	0.8591	0.7382	0.6007	0.4628	0.3373	0.2318	0.1495
	3	0.9994	0.9917	0.9661	0.9144	0.8343	0.7297	0.6089	0.4826	0.3614
	4	1.0000	0.9991	0.9944	0.9804	0.9511	0.9012	0.8283	0.7334	0.6214
	5	1.0000	0.9999	0.9994	0.9969	0.9900	0.9747	0.9464	0.9006	0.8342
	6	1.0000	1.0000	1.0000	0.9997	0.9987	0.9957	0.9888	0.9750	0.9502
	7	1.0000	1.0000	1.0000	1.0000	0.9999	0.9996	0.9986	0.9962	0.9909
	8	1.0000	1.0000	1.0000	1.0000	1.0000	1.0000	0.9999	0.9997	0.9992
	0	0.5987	0.3487	0.1969	0.1074	0.0563	0.0282	0.0135	0.0060	0.0025
	1	0.9139	0.7361	0.5443	0.3758	0.2440	0.1493	0.0860	0.0464	0.0233
10	2	0.9885	0.9298	0.8202	0.6778	0.5256	0.3828	0.2616	0.1673	0.0996
	3	0.9990	0.9872	0.9500	0.8791	0.7759	0.6496	0.5138	0.3823	0.2660
	4	0.9999	0.9984	0.9901	0.9672	0.9219	0.8497	0.7515	0.6331	0.5044
	5	1.0000	0.9999	0.9986	0.9936	0.9803	0.9527	0.9051	0.8338	0.7384
	6	1.0000	1.0000	0.9999	0.9991	0.9965	0.9894	0.9740	0.9452	0.8980
	7	1.0000	1.0000	1.0000	0.9999	0.9996	0.9984	0.9952	0.9877	0.9726
	8	1.0000	1.0000	1.0000	1.0000	1.0000	0.9999	0.9995	0.9983	0.9955
	9	1.0000	1.0000	1.0000	1.0000	1.0000	1.0000	1.0000	0.9999	0.9997

[표 1] 이항누적분포함수(계속)

n	x	0.50	0.55	0.60	0.65	0.70	0.75	0.80	0.85	0.90	0.95
8	0	0.0039	0.0017	0.0007	0.0002	0.0001	0.0000	0.0000	0.0000	0.0000	0.0000
	1	0.0352	0.0181	0.0085	0.0036	0.0013	0.0004	0.0001	0.0000	0.0000	0.0000
	2	0.1445	0.0885	0.0498	0.0253	0.0113	0.0042	0.0012	0.0002	0.0000	0.0000
	3	0.3633	0.2604	0.1737	0.1061	0.0580	0.0273	0.0104	0.0029	0.0004	0.0000
	4	0.6367	0.5230	0.4059	0.2936	0.1941	0.1138	0.0563	0.0214	0.0050	0.0004
	5	0.8555	0.7799	0.6846	0.5722	0.4482	0.3215	0.2031	0.1052	0.0381	0.0058
	6	0.9648	0.9368	0.8936	0.8309	0.7447	0.6329	0.4967	0.3428	0.1869	0.0572
	7	0.9961	0.9916	0.9832	0.9681	0.9424	0.8999	0.8322	0.7275	0.5695	0.3366
9	0	0.0020	0.0008	0.0003	0.0001	0.0000	0.0000	0.0000	0.0000	0.0000	0.0000
	1	0.0195	0.0091	0.0038	0.0014	0.0004	0.0001	0.0000	0.0000	0.0000	0.0000
	2	0.0898	0.0498	0.0250	0.0112	0.0043	0.0013	0.0003	0.0000	0.0000	0.0000
	3	0.2539	0.1658	0.0994	0.0536	0.0253	0.0100	0.0031	0.0006	0.0001	0.0000
	4	0.5000	0.3786	0.2666	0.1717	0.0988	0.0489	0.0196	0.0056	0.0009	0.0000
	5	0.7461	0.6386	0.5174	0.3911	0.2703	0.1657	0.0856	0.0339	0.0083	0.0006
	6	0.9102	0.8505	0.7682	0.6627	0.5372	0.3993	0.2618	0.1409	0.0530	0.0084
	7	0.9805	0.9615	0.9295	0.8789	0.8040	0.6997	0.5638	0.4005	0.2252	0.0712
	8	0.9980	0.9954	0.9899	0.9793	0.9596	0.9249	0.8658	0.7684	0.6126	0.3698
10	0	0.0010	0.0003	0.0001	0.0000	0.0000	0.0000	0.0000	0.0000	0.0000	0.0000
	1	0.0107	0.0045	0.0017	0.0005	0.0001	0.0000	0.0000	0.0000	0.0000	0.0000
	2	0.0547	0.0274	0.0123	0.0048	0.0016	0.0004	0.0001	0.0000	0.0000	0.0000
	3	0.1719	0.1020	0.0548	0.0260	0.0106	0.0035	0.0009	0.0001	0.0000	0.0000
	4	0.3770	0.2616	0.1662	0.0949	0.0473	0.0197	0.0064	0.0014	0.0001	0.0000
	5	0.6230	0.4956	0.3669	0.2485	0.1503	0.0781	0.0328	0.0099	0.0016	0.0001
	6	0.8281	0.7340	0.6177	0.4862	0.3504	0.2241	0.1209	0.0500	0.0128	0.0010
	7	0.9453	0.9004	0.8327	0.7384	0.6172	0.4474	0.3222	0.1798	0.0702	0.0115
	8	0.9893	0.9767	0.9536	0.9140	0.8507	0.7560	0.6242	0.4557	0.2639	0.0861
	9	0.9990	0.9975	0.9940	0.9865	0.9718	0.9437	0.8926	0.8031	0.6513	0.4013

[표 1] 이항누적분포함수(계속)

		p								
n	x	0.05	0.10	0.15	0.20	0.25	0.30	0.35	0.40	0.45
15	0	0.4633	0.2059	0.0874	0.0352	0.0134	0.0047	0.0016	0.0005	0.0001
	1	0.8290	0.5490	0.3186	0.1671	0.0802	0.0353	0.0142	0.0052	0.0017
	2	0.9638	0.8159	0.6042	0.3980	0.2361	0.1268	0.0617	0.0271	0.0107
	3	0.9945	0.9444	0.8227	0.6482	0.4613	0.2969	0.1727	0.0905	0.0424
	4	0.9994	0.9873	0.9383	0.8358	0.6865	0.5155	0.3519	0.2173	0.1204
	5	0.9999	0.9978	0.9832	0.9389	0.8516	0.7216	0.5643	0.4032	0.2608
	6	1.0000	0.9997	0.9964	0.9819	0.9434	0.8689	0.7548	0.6098	0.4522
	7	1.0000	1.0000	0.9994	0.9958	0.9827	0.9500	0.8868	0.7869	0.6535
	8	1.0000	1.0000	0.9999	0.9992	0.9958	0.9848	0.9578	0.9050	0.8182
	9	1.0000	1.0000	1.0000	0.9999	0.9992	0.9963	0.9876	0.9662	0.9231
	10	1.0000	1.0000	1.0000	1.0000	0.9999	0.9993	0.9972	0.9907	0.9745
	11	1.0000	1.0000	1.0000	1.0000	1.0000	0.9999	0.9995	0.9981	0.9937
	12	1.0000	1.0000	1.0000	1.0000	1.0000	1.0000	0.9999	0.9997	0.9989
	13	1.0000	1.0000	1.0000	1.0000	1.0000	1.0000	1.0000	1.0000	0.9999
	14	1.0000	1.0000	1.0000	1.0000	1.0000	1.0000	1.0000	1.0000	1.0000
20	0	0.3585	0.1216	0.0388	0.0115	0.0032	0.0008	0.0002	0.0000	0.0000
	1	0.7358	0.3917	0.1756	0.0692	0.0243	0.0076	0.0021	0.0005	0.0001
	2	0.9245	0.6769	0.4049	0.2061	0.0913	0.0355	0.0121	0.0036	0.0009
	3	0.9841	0.8670	0.6477	0.4114	0.2252	0.1071	0.0444	0.0160	0.0049
	4	0.9974	0.9568	0.8298	0.6296	0.4148	0.2375	0.1182	0.0510	0.0189
	5	0.9997	0.9887	0.9327	0.8042	0.6172	0.4164	0.2454	0.1256	0.0553
	6	1.0000	0.9976	0.9781	0.9133	0.7858	0.6080	0.4166	0.2500	0.1299
	7	1.0000	0.9996	0.9941	0.9679	0.8982	0.7723	0.6010	0.4159	0.2520
	8	1.0000	0.9999	0.9987	0.9900	0.9591	0.8867	0.7624	0.5956	0.4143
	9	1.0000	1.0000	0.9998	0.9974	0.9861	0.9520	0.8782	0.7553	0.5914
	10	1.0000	1.0000	1.0000	0.9994	0.9961	0.9829	0.9468	0.8725	0.7507
	11	1.0000	1.0000	1.0000	0.9999	0.9991	0.9949	0.9804	0.9435	0.8692
	12	1.0000	1.0000	1.0000	1.0000	0.9998	0.9987	0.9940	0.9790	0.9420
	13	1.0000	1.0000	1.0000	1.0000	1.0000	0.9997	0.9985	0.9935	0.9786
	14	1.0000	1.0000	1.0000	1.0000	1.0000	1.0000	0.9997	0.9984	0.9936
	15	1.0000	1.0000	1.0000	1.0000	1.0000	1.0000	1.0000	0.9997	0.9985
	16	1.0000	1.0000	1.0000	1.0000	1.0000	1.0000	1.0000	1.0000	0.9997
	17	1.0000	1.0000	1.0000	1.0000	1.0000	1.0000	1.0000	1.0000	1.0000
	18	1.0000	1.0000	1.0000	1.0000	1.0000	1.0000	1.0000	1.0000	1.0000
	19	1.0000	1.0000	1.0000	1.0000	1.0000	1.0000	1.0000	1.0000	1.0000
	20	1.0000	1.0000	1.0000	1.0000	1.0000	1.0000	1.0000	1.0000	1.0000

[표 1] 이항누적분포함수(계속)

		p									
n	x	0.50	0.55	0.60	0.65	0.70	0.75	0.80	0.85	0.90	0.95
15	0	0.0000	0.0000	0.0000	0.0000	0.0000	0.0000	0.0000	0.0000	0.0000	0.0000
	1	0.0005	0.0001	0.0000	0.0000	0.0000	0.0000	0.0000	0.0000	0.0000	0.0000
	2	0.0037	0.0011	0.0003	0.0001	0.0000	0.0000	0.0000	0.0000	0.0000	0.0000
	3	0.0176	0.0063	0.0019	0.0005	0.0001	0.0000	0.0000	0.0000	0.0000	0.0000
	4	0.0592	0.0255	0.0093	0.0028	0.0007	0.0001	0.0000	0.0000	0.0000	0.0000
	5	0.1509	0.0769	0.0338	0.0124	0.0037	0.0008	0.0001	0.0000	0.0000	0.0000
	6	0.3036	0.1818	0.0950	0.0422	0.0152	0.0042	0.0008	0.0001	0.0000	0.0000
	7	0.5000	0.3465	0.2131	0.1132	0.0500	0.0173	0.0042	0.0006	0.0000	0.0000
	8	0.6964	0.5478	0.3902	0.2452	0.1311	0.0566	0.0181	0.0036	0.0003	0.0000
	9	0.8491	0.7392	0.5968	0.4357	0.2784	0.1484	0.0611	0.0168	0.0022	0.0001
	10	0.9408	0.8796	0.7827	0.6481	0.4845	0.3135	0.1642	0.0617	0.0127	0.0006
	11	0.9824	0.9576	0.9095	0.8273	0.7031	0.5387	0.3518	0.1773	0.0556	0.0055
	12	0.9963	0.9893	0.9729	0.9383	0.8732	0.7639	0.6020	0.3958	0.1841	0.0362
	13	0.9995	0.9983	0.9948	0.9858	0.9647	0.9198	0.8329	0.6814	0.4510	0.1710
	14	1.0000	0.9999	0.9995	0.9984	0.9953	0.9866	0.9648	0.9126	0.7941	0.5367
20	0	0.0000	0.0000	0.0000	0.0000	0.0000	0.0000	0.0000	0.0000	0.0000	0.0000
	1	0.0000	0.0000	0.0000	0.0000	0.0000	0.0000	0.0000	0.0000	0.0000	0.0000
	2	0.0002	0.0000	0.0000	0.0000	0.0000	0.0000	0.0000	0.0000	0.0000	0.0000
	3	0.0013	0.0003	0.0000	0.0000	0.0000	0.0000	0.0000	0.0000	0.0000	0.0000
	4	0.0059	0.0015	0.0003	0.0000	0.0000	0.0000	0.0000	0.0000	0.0000	0.0000
	5	0.0207	0.0064	0.0016	0.0003	0.0000	0.0000	0.0000	0.0000	0.0000	0.0000
	6	0.0577	0.0214	0.0065	0.0015	0.0003	0.0000	0.0000	0.0000	0.0000	0.0000
	7	0.1316	0.0580	0.0210	0.0060	0.0013	0.0002	0.0000	0.0000	0.0000	0.0000
	8	0.2517	0.1308	0.0565	0.0196	0.0051	0.0009	0.0001	0.0000	0.0000	0.0000
	9	0.4119	0.2493	0.1275	0.0532	0.0171	0.0039	0.0006	0.0000	0.0000	0.0000
	10	0.5881	0.4086	0.2447	0.1218	0.0480	0.0139	0.0026	0.0002	0.0000	0.0000
	11	0.7483	0.5857	0.4044	0.2376	0.1133	0.0409	0.0100	0.0013	0.0001	0.0000
	12	0.8684	0.7480	0.5841	0.3990	0.2277	0.1018	0.0321	0.0059	0.0004	0.0000
	13	0.9423	0.8701	0.7500	0.5834	0.3920	0.2142	0.0867	0.0219	0.0024	0.0000
	14	0.9793	0.9447	0.8744	0.7546	0.5836	0.3828	0.1958	0.0673	0.0113	0.0003
	15	0.9941	0.9811	0.9490	0.8818	0.7625	0.5852	0.3704	0.1702	0.0432	0.0026
	16	0.9987	0.9951	0.9840	0.9556	0.8929	0.7748	0.5886	0.3523	0.1330	0.0159
	17	0.9998	0.9991	0.9964	0.9879	0.9645	0.9087	0.7939	0.5951	0.3231	0.0755
	18	1.0000	0.9999	0.9995	0.9979	0.9924	0.9757	0.9308	0.8244	0.6083	0.2642
	19	1.0000	1.0000	1.0000	0.9998	0.9992	0.9968	0.9885	0.9612	0.8784	0.6415
	20	1.0000	1.0000	1.0000	1.0000	1.0000	1.0000	1.0000	1.0000	1.0000	1.0000

[표 2] 포아송 누적분포함수 $F(x\,;\,\mu)=\sum_{k=0}^{x}\frac{e^{-\mu}\mu^{k}}{k!}$

x	μ									
	0.1	0.2	0.3	0.4	0.5	0.6	0.7	0.8	0.9	1.0
0	0.9048	0.8187	0.7408	0.6730	0.6065	0.5488	0.4966	0.4493	0.4066	0.3679
1	0.9953	0.9825	0.9631	0.9384	0.9098	0.8781	0.8442	0.8088	0.7725	0.7358
2	0.9998	0.9989	0.9964	0.9921	0.9856	0.9769	0.9659	0.9526	0.9371	0.9197
3	1.0000	0.9999	0.9997	0.9992	0.9982	0.9966	0.9942	0.9909	0.9865	0.9810
4		1.0000	1.0000	0.9999	0.9998	0.9996	0.9992	0.9986	0.9977	0.9963
5				1.0000	1.0000	1.0000	0.9999	0.9998	0.0997	0.9994
6							1.0000	1.0000	1.0000	0.9999

x	μ									
	2.0	3.0	4.0	5.0	6.0	7.0	8.0	9.0	10.0	15.0
0	0.1353	0.0498	0.0183	0.0067	0.0025	0.0009	0.0003	0.0001	0.0000	
1	0.4060	0.1991	0.0916	0.0404	0.0174	0.0073	0.0030	0.0012	0.0005	
2	0.6767	0.4232	0.2381	0.1247	0.0620	0.0296	0.0138	0.0062	0.0028	0.0000
3	0.8571	0.6472	0.4335	0.2650	0.1512	0.0818	0.0424	0.0212	0.0103	0.0002
4	0.9473	0.8153	0.6288	0.4405	0.2851	0.1730	0.0996	0.0550	0.0293	0.0009
5	0.9834	0.9161	0.7851	0.6160	0.4457	0.3007	0.1912	0.1157	0.0671	0.0028
6	0.9955	0.9665	0.8893	0.7622	0.6063	0.4497	0.3134	0.2068	0.1301	0.0076
7	0.9989	0.9881	0.9489	0.8666	0.7440	0.5987	0.4530	0.3239	0.2202	0.0180
8	0.9998	0.9962	0.9786	0.9319	0.8472	0.7291	0.5925	0.4557	0.3328	0.0374
9	1.0000	0.9989	0.9919	0.9682	0.9161	0.8305	0.7166	0.5874	0.4579	0.0699
10		0.9997	0.9972	0.9863	0.9574	0.9015	0.8159	0.7060	0.5830	0.1185
11		0.9999	0.9991	0.9945	0.9799	0.9466	0.8881	0.8030	0.6968	0.1848
12		1.0000	0.9997	0.9980	0.9912	0.9730	0.9362	0.8758	0.7916	0.2676
13			0.9999	0.9993	0.9964	0.9872	0.9658	0.9261	0.8645	0.3632
14			1.0000	0.9998	0.9986	0.9943	0.9827	0.9585	0.9165	0.4657
15				0.9999	0.9995	0.9976	0.9918	0.9780	0.9513	0.5681
16				1.0000	0.9998	0.9990	0.9963	0.9889	0.9730	0.6641
17					0.9999	0.9996	0.9984	0.9947	0.9857	0.7489
18					1.0000	0.9999	0.9994	0.9976	0.9928	0.8195
19						1.0000	0.9997	0.9989	0.9965	0.8752
20							0.9999	0.9996	0.9984	0.9170
21							1.0000	0.9998	0.9993	0.9469
22								0.9999	0.9997	0.9673
23								1.0000	0.9999	0.9805
24									1.0000	0.9888
25										0.9938
26										0.9967
27										0.9983
28										0.9991
29										0.9996
30										0.9998
31										0.9999
32										1.0000

[표 3] 표준정규분포

$$P\{Z \leq z\} = \int_{-\infty}^{z} \frac{1}{\sqrt{2\pi}} e^{-t^2/2} dt$$

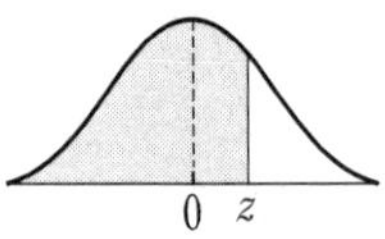

표의 숫자는 z보다 같거나 작을 확률을 나타낸다.

z	.00	.01	.02	.03	.04	.05	.06	.07	.08	.09
.0	.5000	.5040	.5080	.5120	.5160	.5199	.5239	.5279	.5319	.5359
.1	.5398	.5438	.5478	.5517	.5557	.5596	.5636	.5675	.5714	.5753
.2	.5793	.5832	.5871	.5910	.5948	.5987	.6026	.6064	.6103	.6141
.3	.6179	.6217	.6255	.6293	.6331	.6368	.6406	.6443	.6480	.6517
.4	.6554	.6591	.6628	.6664	.6700	.6536	.6772	.6808	.6844	.6879
.5	.6915	.6950	.6985	.7019	.7054	.7088	.7123	.7157	.7190	.7224
.6	.7257	.7291	.7324	.7357	.7389	.7422	.7454	.7486	.7517	.7549
.7	.7580	.7611	.7642	.7673	.7703	.7734	.7764	.7794	.7823	.7852
.8	.7881	.7910	.7939	.7967	.7995	.8023	.8051	.8078	.8106	.8133
.9	.8159	.8186	.8212	.8238	.8264	.8289	.8315	.8340	.8365	.8389
1.0	.8413	.8438	.8461	.8485	.8508	.8531	.8554	.8577	.8599	.8621
1.1	.8643	.8665	.8686	.8708	.8729	.8749	.8770	.8790	.8810	.8830
1.2	.8849	.8869	.8888	.8907	.8925	.8944	.8962	.8980	.8997	.9015
1.3	.9032	.9049	.9066	.9082	.9099	.9115	.9131	.9147	.9162	.9177
1.4	.9192	.9207	.9222	.9236	.9251	.9265	.9279	.9292	.9306	.9319
1.5	.9332	.9345	.9357	.9370	.9382	.9394	.9406	.9418	.9429	.9441
1.6	.9452	.9463	.9474	.9484	.9495	.9505	.9515	.9525	.9535	.9545
1.7	.9554	.9564	.9573	.9582	.9591	.9599	.9608	.9616	.9625	.9633
1.8	.9641	.9649	.9656	.9664	.9671	.9678	.9686	.9693	.9699	.9706
1.9	.9713	.9719	.9726	.9732	.9738	.9744	.9750	.9756	.9761	.9767
2.0	.9772	.9778	.9783	.9788	.9793	.9798	.9803	.9808	.9812	.9817
2.1	.9821	.9826	.9830	.9834	.9838	.9842	.9846	.9850	.9854	.9857
2.2	.9861	.9864	.9868	.9871	.9875	.9878	.9881	.9884	.9887	.9890
2.3	.9893	.9896	.9898	.9901	.9904	.9906	.9909	.9911	.9913	.9916
2.4	.9918	.9920	.9922	.9925	.9927	.9929	.9931	.9932	.9934	.9936
2.5	.9938	.9940	.9941	.9943	.9945	.9946	.9948	.9949	.9951	.9952
2.6	.9953	.9955	.9956	.9957	.9959	.9960	.9961	.9962	.9963	.9964
2.7	.9965	.9966	.9967	.9968	.9969	.9970	.9971	.9972	.9973	.9974
2.8	.9974	.9975	.9976	.9977	.9977	.9978	.9979	.9979	.9980	.9981
2.9	.9981	.9982	.9982	.9983	.9984	.9984	.9985	.9985	.9986	.9986
3.0	.9987	.9987	.9987	.9988	.9988	.9989	.9989	.9989	.9990	.9990
3.1	.9990	.9991	.9991	.9991	.9992	.9992	.9992	.9992	.9993	.9993
3.2	.9993	.9993	.9994	.9994	.9994	.9994	.9994	.9995	.9995	.9995
3.3	.9995	.9995	.9995	.9996	.9996	.9996	.9996	.9996	.9996	.9997
3.4	.9997	.9997	.9997	.9997	.9997	.9997	.9997	.9997	.9997	.9998
3.5	.9998	.9998	.9998	.9998	.9998	.9998	.9998	.9998	.9998	.9998

[표 4] 카이제곱분포—오른쪽 꼬리 확률

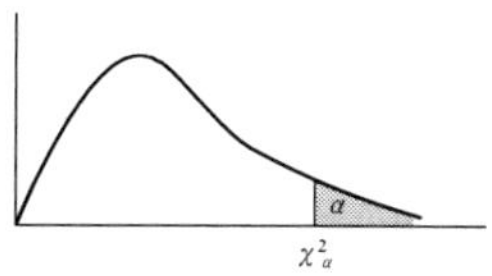

df	0.9995	0.999	0.9975	0.995	0.990	0.975	0.950	0.900	0.750	0.500
1	0.00	0.00	0.00	0.00	0.00	0.00	0.00	0.02	0.10	0.45
2	0.00	0.00	0.01	0.01	0.02	0.05	0.10	0.21	0.58	1.39
3	0.02	0.02	0.04	0.07	0.11	0.22	0.35	0.58	1.21	2.37
4	0.06	0.09	0.14	0.21	0.30	0.48	0.71	1.06	1.92	3.36
5	0.16	0.21	0.31	0.41	0.55	0.83	1.15	1.61	2.67	4.35
6	0.30	0.38	0.53	0.68	0.87	1.24	1.64	2.20	3.45	5.35
7	0.48	0.60	0.79	0.99	1.24	1.69	2.17	2.83	4.25	6.35
8	0.71	0.86	1.10	1.34	1.65	2.18	2.73	3.49	5.07	7.34
9	0.97	1.15	1.45	1.73	2.09	2.70	3.33	4.17	5.90	8.34
10	1.26	1.48	1.83	2.16	2.56	3.25	3.94	4.87	6.74	9.34
11	1.59	1.83	2.23	2.60	3.05	3.82	4.57	5.58	7.58	10.34
12	1.93	2.21	2.66	3.07	3.57	4.40	5.23	6.30	8.44	11.34
13	2.31	2.62	3.11	3.57	4.11	5.01	5.89	7.04	9.30	12.34
14	2.70	3.04	3.58	4.07	4.66	5.63	6.57	7.79	10.17	13.34
15	3.11	3.48	4.07	4.60	5.23	6.26	7.26	8.55	11.04	14.34
16	3.54	3.94	4.57	5.14	5.81	6.91	7.96	9.31	11.91	15.34
17	3.98	4.42	5.09	5.70	6.41	7.56	8.67	10.09	12.79	16.34
18	4.44	4.90	5.62	6.26	7.01	8.23	9.39	10.86	13.68	17.34
19	4.91	5.41	6.17	6.84	7.63	8.91	10.12	11.65	14.56	18.34
20	5.40	5.92	6.72	7.43	8.26	9.59	10.85	12.44	15.45	19.34
21	5.90	6.45	7.29	8.03	8.90	10.28	11.59	13.24	16.34	20.34
22	6.40	6.98	7.86	8.64	9.54	10.98	12.34	14.04	17.24	21.34
23	6.92	7.53	8.45	9.26	10.20	11.69	13.09	14.85	18.14	22.34
24	7.45	8.08	9.04	9.89	10.86	12.40	13.85	15.66	19.04	23.34
25	7.99	8.65	9.65	10.52	11.52	13.12	14.61	16.47	19.94	24.34
26	8.54	9.22	10.26	11.16	12.20	13.84	15.38	17.29	20.84	25.34
27	9.09	9.80	10.87	11.81	12.88	14.57	16.15	18.11	21.75	26.34
28	9.66	10.39	11.50	12.46	13.56	15.31	16.93	18.94	22.66	27.34
29	10.23	10.99	12.13	13.12	14.26	16.05	17.71	19.77	23.57	28.34
30	10.80	11.59	12.76	13.79	14.95	16.79	18.49	20.60	24.48	29.34
40	16.91	17.92	19.42	20.71	22.16	24.43	26.51	29.05	33.66	39.34
50	23.46	24.67	26.46	27.99	29.71	32.36	34.76	37.69	42.94	49.33
60	30.34	31.74	33.79	35.53	37.48	40.48	43.19	46.46	52.29	59.33
80	44.79	46.52	49.04	51.17	53.54	57.15	60.39	64.28	71.14	79.33
100	59.90	61.92	64.86	67.33	70.06	74.22	77.93	82.36	90.13	99.33

[표 4] 카이제곱분포—오른쪽 꼬리 확률(계속)

df	0.250	0.200	0.150	0.100	0.050	0.025	0.020	0.010	0.005	0.0025	0.001	0.0005
1	1.32	1.64	2.07	2.71	3.84	5.02	5.41	6.63	7.88	9.14	10.83	12.12
2	2.77	3.22	3.79	4.61	5.99	7.38	7.82	9.21	10.60	11.98	13.82	15.20
3	4.11	4.64	5.32	6.25	7.81	9.35	9.84	11.34	12.84	14.32	16.27	17.73
4	5.39	5.99	6.74	7.78	9.49	11.14	11.67	13.28	14.86	16.42	18.47	20.00
5	6.63	7.29	8.12	9.24	11.07	12.83	13.39	15.09	16.75	18.39	20.51	22.11
6	7.84	8.56	9.45	10.64	12.59	14.45	15.03	16.81	18.55	20.25	22.46	24.10
7	9.04	9.80	10.75	12.02	14.07	16.01	16.62	18.48	20.28	22.04	24.32	26.02
8	10.22	11.03	12.03	13.36	15.51	17.53	18.17	20.09	21.95	23.77	26.12	27.87
9	11.39	12.24	13.29	14.68	16.92	19.02	19.68	21.67	23.59	25.46	27.88	29.67
10	12.55	13.44	14.53	15.99	18.31	20.48	21.16	23.21	25.19	27.11	29.59	31.42
11	13.70	14.63	15.77	17.28	19.68	21.92	22.62	24.72	26.76	28.73	31.26	33.14
12	14.85	15.81	16.99	18.55	21.03	23.34	24.05	26.22	28.30	30.32	32.91	34.82
13	15.98	16.98	18.20	19.81	22.36	24.74	25.47	27.69	29.82	31.88	34.53	36.48
14	17.12	18.15	19.41	2.106	23.68	26.12	26.87	29.14	31.32	33.43	36.12	38.11
15	18.25	19.31	20.60	22.31	25.00	27.49	28.26	30.58	32.80	34.95	37.70	39.72
16	19.37	20.47	21.79	23.54	26.30	28.85	29.63	32.00	34.27	36.46	39.25	41.31
17	20.49	21.61	22.98	24.77	27.59	30.19	31.00	33.41	35.72	37.95	40.79	42.88
18	21.60	22.76	24.16	25.99	28.87	31.53	32.35	34.81	37.16	39.42	42.31	44.43
19	22.72	23.90	25.33	27.20	30.14	32.85	33.69	36.19	38.58	40.88	43.82	45.97
20	23.83	25.04	26.50	28.41	31.41	34.17	35.02	37.57	40.00	42.34	45.31	47.50
21	24.93	26.17	27.66	29.62	32.67	35.48	36.34	38.93	41.40	43.78	46.80	49.01
22	26.04	27.30	28.82	30.81	33.92	36.78	37.66	40.29	42.80	45.20	48.27	50.51
23	27.14	28.43	29.98	32.01	35.17	38.08	38.97	41.64	44.18	46.62	49.73	52.00
24	28.24	29.55	31.13	33.20	36.42	39.36	40.27	42.98	45.56	48.03	51.18	53.48
25	29.34	30.68	32.28	34.38	37.65	40.65	41.57	44.31	46.93	49.44	52.62	54.95
26	30.43	31.79	33.43	35.56	38.89	41.92	42.86	45.64	48.29	50.83	54.05	56.41
27	31.53	32.91	34.57	36.74	40.11	43.19	44.14	46.96	49.64	52.22	55.48	57.86
28	32.62	34.03	35.71	37.92	41.34	44.46	45.42	48.28	50.99	53.59	56.89	59.30
29	33.71	35.14	36.85	39.09	42.56	45.72	46.69	49.59	52.34	54.97	58.30	60.73
30	34.80	36.25	37.99	40.26	43.77	46.98	47.96	50.89	53.67	56.33	59.70	62.16
40	45.62	47.27	49.24	51.81	55.76	59.34	60.44	63.69	66.77	69.70	73.40	76.09
50	56.33	58.16	60.35	63.17	67.50	71.42	72.61	76.15	79.49	82.66	86.66	89.56
60	66.98	68.97	71.34	74.40	79.08	83.30	84.58	88.38	91.95	95.34	99.61	102.7
80	88.13	90.41	93.11	96.58	101.9	106.6	108.1	112.3	116.3	120.1	124.8	128.3
100	109.1	111.7	114.7	118.5	124.3	129.6	131.1	135.8	140.2	144.3	149.4	153.2

[표 5] 스튜던트 t 분포—오른쪽 꼬리 확률

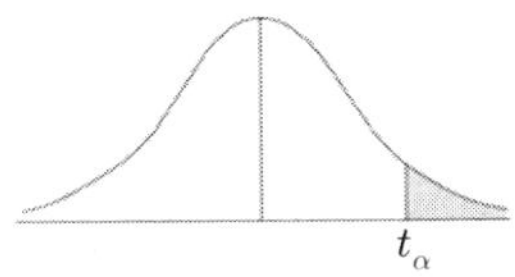

df \ α	0.25	0.20	0.15	0.10	0.05	0.025	0.02	0.01	0.005	0.0025	0.001	0.0005
1	1.000	1.376	1.963	3.078	6.314	12.71	15.89	31.82	63.66	127.3	318.3	636.6
2	0.816	1.061	1.386	1.886	2.920	4.303	4.849	6.965	9.925	14.09	22.33	31.60
3	0.765	0.978	1.250	1.638	2.353	3.182	3.482	4.541	5.841	7.453	10.21	12.92
4	0.741	0.941	1.190	1.533	2.132	2.776	2.999	3.747	4.604	5.598	7.173	8.610
5	0.727	0.920	1.156	1.476	2.015	2.571	2.757	3.365	4.032	4.773	5.893	6.869
6	0.718	0.906	1.134	1.440	1.943	2.447	2.612	3.143	3.707	4.317	5.208	5.959
7	0.711	0.896	1.119	1.415	1.895	2.365	2.517	2.998	3.499	4.029	4.785	5.408
8	0.706	0.889	1.108	1.397	1.860	2.306	2.449	2.896	3.355	3.833	4.501	5.041
9	0.703	0.883	1.100	1.383	1.833	2.262	2.398	2.821	3.250	3.690	4.297	4.781
10	0.700	0.879	1.093	1.372	1.812	2.228	2.359	2.764	3.169	3.581	4.144	4.587
11	0.697	0.876	1.088	1.363	1.796	2.201	2.328	2.718	3.106	3.497	4.025	4.437
12	0.695	0.873	1.083	1.356	1.782	2.179	2.303	2.681	3.055	3.428	3.930	4.318
13	0.694	0.870	1.079	1.350	1.771	2.160	2.282	2.650	3.012	3.372	3.852	4.221
14	0.692	0.868	1.076	1.345	1.761	2.145	2.264	2.624	2.977	3.326	3.787	4.140
15	0.691	0.866	1.074	1.341	1.753	2.131	2.249	2.602	2.947	3.286	3.733	4.073
16	0.690	0.865	1.071	1.337	1.746	2.120	2.235	2.583	2.921	3.252	3.686	4.015
17	0.689	0.863	1.069	1.333	1.740	2.110	2.224	2.567	2.898	3.222	3.646	3.965
18	0.688	0.862	1.067	1.330	1.734	2.101	2.214	2.552	2.878	3.197	3.611	3.922
19	0.688	0.861	1.066	1.328	1.729	2.093	2.205	2.539	2.861	3.174	3.579	3.883
20	0.687	0.860	1.064	1.325	1.725	2.086	2.197	2.528	2.845	3.153	3.552	3.850
21	0.686	0.859	1.063	1.323	1.721	2.080	2.189	2.518	2.831	3.135	3.527	3.819
22	0.686	0.858	1.061	1.321	1.717	2.074	2.183	2.508	2.819	3.119	3.505	3.792
23	0.685	0.858	1.060	1.319	1.714	2.069	2.177	2.500	2.807	3.104	3.485	3.768
24	0.685	0.857	1.059	1.318	1.711	2.064	2.172	2.492	2.797	3.091	3.467	3.745
25	0.684	0.856	1.058	1.316	1.708	2.060	2.167	2.485	2.787	3.078	3.450	3.725
26	0.684	0.856	1.058	1.315	1.706	2.056	2.162	2.479	2.779	3.067	3.435	3.707
27	0.684	0.855	1.057	1.314	1.703	2.052	2.158	2.473	2.771	3.057	3.421	3.690
28	0.683	0.855	1.056	1.313	1.701	2.048	2.154	2.467	2.763	3.047	3.408	3.674
29	0.683	0.854	1.055	1.311	1.699	2.045	2.150	2.462	2.756	3.038	3.396	3.659
30	0.683	0.854	1.055	1.310	1.697	2.042	2.147	2.457	2.750	3.030	3.385	3.646
40	0.681	0.851	1.050	1.303	1.684	2.021	2.123	2.423	2.704	2.971	3.307	3.551
50	0.679	0.849	1.047	1.299	1.676	2.009	2.109	2.403	2.678	2.937	3.261	3.496
60	0.679	0.848	1.045	1.296	1.671	2.000	2.099	2.390	2.660	2.915	3.232	3.460
80	0.678	0.846	1.043	1.292	1.664	1.990	2.088	2.374	2.639	2.887	3.195	3.416
100	0.677	0.845	1.042	1.290	1.660	1.984	2.081	2.364	2.626	2.871	3.174	3.390
1,000	0.675	0.842	1.037	1.282	1.646	1.962	2.056	2.330	2.581	2.813	3.098	3.300
∞	0.674	0.841	1.036	1.282	1.645	1.960	2.054	2.326	2.576	2.807	3.091	3.291

[표 6] F 분포—오른쪽 꼬리 확률

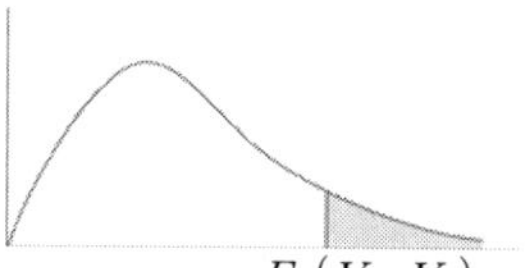

$F_\alpha(V_1, V_2)$

V_2 \ V_1	α	1	2	3	4	5	6	7	8	9	10
	0.100	39.86	49.50	53.59	55.83	57.24	58.20	58.91	59.44	59.86	60.19
	0.050	161.45	199.50	215.71	224.58	230.10	233.99	236.77	238.88	240.54	241.88
1	0.025	647.79	799.50	864.16	899.58	921.85	937.11	948.22	956.66	963.28	968.63
	0.010	4052.2	4999.5	5403.4	5624.6	5763.6	5859.0	5928.4	5981.1	6022.5	6055.8
	0.001	405284	500000	540379	562500	576405	585937	592873	598144	602284	605621
	0.100	8.53	9.00	9.16	9.24	9.29	9.33	9.35	9.37	9.38	9.39
	0.050	18.51	19.00	19.16	19.25	19.30	19.33	19.35	19.37	19.38	19.40
2	0.025	38.51	39.00	39.17	39.25	39.30	39.33	39.36	39.37	39.39	39.40
	0.010	98.50	99.00	99.17	99.25	99.30	99.33	99.36	99.37	99.39	99.40
	0.001	998.50	999.00	999.17	999.25	999.30	999.33	999.36	999.37	999.39	999.40
	0.100	5.54	5.46	5.39	5.34	5.31	5.28	5.27	5.25	5.24	5.23
	0.050	10.13	9.55	9.28	9.12	9.01	8.94	8.89	8.85	8.81	8.79
3	0.025	17.44	16.04	15.44	15.10	14.88	14.73	14.62	14.54	14.47	14.42
	0.010	34.12	30.82	29.46	28.71	28.24	27.91	27.67	27.49	27.35	27.23
	0.001	167.03	148.50	141.11	137.10	134.58	132.85	131.58	130.62	129.86	129.25
	0.100	4.54	4.32	4.19	4.11	4.05	4.01	3.98	3.95	3.94	3.92
	0.050	7.71	6.94	6.59	6.39	6.26	6.16	6.09	6.04	6.00	5.96
4	0.025	12.22	10.65	9.98	9.60	9.36	9.20	9.07	8.98	8.90	8.84
	0.010	21.20	18.00	16.69	15.98	15.52	15.21	14.98	14.80	14.66	14.55
	0.001	74.14	61.25	56.18	53.44	51.71	50.53	49.66	49.00	48.47	48.05
	0.100	4.06	3.78	3.62	3.52	3.45	3.40	3.37	3.34	3.32	3.30
	0.050	6.61	5.79	5.41	5.19	5.05	4.95	4.88	4.82	4.77	4.74
5	0.025	10.01	8.43	7.76	7.39	7.15	6.98	6.85	6.76	6.68	6.62
	0.010	16.26	13.27	12.06	11.39	10.97	10.67	10.46	10.29	10.16	10.05
	0.001	47.18	37.12	33.20	31.09	29.75	28.83	28.16	27.65	27.24	26.92
	0.100	3.78	3.46	3.29	3.18	3.11	3.05	3.01	2.98	2.96	2.94
	0.050	5.99	5.14	4.76	4.53	4.39	4.28	4.21	4.15	4.10	4.06
6	0.025	8.81	7.26	6.60	6.23	5.99	5.82	5.70	5.60	5.52	5.46
	0.010	13.75	10.92	9.78	9.15	8.75	8.47	8.26	8.10	7.98	7.87
	0.001	35.51	27.00	23.70	21.92	20.80	20.03	19.46	19.03	18.69	18.41

[표 6] F 분포—오른쪽 꼬리 확률(계속)

V_2 \ V_1	α	12	15	20	25	30	40	50	60	120	1,000
1	0.100	60.71	61.22	61.74	62.05	62.26	62.53	62.69	62.79	63.06	63.30
	0.050	243.91	245.95	248.01	249.26	250.10	251.14	251.77	252.20	253.25	254.11
	0.025	976.71	984.87	993.10	998.08	1001.4	1005.6	1008.1	1009.8	1014.0	1017.7
	0.010	6106.3	6157.3	6208.7	6239.8	6260.6	6286.8	6302.5	6313.0	6339.4	6362.7
	0.001	610668	615764	620908	624017	626099	628712	630285	631337	633972	636301
2	0.100	9.41	9.42	9.44	9.45	9.46	9.47	9.47	9.47	9.48	9.49
	0.050	19.41	19.43	19.45	19.46	19.46	19.47	19.48	19.48	19.49	19.49
	0.025	39.41	39.43	39.45	39.46	39.46	39.47	39.48	39.48	39.49	39.50
	0.010	99.42	99.43	99.45	99.46	99.47	99.47	99.48	99.48	99.49	99.50
	0.001	999.42	999.43	999.45	999.46	999.47	999.47	999.48	999.48	999.49	999.50
3	0.100	5.22	5.20	5.18	5.17	5.17	5.16	5.15	5.15	5.14	5.13
	0.050	8.74	8.70	8.66	8.63	8.62	8.59	8.58	8.57	8.55	8.53
	0.025	14.34	14.25	14.17	14.12	14.08	14.04	14.01	13.99	13.95	13.91
	0.010	27.05	26.87	26.69	26.58	26.50	26.41	26.35	26.32	26.22	26.14
	0.001	128.32	127.37	126.42	125.84	125.45	124.96	124.66	124.47	123.97	123.53
4	0.100	3.90	3.87	3.84	3.83	3.82	3.80	3.80	3.79	3.78	3.76
	0.050	5.91	5.86	5.80	5.77	5.75	5.72	5.70	5.69	5.66	5.63
	0.025	8.75	8.66	8.56	8.50	8.46	8.41	8.38	8.36	8.31	8.26
	0.010	14.37	14.20	14.02	13.91	13.84	13.75	13.69	13.65	13.56	13.47
	0.001	47.41	46.76	46.10	45.70	45.43	45.09	44.88	44.75	44.40	44.09
5	0.100	3.27	3.24	3.21	3.19	3.17	3.16	3.15	3.14	3.12	3.11
	0.050	4.68	4.62	4.56	4.52	4.50	4.46	4.44	4.43	4.40	4.37
	0.025	6.52	6.43	6.33	6.27	6.23	6.18	6.14	6.12	6.07	6.02
	0.010	9.89	9.72	9.55	9.45	9.38	9.29	9.24	9.20	9.11	9.03
	0.001	26.42	25.91	25.39	25.08	24.87	24.60	24.44	24.33	24.06	23.82
6	0.100	2.90	2.87	2.84	2.81	2.80	2.78	2.77	2.76	2.74	2.72
	0.050	4.00	3.94	3.87	3.83	3.81	3.77	3.75	3.74	3.70	3.67
	0.025	5.37	5.27	5.17	5.11	5.07	5.01	4.98	4.96	4.90	4.86
	0.010	7.72	7.56	7.40	7.30	7.23	7.14	7.09	7.06	6.97	6.89
	0.001	17.99	17.56	17.12	16.85	16.67	16.44	16.31	16.21	15.98	15.77

[표 6] F 분포—오른쪽 꼬리 확률(계속)

V_2 \ V_1	α	1	2	3	4	5	6	7	8	9	10
7	0.100	3.59	3.26	3.07	2.96	2.88	2.83	2.78	2.75	2.72	2.70
	0.050	5.59	4.74	4.35	4.12	3.97	3.87	3.79	3.73	3.68	3.64
	0.025	8.07	6.54	5.89	5.52	5.29	5.12	4.99	4.90	4.82	4.76
	0.010	12.25	9.55	8.45	7.85	7.46	7.19	6.99	6.84	6.72	6.62
	0.001	29.25	21.69	18.77	17.20	16.21	15.52	15.02	14.63	14.33	14.08
8	0.100	3.46	3.11	2.92	2.81	2.73	2.67	2.62	2.59	2.56	2.54
	0.050	5.32	4.46	4.07	3.84	3.69	3.58	3.50	3.44	3.39	3.35
	0.025	7.57	6.06	5.42	5.05	4.82	4.65	4.53	4.43	4.36	4.30
	0.010	11.26	8.65	7.59	7.01	6.63	6.37	6.18	6.03	5.91	5.81
	0.001	25.41	18.49	15.83	14.39	13.48	12.86	12.40	12.05	11.77	11.54
9	0.100	3.36	3.01	2.81	2.69	2.61	2.55	2.51	2.47	2.44	2.42
	0.050	5.12	4.26	3.86	3.63	3.48	3.37	3.29	3.23	3.18	3.14
	0.025	7.21	5.71	5.08	4.72	4.48	4.32	4.20	4.10	4.03	3.96
	0.010	10.56	8.02	6.99	6.42	6.06	5.80	5.61	5.47	5.35	5.26
	0.001	22.86	16.39	13.90	12.56	11.71	11.13	10.70	10.37	10.11	9.89
10	0.100	3.29	2.92	2.73	2.61	2.52	2.46	2.41	2.38	2.35	2.32
	0.050	4.96	4.10	3.71	3.48	3.33	3.22	3.14	3.07	3.02	2.98
	0.025	6.94	5.46	4.83	4.47	4.24	4.07	3.95	3.85	3.78	3.72
	0.010	10.04	7.56	6.55	5.99	5.64	5.39	5.20	5.06	4.94	4.85
	0.001	21.04	14.91	12.55	11.28	10.48	9.93	9.52	9.20	8.96	8.75
11	0.100	3.23	2.86	2.66	2.54	2.45	2.39	2.34	2.30	2.27	2.25
	0.050	4.84	3.98	3.59	3.36	3.20	3.09	3.01	2.95	2.90	2.85
	0.025	6.72	5.26	4.63	4.28	4.04	3.88	3.76	3.66	3.59	3.53
	0.010	9.65	7.21	6.22	5.67	5.32	5.07	4.89	4.74	4.63	4.54
	0.001	19.69	13.81	11.56	10.35	9.58	9.05	8.66	8.35	8.12	7.92
12	0.100	3.18	2.81	2.61	2.48	2.39	2.33	2.28	2.24	2.21	2.19
	0.050	4.75	3.89	3.49	3.26	3.11	3.00	2.91	2.85	2.80	2.75
	0.025	6.55	5.10	4.47	4.12	3.89	3.73	3.61	3.51	3.44	3.37
	0.010	9.33	6.93	5.95	5.41	5.06	4.82	4.64	4.50	4.39	4.30
	0.001	18.64	12.97	10.80	9.63	8.89	8.38	8.00	7.71	7.48	7.29
13	0.100	3.14	2.76	2.56	2.43	2.35	2.28	2.23	2.20	2.16	2.14
	0.050	4.67	3.81	3.41	3.18	3.03	2.92	2.83	2.77	2.71	2.67
	0.025	6.41	4.97	4.35	4.00	3.77	3.60	3.48	3.39	3.31	3.25
	0.010	9.07	6.70	5.74	5.21	4.86	4.62	4.44	4.30	4.19	4.10
	0.001	17.82	12.31	10.21	9.07	8.35	7.86	7.49	7.21	6.98	6.80

[표 6] F 분포—오른쪽 꼬리 확률(계속)

V_2 \ V_1	α	12	15	20	25	30	40	50	60	120	1,000
	0.100	2.67	2.63	2.59	2.57	2.56	2.54	2.52	2.51	2.49	2.47
	0.050	3.57	3.51	3.44	3.40	3.38	3.34	3.32	3.30	3.27	3.23
7	0.025	4.67	4.57	4.47	4.40	4.36	4.31	4.28	4.25	4.20	4.15
	0.010	6.47	6.31	6.16	6.06	5.99	5.91	5.86	5.82	5.74	5.66
	0.001	13.71	13.32	12.93	12.69	12.53	12.33	12.20	12.12	11.91	11.72
	0.100	2.50	2.46	2.42	2.40	2.38	2.36	2.35	2.34	2.32	2.30
	0.050	3.28	3.22	3.15	3.11	3.08	3.04	3.02	3.01	2.97	2.93
8	0.025	4.20	4.10	4.00	3.94	3.89	3.84	3.81	3.78	3.73	3.68
	0.010	5.67	5.52	5.36	5.26	5.20	5.12	5.07	5.03	4.95	4.87
	0.001	11.19	10.84	10.48	10.26	10.11	9.92	9.80	9.73	9.53	9.36
	0.100	2.38	2.34	2.30	2.27	2.25	2.23	2.22	2.21	2.18	2.16
	0.050	3.07	3.01	2.94	2.89	2.86	2.83	2.80	2.79	2.75	2.71
9	0.025	3.87	3.77	3.67	3.60	3.56	3.51	3.47	3.45	3.39	3.34
	0.010	5.11	4.96	4.81	4.71	4.65	4.57	4.52	4.48	4.40	4.32
	0.001	9.57	9.24	8.90	8.69	8.55	8.37	8.26	8.19	8.00	7.84
	0.100	2.28	2.24	2.20	2.17	2.16	2.13	2.12	2.11	2.08	2.06
	0.050	2.91	2.85	2.77	2.73	2.70	2.66	2.64	2.62	2.58	2.54
10	0.025	3.62	3.52	3.42	3.35	3.31	3.26	3.22	3.20	3.14	3.09
	0.010	4.71	4.56	4.41	4.31	4.25	4.17	4.12	4.08	4.00	3.92
	0.001	8.45	8.13	7.80	7.60	7.47	7.30	7.19	7.12	6.94	6.78
	0.100	2.21	2.17	2.12	2.10	2.08	2.05	2.04	2.03	2.00	1.98
	0.050	2.79	2.72	2.65	2.60	2.57	2.53	2.51	2.49	2.45	2.41
11	0.025	3.43	3.33	3.23	3.16	3.12	3.06	3.03	3.00	2.94	2.89
	0.010	4.40	4.25	4.10	4.01	3.94	3.86	3.81	3.78	3.69	3.61
	0.001	7.63	7.32	7.01	6.81	6.68	6.52	6.42	6.35	6.18	6.02
	0.100	2.15	2.10	2.06	2.03	2.01	1.99	1.97	1.96	1.93	1.91
	0.050	2.69	2.62	2.54	2.50	2.47	2.43	2.40	2.38	2.34	2.30
12	0.025	3.28	3.18	3.07	3.01	2.96	2.91	2.87	2.85	2.79	2.73
	0.010	4.16	4.01	3.86	3.76	3.70	3.62	3.57	3.54	3.45	3.37
	0.001	7.00	6.71	6.40	6.22	6.09	5.93	5.83	5.76	5.59	5.44
	0.100	2.10	2.05	2.01	1.98	1.96	1.93	1.92	1.90	1.88	1.85
	0.050	2.60	2.53	2.46	2.41	2.38	2.34	2.31	2.30	2.25	2.21
13	0.025	3.15	3.05	2.95	2.88	2.84	2.78	2.74	2.72	2.66	2.60
	0.010	3.96	3.82	3.66	3.57	3.51	3.43	3.38	3.34	3.25	3.18
	0.001	6.52	6.23	5.93	5.75	5.63	5.47	5.37	5.30	5.14	4.99

[표 6] F 분포—오른쪽 꼬리 확률(계속)

V_2 \ V_1	α	1	2	3	4	5	6	7	8	9	10
	0.100	3.10	2.73	2.52	2.39	2.31	2.24	2.19	2.15	2.12	2.10
	0.050	4.60	3.74	3.34	3.11	2.96	2.85	2.76	2.70	2.65	2.60
14	0.025	6.30	4.86	4.24	3.89	3.66	3.50	3.38	3.29	3.21	3.15
	0.010	8.86	6.51	5.56	5.04	4.69	4.46	4.28	4.14	4.03	3.94
	0.001	17.14	11.78	9.73	8.62	7.92	7.44	7.08	6.80	6.58	6.40
	0.100	3.07	2.70	2.49	2.36	2.27	2.21	2.16	2.12	2.09	2.06
	0.050	4.54	3.68	3.29	3.06	2.90	2.79	2.71	2.64	2.59	2.54
15	0.025	6.20	4.77	4.15	3.80	3.58	3.41	3.29	3.20	3.12	3.06
	0.010	8.68	6.36	5.42	4.89	4.56	4.32	4.14	4.00	3.89	3.80
	0.001	16.59	11.34	9.34	8.25	7.57	7.09	6.74	6.47	6.26	6.08
	0.100	3.05	2.67	2.46	2.33	2.24	2.18	2.13	2.09	2.06	2.03
	0.050	4.49	3.63	3.24	3.01	2.85	2.74	2.66	2.59	2.54	2.49
16	0.025	6.12	4.69	4.08	3.73	3.50	3.34	3.22	3.12	3.05	2.99
	0.010	8.53	6.23	5.29	4.77	4.44	4.20	4.03	3.89	3.78	3.69
	0.001	16.12	10.97	9.01	7.94	7.27	6.80	6.46	6.19	5.98	5.81
	0.100	3.03	2.64	2.44	2.31	2.22	2.15	2.10	2.06	2.03	2.00
	0.050	4.45	3.59	3.20	2.96	2.81	2.70	2.61	2.55	2.49	2.45
17	0.025	6.04	4.62	4.01	3.66	3.44	3.28	3.16	3.06	2.98	2.92
	0.010	8.40	6.11	5.19	4.67	4.34	4.10	3.93	3.79	3.68	3.59
	0.001	15.72	10.66	8.73	7.68	7.02	6.56	6.22	5.96	5.75	5.58
	0.100	3.01	2.62	2.42	2.29	2.20	2.13	2.08	2.04	2.00	1.98
	0.050	4.41	3.55	3.16	2.93	2.77	2.66	2.58	2.51	2.46	2.41
18	0.025	5.98	4.56	3.95	3.61	3.38	3.22	3.10	3.01	2.93	2.87
	0.010	8.29	6.01	5.09	4.58	4.25	4.01	3.84	3.71	3.60	3.51
	0.001	15.38	10.39	8.49	7.46	6.81	6.35	6.02	5.76	5.56	5.39
	0.100	2.99	2.61	2.40	2.27	2.18	2.11	2.06	2.02	1.98	1.96
	0.050	4.38	3.52	3.13	2.90	2.74	2.63	2.54	2.48	2.42	2.38
19	0.025	5.92	4.51	3.90	3.56	3.33	3.17	3.05	2.96	2.88	2.82
	0.010	8.18	5.93	5.01	4.50	4.17	3.94	3.77	3.63	3.52	3.43
	0.001	15.08	10.16	8.28	7.27	6.62	6.18	5.85	5.59	5.39	5.22
	0.100	2.97	2.59	2.38	2.25	2.16	2.09	2.04	2.00	1.96	1.94
	0.050	4.35	3.49	3.10	2.87	2.71	2.60	2.51	2.45	2.39	2.35
20	0.025	5.87	4.46	3.86	3.51	3.29	3.13	3.01	2.91	2.84	2.77
	0.010	8.10	5.85	4.94	4.43	4.10	3.87	3.70	3.56	3.46	3.37
	0.001	14.82	9.95	8.10	7.10	6.46	6.02	5.69	5.44	5.24	5.08

[표 6] F 분포—오른쪽 꼬리 확률(계속)

V_2 \ V_1	α	12	15	20	25	30	40	50	60	120	1,000
	0.100	2.05	2.01	1.96	1.93	1.91	1.89	1.87	1.86	1.83	1.80
	0.050	2.53	2.46	2.39	2.34	2.31	2.27	2.24	2.22	2.18	2.14
14	0.025	3.05	2.95	2.84	2.78	2.73	2.67	2.64	2.61	2.55	2.50
	0.010	3.80	3.66	3.51	3.41	3.35	3.27	3.22	3.18	3.09	3.02
	0.001	6.13	5.85	5.56	5.38	5.25	5.10	5.00	4.94	4.77	4.62
	0.100	2.02	1.97	1.92	1.89	1.87	1.85	1.83	1.82	1.79	1.76
	0.050	2.48	2.40	2.33	2.28	2.25	2.20	2.18	2.16	2.11	2.07
15	0.025	2.96	2.86	2.76	2.69	2.64	2.59	2.55	2.52	2.46	2.40
	0.010	3.67	3.52	3.37	3.28	3.21	3.13	3.08	3.05	2.96	2.88
	0.001	5.81	5.54	5.25	5.07	4.95	4.80	4.70	4.64	4,47	4.33
	0.100	1.99	1.94	1.89	1.86	1.84	1.81	1.79	1.78	1.75	1.72
	0.050	2.42	2.35	2.28	2.23	2.19	2.15	2.12	2.11	2.06	2.02
16	0.025	2.89	2.79	2.68	2.61	2.57	2.51	2.47	2.45	2.38	2.32
	0.010	3.55	3.41	3.26	3.16	3.10	3.02	2.97	2.93	2.84	2.76
	0.001	5.55	5.27	4.99	4.82	4.70	4.54	4.45	4.39	4.23	4.08
	0.100	1.96	1.91	1.86	1.83	1.81	1.78	1.76	1.75	1.72	1.69
	0.050	2.38	2.31	2.23	2.18	2.15	2.10	2.08	2.06	2.01	1.97
17	0.025	2.82	2.72	2.62	2.55	2.50	2.44	2.41	2.38	2.32	2.26
	0.010	3.46	3.31	3.16	3.07	3.00	2.92	2.87	2.83	2.75	2.66
	0.001	5.32	5.05	4.78	4.60	4.48	4.33	4.24	4.18	4.02	3.87
	0.100	1.93	1.89	1.84	1.80	1.78	1.75	1.74	1.72	1.69	1.66
	0.050	2.34	2.27	2.19	2.14	2.11	2.06	2.04	2.02	1.97	1.92
18	0.025	2.77	2.67	2.56	2.49	2.44	2.38	2.35	2.32	2.26	2.20
	0.010	3.37	3.23	3.08	2.98	2.92	2.84	2.78	2.75	2.66	2.58
	0.001	5.13	4.87	4.59	4.42	4.30	4.15	4.06	4.00	3.84	3.69
	0.100	1.91	1.86	1.81	1.78	1.76	1.73	1.71	1.70	1.67	1.64
	0.050	2.31	2.23	2.16	2.11	2.07	2.03	2.00	1.98	1.93	1.88
19	0.025	2.72	2.62	2.51	2.44	2.39	2.33	2.30	2.27	2.20	2.14
	0.010	3.30	3.15	3.00	2.91	2.84	2.76	2.71	2.67	2.58	2.50
	0.001	4.97	4.70	4.43	4.26	4.14	3.99	3.90	3.84	3.68	3.53
	0.100	1.89	1.84	1.79	1.76	1.74	1.71	1.69	1.68	1.64	1.61
	0.050	2.28	2.20	2.12	2.07	2.04	1.99	1.97	1.95	1.90	1.85
20	0.025	2.68	2.57	2.46	2.40	2.35	2.29	2.25	2.22	2.16	2.09
	0.010	3.23	3.09	2.94	2.84	2.78	2.69	2.64	2.61	2.52	2.43
	0.001	4.82	4.56	4.29	4.12	4.00	3.86	3.77	3.70	3.54	3.40

[표 6] F 분포—오른쪽 꼬리 확률(계속)

V_2 \ V_1	α	1	2	3	4	5	6	7	8	9	10
21	0.100	2.96	2.57	2.36	2.23	2.14	2.08	2.02	1.98	1.95	1.92
	0.050	4.32	3.47	3.07	2.84	2.68	2.57	2.49	2.42	2.37	2.32
	0.025	5.83	4.42	3.82	3.48	3.25	3.09	2.97	2.87	2.80	2.73
	0.010	8.02	5.78	4.87	4.37	4.04	3.81	3.64	3.51	3.40	3.31
	0.001	14.59	9.77	7.94	6.95	6.32	5.88	5.56	5.31	5.11	4.95
22	0.100	2.95	2.56	2.35	2.22	2.13	2.06	2.01	1.97	1.93	1.90
	0.050	4.30	3.44	3.05	2.82	2.66	2.55	2.46	2.40	2.34	2.30
	0.025	5.79	4.38	3.78	3.44	3.22	3.05	2.93	2.84	2.76	2.70
	0.010	7.95	5.72	4.82	4.31	3.99	3.76	3.59	3.45	3.35	3.26
	0.001	14.38	9.61	7.80	6.81	6.19	5.76	5.44	5.19	4.99	4.83
23	0.100	2.94	2.55	2.34	2.21	2.11	2.05	1.99	1.95	1.92	1.89
	0.050	4.28	3.42	3.03	2.80	2.64	2.53	2.44	2.37	2.32	2.27
	0.025	5.75	4.35	3.75	3.41	3.18	3.02	2.90	2.81	2.73	2.67
	0.010	7.88	5.66	4.76	4.26	3.94	3.71	3.54	3.41	3.30	3.21
	0.001	14.20	9.47	7.67	6.70	6.08	5.65	5.33	5.09	4.89	4.73
24	0.100	2.93	2.54	2.33	2.19	2.10	2.04	1.98	1.94	1.91	1.88
	0.050	4.26	3.40	3.01	2.78	2.62	2.51	2.42	2.36	2.30	2.25
	0.025	5.72	4.32	3.72	3.38	3.15	2.99	2.87	2.78	2.70	2.64
	0.010	7.82	5.61	4.72	4.22	3.90	3.67	3.50	3.36	3.26	3.17
	0.001	14.03	9.34	7.55	6.59	5.98	5.55	5.23	4.99	4.80	4.64
25	0.100	2.92	2.53	2.32	2.18	2.09	2.02	1.97	1.93	1.89	1.87
	0.050	4.24	3.39	2.99	2.76	2.60	2.49	2.40	2.34	2.28	2.24
	0.025	5.69	4.29	3.69	3.35	3.13	2.97	2.85	2.75	2.68	2.61
	0.010	7.77	5.57	4.68	4.18	3.85	3.63	3.46	3.32	3.22	3.13
	0.001	13.88	9.22	7.45	6.49	5.89	5.46	5.15	4.91	4.71	4.56
26	0.100	2.91	2.52	2.31	2.17	2.08	2.01	1.96	1.92	1.88	1.86
	0.050	4.23	3.37	2.98	2.74	2.59	2.47	2.39	2.32	2.27	2.22
	0.025	5.66	4.27	3.67	3.33	3.10	2.94	2.82	2.73	2.65	2.59
	0.010	7.72	5.53	4.64	4.14	3.82	3.59	3.42	3.29	3.18	3.09
	0.001	13.74	9.12	7.36	6.41	5.80	5.38	5.07	4.83	4.64	4.48
27	0.100	2.90	2.51	2.30	2.17	2.07	2.00	1.95	1.91	1.87	1.85
	0.050	4.21	3.35	2.96	2.73	2.57	2.46	2.37	2.31	2.25	2.20
	0.025	5.63	4.24	3.65	3.31	3.08	2.92	2.80	2.71	2.63	2.57
	0.010	7.68	5.49	4.60	4.11	3.78	3.56	3.39	3.26	3.15	3.06
	0.001	13.61	9.02	7.27	6.33	5.73	5.31	5.00	4.76	4.57	4.41

[표 6] F 분포—오른쪽 꼬리 확률(계속)

V_2 \ V_1	α	12	15	20	25	30	40	50	60	120	1,000
21	0.100	1.87	1.83	1.78	1.74	1.72	1.69	1.67	1.66	1.62	1.59
	0.050	2.25	2.18	2.10	2.05	2.01	1.96	1.94	1.92	1.87	1.82
	0.025	2.64	2.53	2.42	2.36	2.31	2.25	2.21	2.18	2.11	2.05
	0.010	3.17	3.03	2.88	2.79	2.72	2.64	2.58	2.55	2.46	2.37
	0.001	4.70	4.44	4.17	4.00	3.88	3.74	3.64	3.58	3.42	3.28
22	0.100	1.86	1.81	1.76	1.73	1.70	1.67	1.65	1.64	1.60	1.57
	0.050	2.23	2.15	2.07	2.02	1.98	1.94	1.91	1.89	1.84	1.79
	0.025	2.60	2.50	2.39	2.32	2.27	2.21	2.17	2.14	2.08	2.01
	0.010	3.12	2.98	2.83	2.73	2.67	2.58	2.53	2.50	2.40	2.32
	0.001	4.58	4.33	4.06	3.89	3.78	3.63	3.54	3.48	3.32	3.17
23	0.100	1.84	1.80	1.74	1.71	1.69	1.66	1.64	1.62	1.59	1.55
	0.050	2.20	2.13	2.05	2.00	1.96	1.91	1.88	1.86	1.81	1.76
	0.025	2.57	2.47	2.36	2.29	2.24	2.18	2.14	2.11	2.04	1.98
	0.010	3.07	2.93	2.78	2.69	2.62	2.54	2.48	2.45	2.35	2.27
	0.001	4.48	4.23	3.96	3.79	3.68	3.53	3.44	3.38	3.22	3.08
24	0.100	1.83	1.78	1.73	1.70	1.67	1.64	1.62	1.61	1.57	1.54
	0.050	2.18	2.11	2.03	1.97	1.94	1.89	1.86	1.84	1.79	1.74
	0.025	2.54	2.44	2.33	2.26	2.21	2.15	2.11	2.08	2.01	1.94
	0.010	3.03	2.89	2.74	2.64	2.58	2.49	2.44	2.40	2.31	2.22
	0.001	4.39	4.14	3.87	3.71	3.59	3.45	3.36	3.29	3.14	2.99
25	0.100	1.82	1.77	1.72	1.68	1.66	1.63	1.61	1.59	1.56	1.52
	0.050	2.16	2.09	2.01	1.96	1.92	1.87	1.84	1.82	1.77	1.72
	0.025	2.51	2.41	2.30	2.23	2.18	2.12	2.08	2.05	1.98	1.91
	0.010	2.99	2.85	2.70	2.60	2.54	2.45	2.40	2.36	2.27	2.18
	0.001	4.31	4.06	3.79	3.63	3.52	3.37	3.28	3.22	3.06	2.91
26	0.100	1.81	1.76	1.71	1.67	1.65	1.61	1.59	1.58	1.54	1.51
	0.050	2.15	2.07	1.99	1.94	1.90	1.85	1.82	1.80	1.75	1.70
	0.025	2.49	2.39	2.28	2.21	2.16	2.09	2.05	2.03	1.95	1.89
	0.010	2.96	2.81	2.66	2.57	2.50	2.42	2.36	2.33	2.23	2.14
	0.001	4.24	3.99	3.72	3.56	3.44	3.30	3.21	3.15	2.99	2.84
27	0.100	1.80	1.75	1.70	1.66	1.64	1.60	1.58	1.57	1.53	1.50
	0.050	2.13	2.06	1.97	1.92	1.88	1.84	1.81	1.79	1.73	1.68
	0.025	2.47	2.36	2.25	2.18	2.13	2.07	2.03	2.00	1.93	1.86
	0.010	2.93	2.78	2.63	2.54	2.47	2.38	2.33	2.29	2.20	2.11
	0.001	4.17	3.92	3.66	3.49	3.38	3.23	3.14	3.08	2.92	2.78

[표 6] F 분포—오른쪽 꼬리 확률(계속)

V_2 \ V_1	α	1	2	3	4	5	6	7	8	9	10
28	0.100	2.89	2.50	2.29	2.16	2.06	2.00	1.94	1.90	1.87	1.84
	0.050	4.20	3.34	2.95	2.71	2.56	2.45	2.36	2.29	2.24	2.19
	0.025	5.61	4.22	3.63	3.29	3.06	2.90	2.78	2.69	2.61	2.55
	0.010	7.64	5.45	4.57	4.07	3.75	3.53	3.36	3.23	3.12	3.03
	0.001	13.50	8.93	7.19	6.25	5.66	5.24	4.93	4.69	4.50	4.35
29	0.100	2.89	2.50	2.28	2.15	2.06	1.99	1.93	1.89	1.86	1.83
	0.050	4.18	3.33	2.93	2.70	2.55	2.43	2.35	2.28	2.22	2.18
	0.025	5.59	4.20	3.61	3.27	3.04	2.88	2.76	2.67	2.59	2.53
	0.010	7.60	5.42	4.54	4.04	3.73	3.50	3.33	3.20	3.09	3.00
	0.001	13.39	8.85	7.12	6.19	5.59	5.18	4.87	4.64	4.45	4.29
30	0.100	2.88	2.49	2.28	2.14	2.05	1.98	1.93	1.88	1.85	1.82
	0.050	4.17	3.32	2.92	2.69	2.53	2.42	2.33	2.27	2.21	2.16
	0.025	5.57	4.18	3.59	3.25	3.03	2.87	2.75	2.65	2.57	2.51
	0.010	7.56	5.39	4.51	4.02	3.70	3.47	3.30	3.17	3.07	2.98
	0.001	13.29	8.77	7.05	6.12	5.53	5.12	4.82	4.58	4.39	4.24
40	0.100	2.84	2.44	2.23	2.09	2.00	1.93	1.87	1.83	1.79	1.76
	0.050	4.08	3.23	2.84	2.61	2.45	2.34	2.25	2.18	2.12	2.08
	0.025	5.42	4.05	3.46	3.13	2.90	2.74	2.62	2.53	2.45	2.39
	0.010	7.31	5.18	4.31	3.83	3.51	3.29	3.12	2.99	2.89	2.80
	0.001	12.61	8.25	6.59	5.70	5.13	4.73	4.44	4.21	4.02	3.87
50	0.100	2.81	2.41	2.20	2.06	1.97	1.90	1.84	1.80	1.76	1.73
	0.050	4.03	3.18	2.79	2.56	2.40	2.29	2.20	2.13	2.07	2.03
	0.025	5.34	3.97	3.39	3.05	2.83	2.67	2.55	2.46	2.38	2.32
	0.010	7.17	5.06	4.20	3.72	3.41	3.19	3.02	2.89	2.78	2.70
	0.001	12.22	7.96	6.34	5.46	4.90	4.51	4.22	4.00	3.82	3.67
60	0.100	2.79	2.39	2.18	2.04	1.95	1.87	1.82	1.77	1.74	1.71
	0.050	4.00	3.15	2.76	2.53	2.37	2.25	2.17	2.10	2.04	1.99
	0.025	5.29	3.93	3.34	3.01	2.79	2.63	2.51	2.41	2.33	2.27
	0.010	7.08	4.98	4.13	3.65	3.34	3.12	2.95	2.82	2.72	2.63
	0.001	11.97	7.77	6.17	5.31	4.76	4.37	4.09	3.86	3.69	3.54
100	0.100	2.76	2.36	2.14	2.00	1.91	1.83	1.78	1.73	1.69	1.66
	0.050	3.94	3.09	2.70	2.46	2.31	2.19	2.10	2.03	1.97	1.93
	0.025	5.18	3.83	3.25	2.92	2.70	2.54	2.42	2.32	2.24	2.18
	0.010	6.90	4.82	3.98	3.51	3.21	2.99	2.82	2.69	2.59	2.50
	0.001	11.50	7.41	5.86	5.02	4.48	4.11	3.83	3.61	3.44	3.30

[표 6] F 분포—오른쪽 꼬리 확률(계속)

V_2 \ V_1	α	12	15	20	25	30	40	50	60	120	1,000
28	0.100	1.79	1.74	1.69	1.65	1.63	1.59	1.57	1.56	1.52	1.48
	0.050	2.12	2.04	1.96	1.91	1.87	1.82	1.79	1.77	1.71	1.66
	0.025	2.45	2.34	2.23	2.16	2.11	2.05	2.01	1.98	1.91	1.84
	0.010	2.90	2.75	2.60	2.51	2.44	2.35	2.30	2.26	2.17	2.08
	0.001	4.11	3.86	3.60	3.43	3.32	3.18	3.09	3.02	2.86	2.72
29	0.100	1.78	1.73	1.68	1.64	1.62	1.58	1.56	1.55	1.51	1.47
	0.050	2.10	2.03	1.94	1.89	1.85	1.81	1.77	1.75	1.70	1.65
	0.025	2.43	2.32	2.21	2.14	2.09	2.03	1.99	1.96	1.89	1.82
	0.010	2.87	2.73	2.57	2.48	2.41	2.33	2.27	2.23	2.14	2.05
	0.001	4.05	3.80	3.54	3.38	3.27	3.12	3.03	2.97	2.81	2.66
30	0.100	1.77	1.72	1.67	1.63	1.61	1.57	1.55	1.54	1.50	1.46
	0.050	2.09	2.01	1.93	1.88	1.84	1.79	1.76	1.74	1.68	1.63
	0.025	2.41	2.31	2.20	2.12	2.07	2.01	1.97	1.94	1.87	1.80
	0.010	2.84	2.70	2.55	2.45	2.39	2.30	2.25	2.21	2.11	2.02
	0.001	4.00	3.75	3.49	3.33	3.22	3.07	2.98	2.92	2.76	2.61
40	0.100	1.71	1.66	1.61	1.57	1.54	1.51	1.48	1.47	1.42	1.38
	0.050	2.00	1.92	1.84	1.78	1.74	1.69	1.66	1.64	1.58	1.52
	0.025	2.29	2.18	2.07	1.99	1.94	1.88	1.83	1.80	1.72	1.65
	0.010	2.66	2.52	2.37	2.27	2.20	2.11	2.06	2.02	1.92	1.82
	0.001	3.64	3.40	3.14	2.98	2.87	2.73	2.64	2.57	2.41	2.25
50	0.100	1.68	1.63	1.57	1.53	1.50	1.46	1.44	1.42	1.38	1.33
	0.050	1.95	1.87	1.78	1.73	1.69	1.63	1.60	1.58	1.51	1.45
	0.025	2.22	2.11	1.99	1.92	1.87	1.80	1.75	1.72	1.64	1.56
	0.010	2.56	2.42	2.27	2.17	2.10	2.01	1.95	1.91	1.80	1.70
	0.001	3.44	3.20	2.95	2.79	2.68	2.53	2.44	2.38	2.21	2.05
60	0.100	1.66	1.60	1.54	1.50	1.48	1.44	1.41	1.40	1.35	1.30
	0.050	1.92	1.84	1.75	1.69	1.65	1.59	1.56	1.53	1.47	1.40
	0.025	2.17	2.06	1.94	1.87	1.82	1.74	1.70	1.67	1.58	1.49
	0.010	2.50	2.35	2.20	2.10	2.03	1.94	1.88	1.84	1.73	1.62
	0.001	3.32	3.08	2.83	2.67	2.55	2.41	2.32	2.25	2.08	1.92
100	0.100	1.61	1.56	1.49	1.45	1.42	1.38	1.35	1.34	1.28	1.22
	0.050	1.85	1.77	1.68	1.62	1.57	1.52	1.48	1.45	1.38	1.30
	0.025	2.08	1.97	1.85	1.77	1.71	1.64	1.59	1.56	1.46	1.36
	0.010	2.37	2.22	2.07	1.97	1.89	1.80	1.74	1.69	1.57	1.45
	0.001	3.07	2.84	2.59	2.43	2.32	2.17	2.08	2.01	1.83	1.64

찾아보기

기초 통계학

지은이 김원배
펴낸이 조경희
펴낸곳 경문사
펴낸날 2015년 5월 20일 1판 1쇄
2019년 3월 5일 1판 3쇄
등 록 1979년 11월 9일 제313-1979-23호
주 소 04057, 서울특별시 마포구 와우산로 174
전 화 (02)332-2004 팩스 (02)336-5193
이메일 kyungmoon@kyungmoon.com
facebook facebook.com/kyungmoonsa

값 17,000원

ISBN 978-89-6105-909-1

★ 경문사 홈페이지에 오시면 즐거운 일이 생깁니다.
http://www.kyungmoon.com

한국과학기술출판협회 회원사